Eisenbahnunfälle in Europa

Erich Preuß

Eisenbahnunfälle in Europa

Tatsachen, Berichte, Protokolle

Auf dem Einband abgebildet: Weil der Fahrdienstleiter den Fahrweg nicht prüfte, stieß am 15. Februar 1988 Ex 150 mit P 11413 auf dem Bf Eichgestell (Strecke Flughafen Berlin-Schöne-feld—Berlin-Lichtenberg) zusammen.
Foto: E. Preuß

Preuß, Erich:
Eisenbahnunfälle in Europa. –
2. Aufl.
Berlin : Transpress 1992. –
168 S. : 115 Fotos, 39 Zeichn.,
4 Tab.

ISBN 3-344-70716-7

2. Auflage
© 1991 by transpress Verlagsgesellschaft mbH
Französische Straße 13/14, O–1086 Berlin
Printed in Germany
Satz: Druckhaus Friedrichshain Berlin
Druck: Reclam, Ditzingen
Bindung: K. Dieringer, Gerlingen
Gestaltung: Peter Tschauner

Inhalt

Vorwort

Eisenbahnunfälle werden aus zweierlei Perspektive betrachtet: von der Öffentlichkeit und von der Bahnverwaltung. Betroffen reagiert der Bürger, wenn er aus den Medien von einem schweren Unfall auf Schienen erfährt. Nun bleibt es aber nicht bei seiner Neugier; bei allem mehr oder minder gestillten Informationsbedürfnis – und das ist nur zu verständlich – zweifelt er an der Zuverlässigkeit des Menschen, der Technik und des Verkehrssystems überhaupt. Unfälle als Gradmesser der Betriebssicherheit – so werden sie von der Bahnverwaltung betrachtet; sie sind und bleiben eben Mißerfolge im Bemühen um höchste Sicherheit, dazu noch unerbittlich in ihrer Nachprüfbarkeit.

In diesem Buch werden einige bekannte, zumeist jedoch weniger bekannte Unfälle verschiedener Epochen und unterschiedlicher Bahnverwaltungen unter beiden Gesichtspunkten erörtert. Es sollte dabei kein Sensationsbericht gegeben oder gar ein Fachbuch vorgelegt werden – vielmehr die Ergänzung der bisher zahlreich erschienenen eisenbahngeschichtlichen Literatur, in der doch diese »Schönheitsflecken« der Eisenbahnchronik meist ausgespart oder stiefmütterlich behandelt worden sind. Auch das Komplizierte am Eisenbahnerberuf ist selten so recht verständlich gemacht worden. Gerade dem möchte hiermit Rechnung getragen sein, vor allem mit der Darstellung der Folgen, wenn sich ein Eisenbahner einmal nicht auf seine Pflichten konzentriert, wenn er Erscheinungen falsch bewertet.

Die Schwierigkeit, darüber zu schreiben, besteht darin, daß vielerlei Zusammenhänge erläutert werden müßten, auch Fachbegriffe nicht ausgespart werden können. Der Laie möchte nicht überfordert und der Fachmann nicht gelangweilt werden.

Was in den folgenden sechs Kapiteln zum großen Thema Eisenbahnunfälle geschildert wird, kann schon deshalb nicht vollständig sein, weil der Manuskriptumfang Grenzen setzte und weil die Quellen verschieden ergiebig waren. Auf weitere wesentliche Themen, wie Mensch und Technik, Brückeneinstürze, Katastrophen in Tunneln, Brände im Zuge, Attentate sowie die Schwierigkeit der Unfallursachenermittlung konnte in diesem Titel nicht eingegangen werden.

Zu danken habe ich den Mitarbeitern der transpress Verlagsgesellschaft mbH Berlin,

Bild 1
Das große Unglück
bei Versailles. Standort:
Heimatmuseum Neuruppin

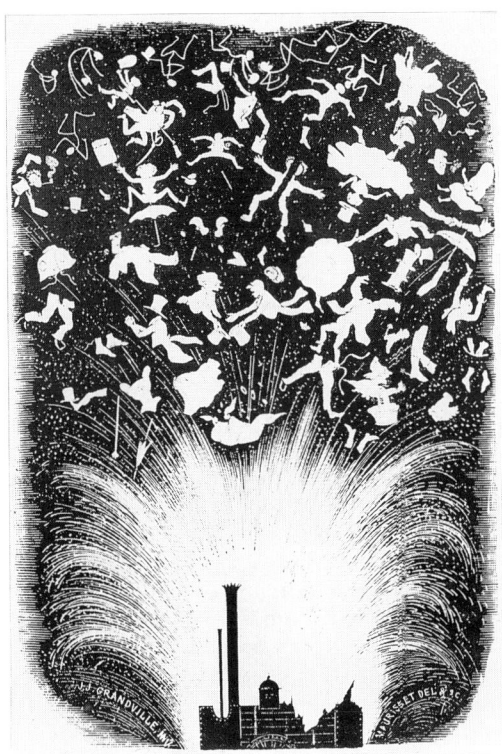

die meinem Vorhaben wohlwollend gegen-
überstanden, ebenso für ihre bereitwillige
Unterstützung den Mitarbeitern der Staatsarchive, besonders der Zentralen Staatsarchive
in Potsdam und in Merseburg, der Archive
des Ministeriums für Verkehrswesen, der
Reichsbahndirektion Halle und des Bezirks-
gerichtes Leipzig. Für eine kritische Begut-
achtung des Manuskriptes danke ich den
Herren Thomas Frister, Gera, Fred Hafner,
Berlin, Clemens Hahn, Ilmenau, sowie Rudolf
Talkenberg, Berlin. Hilfreich waren auch die
Unterstützungen durch den Pressedienst der
Deutschen Bundesbahn, Frankfurt (Main),
der Redaktion »Sygnaly«, Warschau, sowie
von Eisenbahnern der Tschechoslowakischen
Staatsbahn (ČSD) und der Deutschen Reichs-
bahn.

Erich Preuß

Bild 2   Die Eisenbahnexplosion.
Aus Jean Grandvilles »Die kleinen Leiden des
menschlichen Lebens«, Leipzig 1842.

1. Reisen ohne Risiko?

Unser Thema: Die Sicherheit auf Schienenwegen

»Unfälle sind zeitlich begrenzte (plötzliche) Ereignisse, durch die infolge äußerer Einwirkungen oder infolge einer Tätigkeit Personen- oder Sachschäden oder Personen- und Sachschäden entstehen.« So wird ganz nüchtern der Eisenbahnunfall bei der Deutschen Reichsbahn definiert. /1/ Ähnlich formuliert erscheint der Unfall auch in den amtlichen Dokumenten anderer Bahnverwaltungen.

Vom Unfall erfährt der Bürger meist durch die Nachricht im Rundfunk oder aus der Zeitung, etwa in der Art: »Zwischen den Bahnhöfen S... und A... fuhr in der Nacht vom Mittwoch zum Donnerstag ein Güterzug auf einen haltenden Güterzug auf. Personen wurden nicht verletzt. Fünf Wagen der beiden Züge entgleisten. Zwei von ihnen stürzten um und behinderten den Zugverkehr auch auf den Nachbargleisen.« Das Fernsehen zeigt Filmberichte vom Einsatz der Helfer und Bergungsmannschaften. Im bewegten Bild zu sehen sind bei folgenschweren Unfällen auch abfahrende Krankenwagen und schließlich der Arzt am Bett der Verletzten. Der Zuschauer ist in diesem Moment bestürzt und fragt sogleich: Wie konnte es dazu kommen? Er möchte wissen: Wie sicher ist eigentlich die Eisenbahn?

Seit den Anfängen des Eisenbahnverkehrs gab es auch die Abweichung von der Norm, von der Regel. Doch was sich an Unfällen ereignete, blieb alles in allem eine Episode. Schon aus der Erfahrung der Postkutschenzeit galt allgemein die Eisenbahn als billiges, planmäßiges und sicheres Verkehrsmittel, dessen Technik und Funktionieren von jedermann bestaunt wurden.

Einen jähen Dämpfer erfuhr die Fortschrittsgläubigkeit der Menschen schon zu Beginn des Eisenbahnzeitalters, als sich die Kunde von der Katastrophe bei Versailles verbreitete: Die Vorderachse der Vorspannlokomotive war gebrochen, der Zug entgleiste, Feuer brach aus. Die Reisenden in den abgeschlossenen Abteilen konnten sich nicht retten. An jenem 8. Mai 1842 starben 50 Menschen ...

Achsbrüche und andere technische Unzulänglichkeiten führten in den ersten Jahrzehnten der Eisenbahn des öfteren zum Unfall, gar zur Katastrophe. Wenn man sich zu einer Eisenbahnreise entschloß, geschah dies zweifellos mit zwiespältigen Gefühlen. Bereits 1829 schrieb ein Engländer: »Es ist wirklich ein Flug, und es ist unmöglich, sich von der Vorstellung eines sofortigen Todes aller bei dem geringsten Unfall zu lösen.« 1845 hieß es in Deutschland: »... es könne eine gewisse Beklemmung der Eisenbahnfahrten doch nie ganz verschwinden, eine Beklemmung, die von der nahen Möglichkeit eines Unfalls rührt, ohne auf den Gang der Wagen anderweitig einwirken zu können.«

Aus verschiedenen Berichten von damals läßt sich feststellen, mit welcher Bestürzung die Schreckensnachrichten aufgenommen wurden. Heute fließt uns von den Nachrichtenagenturen über Satelliten, durch elektronische Medien eine Flut von Meldungen sensationellen Inhalts aus aller Welt zu, so daß der Leser, Hörer oder Zuschauer schon förmlich abgestumpft ist und sich doch in höherem Maße von der Katastrophe »vor der Haustür« beeindruckt zeigt.

Der Eisenbahnunfall wird immer als etwas Besonderes angesehen, wider jede statistische Vernunft. Wenn in diesem Buch z. B. von schweren Unfällen auf Frankreichs Schienenwegen mit für viele Familien tragischem Ausgang zu lesen ist, so sollte man dabei aber auch die Feststellung von Philippe Essig, Vorsitzender der SNCF, auf einer Pressekonferenz am 23. Januar 1986 überdenken, daß in Frankreich bei Eisenbahnunglücken ein Toter auf fünf Milliarden Reisekilometer komme und daß das im Verhältnis hundertmal weniger sei als auf der Straße, stehen dem doch jährlich etwa 12 000 Tote des französischen Straßenverkehrs gegenüber. /2/

In der Bundesrepublik Deutschland ereigneten sich 1984 rund 1 780 800 Straßenverkehrsunfälle (mit über 10 000 Getöteten), aber noch nicht einmal 1 000 Zugunfälle mit Personenschaden. In der DDR wurden 1985 bei 45 809 Straßenverkehrsunfällen 1 450 Personen getötet und 39 521 Personen verletzt, bei der Deutschen Reichsbahn im gleichen Jahr 16 Reisende getötet und 141 verletzt.

Diese Zahlen illustrieren wohl deutlich, daß die Eisenbahn ungeachtet aller Schreckensmeldungen das sicherste Verkehrsmittel ist, obendrein ein Massenverkehrsmittel. Überaus große Aufmerksamkeit wird aber den Eisenbahnunfällen geschenkt!

Wer sich an Unfälle mit Autos »gewöhnt« hat, akzeptiert noch lange nicht, daß die Eisenbahnreise ein Risiko darstellen könnte. Warum ist das so?

Der Reisende verläßt sich darauf, sich einem »Profi« des Transports anvertraut zu haben. Er weiß, daß alle technischen und organisatorischen Vorsorgen getroffen wurden, um mögliche Gefahren zu begegnen, jedenfalls hofft er es. Bereits das erste preußische Eisenbahngesetz vom 3. November 1838 verpflichtete in seinem Paragraphen 24 die Eisenbahngesellschaft, »die Bahn nebst den Transport-Anstalten fortwährend in solchen Stand zu halten, daß die Beförderung mit Sicherheit … erfolgen könne, sie kann hierzu im Verwaltungsweg angehalten werden«.

Über die Geschichte des Eisenbahnunfalls zu schreiben, verlangt eigentlich, gleichzeitig einen Abriß der Eisenbahntechnik einzubringen, denn jeder Eisenbahnunfall trug ein Stück zum großen die Technik und Organisation der Eisenbahn überspannenden Sicher-

Bild 3
Hier findet man sogar noch Zeit, sich für den Fotografen in Pose zu begeben: Unfall in der Nacht vom 17. zum 18. Oktober 1891 auf dem Bahnhof Kohlfurt. Der Schnellzug Breslau–Berlin ist mit der Rangierlokomotive zusammengestoßen, fünf Personen wurden getötet. Der Lokomotivführer der Rangierlokomotive fuhr ohne Auftrag vom Rangierleiter dem einfahrenden Schnellzug in die Flanke.
Foto: Sammlung E. Preuß

Bild 4
Groß ist die Zahl der Unfallfotos in privaten Sammlungen, ohne daß etwas über Hergang und Ursache der Unfälle bekannt ist; auch bei den folgenden 3 Bildern: Entgleisung einer DR-Lokomotive der Baureihe 71 bei Schneeberg im Jahre 1926.
Foto: Sammlung Wollmann

Bild 5
Offenbar ein Zusammen-
prall zwischen DR-Lokomo-
tive 94 2067 und Güterzug
in der Umgebung Zittaus ...
Foto: Sammlung R. Preuß

Bild 6
Ein Unfall im Rangierdienst?
– Oberhausen 1924
Foto: Sammlung Reimer

heitsnetz bei. Welche Motive in der geschichtlichen Entwicklung den stärksten Einfluß auf die Verbesserung der Sicherheit des Eisenbahnbetriebs gehabt hatten – moralische oder die Überlegung, Sicherheit ist billiger als Schadensersatz – möchte ich hier nicht untersuchen. Fest steht, daß die Sicherheit im Eisenbahnwesen stets vervollkommnet wurde.

Die Erhöhung der Geschwindigkeit erforderte ein ständig verbessertes Signalwesen, wirksamere Bremsen, die Einführung des Streckenblocks, induktive Zugbeeinflussung und weiteres mehr. Vieles könnte aufgezählt werden, was zur Sicherheit unter dem Gesichtspunkt, die Leistungsfähigkeit zu steigern und die Wirtschaftlichkeit zu verbessern, getan wurde: bessere Fahrzeuge, tragfähigere

Bahnanlagen und Brücken, ein angepaßter Kontrollmechanismus, stets verfeinerte und umfangreicher werdende Dienstvorschriften. (Zum Vergleich: Die preußischen Fahrdienstvorschriften von 1907 kamen mit 120 Seiten Umfang aus, die der Deutschen Reichsbahn von 1970 benötigten 391 Seiten.)

Der Unfall bot und bietet immer Lehren, wie Unzulänglichkeiten der Technik zu beheben sind oder der Fehlbarkeit des Menschen zu begegnen ist. Dafür zwei Beispiele: Mit Streckenblock ist die Strecke Dresden–Chemnitz ausgerüstet, so daß das Ausfahrsignal bzw. das Blocksignal erst auf Fahrt gestellt werden können, wenn der Wärter der vorgelegenen Betriebsstelle nach Vorbeifahrt des Zuges das Signal auf Halt gestellt und zurückgeblockt hat. **Nach Vorbeifahrt** des Zu-

ges — das ist der springende Punkt; anderen-
falls bleibt diese Sicherungseinrichtung wirkungslos. Wie sonst konnte es am 19. September 1895 bei Oederan zum Zusammenstoß eines Militärzuges mit dem Güterzug 2360 kommen?

Der Güterzug muß vor dem Einfahrsignal
des Bahnhofs Oederan halten, weil er, bevor
er zum Überholen durch den Militärzug auf
das Nebengleis gelassen werden kann, die
Ausfahrt des D 235 abwarten muß. Es wird
vorzeitig zurückgeblockt, das heißt, das
Blocksignal der rückgelegenen Blockstelle
freigegeben, obwohl der Streckenabschnitt
noch vom Güterzug besetzt ist. Der Militärzug
fährt in diesen Streckenabschnitt und stößt
mit dem Güterzug zusammen. Aus den Unfall-
trümmern werden 13 Tote und 30 Schwerverletzte geborgen.

Ein paralleler Fall: D 31 fährt am 20. Dezember 1901 von Paderborn mit 3 Minuten Verspätung durch den Bahnhof Neuenbeken und
an der Blockstelle Keimberg vorbei. Zwischen
ihr und der folgenden Blockstelle Schiernberg

prallt er mit einem herrenlos umherlaufenden
Pferd zusammen und hält deswegen auf freier
Strecke an. Nachdem 15 Minuten vergehen
und der P 399 fällig wird, will der Blockwärter
in Keimberg das Signal auf Fahrt stellen, kann
es aber nicht, weil sein Kollege in Schiernberg nicht zurückblockt. Der Keimberger
Wärter meint, sein Kollege in Schiernberg
habe es vergessen, und mahnt ihn über den
Wecker und Morsefernschreiber. Der
Schiernberger Wärter denkt nun nicht mehr
an den D 31, geht auf die Erinnerung ein,
stellt das für D 31 auf Fahrt stehende Blocksignal auf Halt (!) und blockt zurück. P 399 erhält in Keimberg »Fahrt frei« und fährt bei
dichtem Nebel auf die Schiebelokomotive des
Schnellzuges auf, worauf diese angehoben
und mit ihrer gesamten Länge in den hölzernen und splitternden letzten Wagen der
3. Klasse des Schnellzuges geschoben wird.
Das Feuer der Lokomotive entzündet zwar
nicht, wie sonst häufig geschehen, das Gas
der Wagenbeleuchtung, wohl aber die hölzernen Wagen. 12 Personen werden getötet, 9
verletzt.

*Bild 7   Ein Militärsonderzug stößt mit dem in den Bahnhof Oederan einfahrenden Güterzug zusammen. Beide
Lokomotiven des Sonderzuges, geführt von der »GRANATEN« (H V, Nummer 2816), danach »CONTOBERG«
(H V, Nummer 2846) der Königlich Sächsischen Staatseisenbahnen, sowie die folgenden zehn Wagen entglei-
sen, sieben Wagen werden zertrümmert.   Foto: Sammlung E. Preuß*

Bild 8
Entgleisung am 7. Juli 1889 in Röhrmoos. Der Weichenwärter vergaß – bei primitiven Verhältnissen – eine Weiche zurückzustellen, und so fuhr der Schnellzug ins Stumpfgleis. Zehn Reisende wurden getötet.
Quelle: Ritzau, Eisenbahn-Katastrophen in Deutschland

Weitere Unfälle infolge unzeitiger Blockbedienung führten zu der Erkenntnis: Der Zug muß bei der Blockbedienung mitwirken bzw. die Blockbedienung darf erst möglich sein, wenn der Zug den Blockabschnitt geräumt hat. Das war eine Forderung, der die Techniker mit der Druckknopfsperre, der heute bekannten Streckentastensperre, im Zusammenwirken mit der Zugeinwirkungsstelle entsprachen. Doch sie bot immer noch keinen Schutz vor Mißbrauch (siehe Zantoch I), worauf die Hilfsauslösevorrichtungen vernietet wurden.

Der uneingeschränkt gefahrlose Zustand, also die absolute Sicherheit, indes ist wohl zu keiner Zeit und an keinem Ort erreichbar. Sieht man von den Unfällen ohne Personalverschulden ab, bleibt die Gruppe der Unfälle mit Personalverschulden und damit der Mensch im Mittelpunkt jedweden Sicherheitssystems. Seine Mitarbeit im Zug- und Rangierbetrieb bleibt unerläßlich. Allerdings müssen die Grenzen der menschlichen Zuverlässigkeit, die gegenüber der technischen weitaus niedriger anzusetzen ist, berücksichtigt werden.

Deshalb trachtet jede Bahnverwaltung danach, dem Eisenbahner technische Hilfsmittel beizugeben, die seine Handlungen überwachen oder ihn zum sicherheitsgemäßen Handeln zwingen. Das Personal wird gut ausgebildet, sein Wissensstand, seine Fähigkeiten und Fertigkeiten werden stetig vervollkommnet. Nur bei wenigen Unternehmen (etwa in der zivilen Luftfahrt) herrschen derart strenge Bestimmungen über Tauglichkeit, Einsatzvorbereitung und ständige Überwachung des Personals wie bei der Eisenbahn.

»Aufmerksamkeit und Entschlußkraft, Nervenruhe und Umsicht, Pünktlichkeit und Arbeitstreue, Opferwilligkeit und Gemeinsinn sind Pflicht und Zier des Eisenbahners; sie sind umso mehr erforderlich, je verantwortlicher der Dienst des einzelnen ist. Mehr nach der körperlichen Seite hin gehen die Erfordernisse der Ausdauer, der Gewandtheit und der Nüchternheit … Im weiteren Kreise aber beruht die Sicherheit des Eisenbahndienstes auf Regelmäßigkeit und der Planmäßigkeit, auf dem einmütigen, willigen Zusammenwirken aller Beteiligten …«, meinte ein Fachmann vor über 60 Jahren. Seine Auffassung ist heute noch gültig. /3/

Andererseits ergibt sich für die Eisenbahn die Verpflichtung, den Gefahren ihres Betriebes mit allen technisch möglichen **und** zumutbaren Mitteln zu begegnen.

Am 9. August 1908 stößt bei Groß Tarup (Schmalspurstrecke Flensburg–Rundhof) der Personenzug 32 mit einem Sonderzug zusammen. Dabei schieben sich die beiden Personenwagen hinter der Lokomotive des von Sörup kommenden Zuges übereinander, 9 Personen werden getötet, 8 schwer verletzt. Die Ursache?

Der Zugführer des Personenzuges wird mit schriftlichem Befehl angewiesen, in Groß Tarup die Kreuzung mit dem Sonderzug abzuwarten. Dort sieht er den um 10 Minuten verspäteten Zug nicht, und so vergißt er die

Kreuzungsanweisung, läßt seinen Personenzug abfahren. Ein zweiter Eisenbahner als Fahrdienstleiter hätte sicherlich den Sonderzug nicht vergessen.

Ausfahrsignale im Zusammenwirken mit dem Streckenblock hätten auf alle Fälle den Unfall verhindert. Zu bedenken ist jedoch: Lohnte solcher Aufwand auf einer Kleinbahn mit wenigen Zügen, bei kaum einer Abweichung vom Fahrplan und bei den überschaubaren Verhältnissen?

Auf heutige Verhältnisse übertragen läßt sich fragen: Braucht jede Kreuzung einer Dorfstraße eine Ampelanlage nur für den Fall, es könnten einmal die Vorfahrtsregeln übersehen werden ...? Der Aufwand für Sicherheitsmaßnahmen muß sich in einem bestimmten Verhältnis zu den möglichen Gefahren bewegen. So wird er auf der Nebenbahn mit täglich wenigen Zugfahrten und geringen Geschwindigkeiten anders als auf einer stark befahrenen Hauptbahn sein. Wobei es immer

Bild 10   Zeitdiagramm zur technischen Vervollkommnung der Eisenbahn.

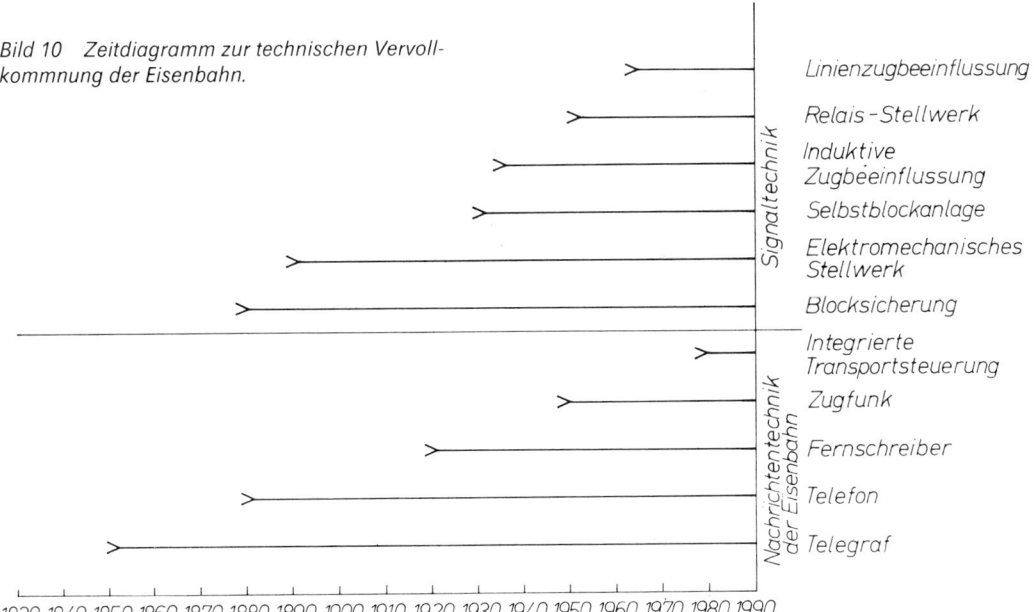

schwierig ist, das für die Sicherheit Erforderliche zu bestimmen. Anders ausgedrückt: Aus Schaden wird man klug. Und so hilft jeder Unfall auf dem Weg der Erkenntnis weiter, das für die Sicherheit unbedingt Notwendige auch zu tun.

Die folgenden Unfallbeschreibungen werfen ein Licht auf menschliche Irrtümer und technische Unzulänglichkeiten. Im Kommentar wird bei der gebotenen Kürze jeweils auf den Sicherheitsstandard und dessen technische Weiterentwicklung im Laufe der Eisenbahngeschichte von mehr als 15 Jahrzehnten eingegangen.

Das nächste Kapitel zeigt zudem, welchen Einfluß die »höhere Gewalt« auf den Eisenbahnbetrieb haben kann. Aber selbst gegen die Launen der Natur hat man sich im Laufe der Zeit besser wappnen können. So viele tragische Augenblicke es auch gab, die Reise mit der Eisenbahn ist trotzdem keine Reise ins Risiko geworden.

2. Im Kampf gegen Naturgewalten

Eisenbahnunfälle und Betriebsstörungen durch Wetterunbilden

Schnee, Lawinen, Sandwehen, Steinschläge, Steinlawinen und Felsstürze sind die natürlichen Feinde des Verkehrs und damit auch des Eisenbahnbetriebes. Bei anderen Einwirkungen der Natur auf die Eisenbahn – die Waldbrände seien ebenfalls hinzugefügt – ist nicht immer von »höherer Gewalt« oder nicht voraussehbaren Folgen auszugehen. Die Eingriffe des Menschen beim Bahnbau, die mißachteten Sicherheitsvorschriften und menschlichen Erfahrungen, ebenso die Fehler in der Baukunst können eines Tages zu Ereignissen mit schwerwiegenden Folgen führen. So kann das in einem Flußtal verlegte Planum Jahrzehnte dem Eisenbahnbetrieb dienen und die Züge tragen, bei plötzlichem Hochwasser wird es für den Zug zur »Mausefalle«. Die Böschung im unsachgemäßen Winkel, vielleicht zu steil abgetragen, weil man die Kosten der Erdbewegungen scheute, erweist sich beim Dammrutsch (Rosengarten!) als großer Kostenfaktor für das Eisenbahnunternehmen. Und die Gerichte mußten sich in Zivilverfahren nach Eisenbahnunfällen wiederholt mit der Frage befassen, ob die Bahnverwaltung derartige Naturereignisse voraussehen konnte, dementsprechend für die Sicherheit des Zuges hätte

Sorge tragen müssen (Braunsdorf, Groß Königsdorf).

Immer sind es die zunächst so harmlos aussehenden Wasserläufe, die nach anhaltendem Regen oder gewaltigem Gewitter anschwellen, durch treibendes Holz oder anderes, vom Ufersaum Mitgerissenes an einer Engstelle gestaut werden, um dann mit einer alles zerstörenden Flutwelle Brücken einstürzen zu lassen und Eisenbahndämme wegzuspülen. Als Musterbeispiel eines solchen Ablaufs kann das Hochwasser am 31. Juli 1897 und besonders am 8./9. Juli 1927 im Müglitztal gesehen werden. Einzelheiten sind dem Buch »Die Müglitztalbahn« (transpress 1985) zu entnehmen. Schon am 17. Juli 1856 beklagt die amerikanische North Pennsylvania Railroad 60 Tote und 100 Verletzte, als nach langen Regenfällen ein Damm unterspült wird und wegrutscht.

Nicht selten werden Brücken und Viadukte vom Hochwasser in Mitleidenschaft gezogen. Im Juli 1908 führen andauernde Regengüsse in Schlesien zu schlimmen Beschädigungen der Bahn und ihrer Bauwerke. Am bekanntesten ist der Dammrutsch vom 10. Juli 1908 an der Eisenbahnbrücke nahe Niklasdorf

Bild 11
Der weggespülte Viadukt an der Strecke Niklasdorf–Zuckmantel.
Foto: Sammlung E. Preuß

(Strecke Niklasdorf–Zuckmantel). Am gleichen Tag schwillt der Prudnikbach an der Strecke Jägerndorf–Ziegenhals an und schwemmt einen gemauerten Viadukt fort. Zuerst wird der Mittelpfeiler, dann werden die beiden Landwiderlager unterwaschen, schließlich die anschließenden Dämme zerstört, so daß auf 78 m Länge die Gleise frei in der Luft hängen.

Mitte Januar 1918 zieht ein großes Hochwasser im westlichen Deutschland in die Täler der Ahr, Lahn, Nahe und deren Seitentäler. Heftiger Regen und die einsetzende Schneeschmelze führen dazu, daß am 15. Januar die Strecke Jünkerath–Ehrang an drei Stellen unterspült wird (fünf Bahnhöfe werden vollständig überschwemmt), und am 16. Januar kommt bei Hochstetten ein Dammrutsch hinzu. Vom stark besetzten Militärurlauberzug D 243 entgleisen die Lokomotive, der Gepäck- sowie 3 Sitzwagen und stürzen in die Nahe. Von 25 Toten werden 10 geborgen, mit der Bergung der übrigen muß bis zum Sinken des Wasserstandes gewartet werden. Auch die Strecke Homburg–Altenglau–Münsteramstein, die Eifelbahn zwischen Densborn und Kyllburg müssen gesperrt werden. Auf der Moselbahn ist nur noch eingleisiger Betrieb möglich. Mittags überschüttet Steingeröll den Abschnitt Oberwesel–Bacharach der Strecke Koblenz–Bingerbrück.

Am 18. Januar sind in der Eisenbahndirektion Saarbrücken unbefahrbar: beide Gleise der Strecke Ehrang–Gerolstein zwischen Kyllburg und Hochstetten, der Bahnhof Gerolstein, beide Gleise der Strecke Neunkirchen–Münster a. St. zwischen Kirn und Hochstetten, die Strecke Koblenz–Trier zwischen Salmrohr und Hetzerarth und schließlich die Strecke Bergcastel–Luest–Wengerohr.

Bereits am 20. Januar wird auf den genannten Strecken und Bahnhöfen der Zugverkehr wieder aufgenommen, wenn auch eingleisige Abschnitte vorübergehend bestehen bleiben müssen. Am 2. Februar 1918 sind dann beispielsweise die Wiederherstellungsarbeiten an den Brücken so weit gediehen, daß auf der Eifelbahn der zweigleisige Betrieb wieder aufgenommen werden kann.

Am 27. Oktober 1926 wird die österreichische Vellachtalbahn schwer beschädigt. Ein Föhneinbruch bringt den in den umliegenden Bergen eine Woche zuvor gefallenen Schnee zum Schmelzen. Am nächsten Tag kommt ein Platzregen hinzu, der die Vellach zum reißenden Strom werden läßt. Deren Fluten steigen auf 5 m über den normalen Stand. Vom Lagerplatz der Papier- und Zellulosefabrik Rechberg werden 3 000 Raummeter Holz weggeschwemmt, das sich an der Hagenegger Holzbrücke staut, und dadurch überflutet das Wasser den unteren Uferschutz, reißt alle Brücken weg oder beschädigt sie. Da auch die Reichsstraße an vielen Stellen fortgespült ist, bleibt Rechberg für längere Zeit von der Umwelt abgeschnitten. 5 Wochen dauert die Wiederherstellung der Bahn.

Am 19. Juni 1938 stürzt in den USA der mit 152 Reisenden besetzte Schnellzug »Olympian« der Chicago-Milwaukee-St. Paul-Pacific Railroad auf der Fahrt von Chicago nach Seattle-Tacoma kurz nach Mitternacht östlich von Saugus in den Custerfluß. 33 Reisende und 5 Eisenbahner werden getötet, 43 Menschen verletzt.

Die eingleisige Brücke ersetzte 1913 die aus dem Jahre 1907 stammende Pfahljochbrücke und bestand aus 2 einfachen, 15 m weit gestützten Blechbalkenträgern und aus 5 Eisenbetonplattenträgern von je 5 m Stützweite

Bild 12   Das Brückenbauwerk über den Custerfluß. Zeichnung: E. Preuß

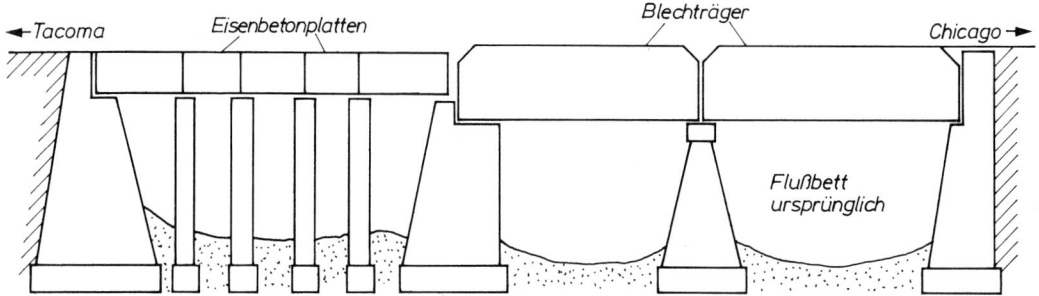

nicht allein von dem Umstand aus, daß das Flußbett durchschnittlich 9 Monate im Jahr trocken blieb, vielmehr berücksichtigten die Projektanten, daß in der Gegend des Custerflusses häufig und schnell Unwetter aufkommen. Aber das 1938 infolge eines Wolkenbruchs einsetzende Hochwasser erreichte eine Höhe, wie sie seit dem Brückenbau unbekannt war, obwohl es am 19. Juni 1938 an der Brücke nicht einmal regnete!

Der Unfallbericht konnte sich nur auf Vermutungen stützen. Trotz guter Gründung muß ein Pfeiler durch die plötzliche Flutwelle ausgekolkt worden sein, so daß ein oder mehrere Überbauten kurz vor der Überfahrt des Zuges fortgespült waren oder sich unter der Masse des Zuges senkten. Der Hauptpfeiler, der ursprünglich senkrecht zur Brückenachse stand, war aus seiner Richtung verschoben. Der Zug ist mindestens über einen der 15-m-Träger gefahren. Westlich der Brücke lag die zerstörte Lokomotive, über die der Postwagen gestürzt war.

Bild 13   Die Wassermassen eines Wolkenbruches am 6. Juli 1927 unterspülten im Thumkuhlen-Tal die Gleise der Nordhausen–Wernigeroder Eisenbahn. Vom Personenzug 35 stürzten die Lokomotive, der Gepäckwagen und ein Personenwagen den Abhang hinunter. Foto: Sammlung E. Preuß

(Bild 12). Die Durchflußöffnungen waren sorgfältig vermessen worden und genügten bis dahin, selbst bei Hochwasser. Der Entwurf ging

Nach fortgesetzten Wolkenbrüchen am 26. und 27. September 1942 ergießen sich im Drau- und Iselgebiet (Österreich) Hochwasserwellen, die sich am 28. September 1942 gegen 4 Uhr in Lienz vereinigen. Um 4.50 Uhr erreichen in jeder Sekunde etwa 430 m³ Wasser Nikolsdorf. Die Fluten überströmen die Krone des Uferschutzes und des Bahndammes, fließen über die Rasenböschung ins Hinterland, sickern in den Dammkörper ein und lösen in

*Bild 14
Bei diesem Unglück, das zu den aufsehenerregendsten einer Schmalspurbahn gehörte, fanden der Lokomotivführer, der Heizer und zwei technische Beamte der Direktion den Tod.
Foto: Sammlung E. Preuß*

wenigen Minuten den Damm von der Landseite auf. Der Personenzug 615 erreicht, nachdem es zu regnen aufgehört hat, die Dammlücke bei km 258,57 der Strecke Spital-Millstättersee–Lienz. Die Lokomotive 35 217 des Bahnbetriebswerks Villach-Seebach stürzt mit 2 Dienst- und 6 Personenwagen in die Drau, wobei 21 Personen, darunter das Zugpersonal, ums Leben kommen. 96 Reisende werden verletzt.

Obwohl die meisten Bahnverwaltungen die gefährdeten Abschnitte kennen, deshalb die Strecken so trassieren, daß die Züge von ansteigenden Fluten unberührt bleiben, kommt es doch immer wieder zu Katastrophen.

Am 10. und 11. August 1981 gehen im Thüringer Wald und im Erzgebirge heftige Regenfälle nieder, die zahlreiche Bahnhöfe überfluten und Strecken in Mitleidenschaft ziehen. Im Rbd-Bezirk Erfurt müssen 14 Strek-

Bild 15
Wolkenbruchartige Niederschläge unterspülten am 10. August 1981 den Bahndamm der Strecke Gera–Jena bei Töppeln.
Foto: ADN-ZB/Liebers

Bild 16   An dieser Stelle wurde die neue Eisenbahnbrücke am 28. November 1984 einer Belastungsprobe unterzogen. Auf der Brücke die Lokomotiven 41 1055 und 41 1180.
Foto: Barteld

ken gesperrt werden. Vom Unwetter besonders betroffen ist das Gebiet um Gera. An einer Gewölbebrücke nahe dem Bahnhof Töppeln (Strecke Gera–Weimar) stauen sich die Wassermassen 7 m hoch, unterspülen den Damm und tragen ihn schließlich samt der kleinen Brücke weg. Am 20. August ist eine Behelfsbrücke verlegt, so daß der Betrieb auf dieser wichtigen Strecke wieder aufgenommen werden kann.

6 Reisende und der Lokomotivführer des D 225 »Ostende-Wien-Express« kommen ums Leben, 18 Reisende werden zum Teil schwer verletzt, als am 27. Mai 1983 der Zug einen Kilometer vor dem Bahnhof Groß Königsdorf (Strecke Aachen–Köln) mit einer Geschwindigkeit von 130 km/h gegen die Wand einer Überführung stößt. Riesige Schlamm- und Geröllmassen, die nach anhaltendem Regen von der Böschung auf die Gleise rutschen, führen dazu, daß die Lokomotive und die drei ersten Wagen entgleisen, der Zug 600 m weiter über die Schwellen und den Schotter bis vor eine Bogenbrücke rast. Die Lokomotive rammt die Brücke, dreht sich um 180 Grad und bleibt in einem Trümmerhaufen liegen. Eine halbe Stunde vor dem Unfall passiert die Stelle ein anderer Zug, dessen Lokomotivführer über Funk meldet, die Gleise seien »verschlammt«. Daraufhin wird der Lokomotivführer eines Güterzuges der Gegenrichtung gebeten, über den dortigen Zustand Auskunft zu geben. Die Folge-Erschwernisse, nach einer solchen ersten Meldung das Gleis sofort zu sperren, möchte die betriebsleitende Stelle nun doch nicht in Kauf nehmen. Was der Lokomotivführer sagt, erweckt den Anschein, als bestehe für seine Richtung keine Gefahr, wohl aber sei das Gleis der Gegenrichtung unbefahrbar. Eine Minute später wird dieses Gleis Köln–Düren gesperrt. Das Gleis Düren–Köln, das kurz darauf vom Unfall betroffen ist, bleibt freigegeben …

Dieser Umstand bewog die Staatsanwaltschaft Köln, die Tonbandaufnahmen des Zugbahnfunks zu beschlagnahmen. Die Anwälte ermittelten, welche Hinweise zum Streckenzustand gegeben wurden, warum der Lokomotivführer des D 221 nicht gewarnt wurde, ob der Tatbestand der fahrlässigen Tötung vorliegt – kurzum, sie fragten: War der Unfall zu vermeiden? Arnold Hüter von der Bundesbahn-Direktion Köln erklärte: »Innerhalb von 12 Minuten (?) ist das Entscheidende gesche-

hen, was wir nicht voraussehen konnten«. 20.47 Uhr kam der erste Hinweis, 21.16 Uhr trat der Unfall ein. War in diesen 29 Minuten keine Zeit, den Zug auf dem rückgelegenen Bahnhof zu stellen und ihm einen Vorsichtsbefehl zuzusprechen? Konnte nicht über den Zugbahnfunk angewiesen werden, der Zug solle seine Geschwindigkeit ermäßigen? Der DB-Sprecher: »Noch nie hatten wir auf dieser Strecke einen Erdrutsch. Nach der Mitteilung des Güterzug-Lokomotivführers bestand kein Anlaß, den ›Ostende-Wien-Expreß‹ zu warnen. Wir konnten nicht damit rechnen, daß sich diese Schlammassen in wenigen Minuten auch über das Nachbargleis wälzen würden.«

Der Böschungsuntergrund der Erdrutschstelle besteht vorwiegend aus Sand und leichter Erde, so daß gewiß nicht mit Schlamm- und Geröllabgängen gerechnet werden mußte. Aber – seit Tagen regnet es unablässig am Rhein – muß nach der ersten Warnung nicht doch angenommen werden, das Gleis sei unterspült? Das Landgericht Köln macht »schwerwiegende Mängel am Organisations-, Informations- und Ausbildungssystem der Deutschen Bundesbahn« für das Zugunglück verantwortlich. Den zuständigen Fahrdienstleister trifft nach dem Urteil der 5. Großen Strafkammer nur »geringe Schuld«. Er wird verwarnt und zu einer Geldstrafe von 9 000 DM bei 2 Jahren Bewährung verurteilt. Der Vorsitzende der Kammer erklärt bei der Urteilsverkündung, die Fahrdienstvorschriften der DB, wonach Sicherheit und Pünktlichkeit **gleichrangig** seien, müßten dringend überdacht werden!

Allerdings ohne gerichtliche Kritik an der Bahnverwaltung trug sich eine ähnliche Katastrophe fünf Jahre zuvor in Italien zu:

Der Schnellzug Lecce (Apulien)–Mailand muß am 15. April 1978 wegen eines Brückeneinsturzes auf der Adria-Strecke über Rom umgeleitet werden und fährt mit 8 Stunden Verspätung in den Streckenabschnitt Bologna–Florenz, der als »ewige Baustelle« gilt, da es hier zu ständigen Erdbewegungen kommt. Wenige Tage vor dem Unfall verlangt die Bahnaufsicht, statt der Flickarbeiten am Bahndamm die Wasserläufe zu regulieren und die Böschungen zu verstärken. Unweit des Bahnhofs Vado verschüttet nach anhaltenden Regenfällen eine Schlammlawine die Gleise.

In diese Lawine fährt die Lokomotive des Zuges mit einer Geschwindigkeit von 110 km/h. Sie entgleist. Durch die unterbrochene Bremsleitung tritt die Zwangsbremsung der Wagen ein, die unversehrt zum Halten kommen. Aber die Lokomotive stürzt auf das Nachbargleis, und dort nähert sich der »Rapido« (Expreßzug) »Freccia della Laguna« Venedig–Rom mit 120 km/h, stößt mit der Lokomotive zusammen und stürzt mit 5 Wagen auf die 20 m darunter liegende Provinzstraße. Glücklicherweise verläuft parallel zu dieser Strecke die »Autostrada del Sole«, über die die Hilfe schnell herangeführt werden kann. 43 Tote und 120 Verletzte bleiben als schreckliche Bilanz dieses schwersten Eisenbahnunglücks seit 15 Jahren in Italien.

Die Zeitungen kündigen an: »Eine ins einzelne gehende Untersuchung soll nun herausfinden, auf welche Weise die schweren Regen- und Schneefälle der letzten Tage den Unfall auslösten und ob dieser nicht hätte verhindert werden können.« /4/ Vom Ergebnis dieser Untersuchung hat man nichts mehr gelesen. Dabei war die Strecke mit einer äußerst sicheren Warnanlage ausgerüstet, nach der es zu diesem Unfall hätte gar nicht kommen dürfen. Solche Warnanlagen werden bei anderen Bahnverwaltungen nach Unfällen immer wieder gefordert; sie sind, wie das italienische Beispiel zeigt, selten völlig sicher. Auf dem Führerstand des »Freccia« hätte, ausgelöst durch die Entgleisung des entgegenkommenden Zuges, eine rote Alarmleuchte aufleuchten sollen. Sie aber leuchtete nicht. Entweder hatte sie den Impuls von der Sicherheitsanlage zu spät oder überhaupt nicht erhalten. Die Zeitungen brachten die Stellungnahme des Sprechers der Italienischen Eisenbahnen (FS), wonach die Züge schon so nahe beisammen waren, daß der Lokomotivführer des Expreßzuges das Alarmsignal nicht mehr erhalten konnte, denn die Warnanlage auf der Lokomotive tritt erst 30 s nach Auftreten eines Zwischenfalls in Aktion. Von der Entgleisung des Schnellzuges Lecce–Mailand bis zum Zusammenstoß mit dem Expreßzug verging gerade eine halbe Minute. Einer anderen Version zufolge hat das System versagt, das bei Beschädigung des Sicherheitskabels Alarm geben mußte. Das Kabel – so hieß es – sei zwar zerrissen worden, die nassen, von der Schlammlawine auf den Bahnkörper gespülten Lehmmassen hätten als Stromleiter die Verbindung jedoch wiederhergestellt. Dadurch hat die Sicherungsanlage nicht angesprochen. /5/

In der Nacht des 9. November 1982 unterspült ein plötzlich ansteigendes und schnell versiegendes Hochwasser des Taroflusses in Italien drei Pfeiler der Eisenbahnbrücke zwischen Castelguelfo und Parma. Das Bauwerk aus dem 19. Jahrhundert stürzt auf 72 m Länge ein, die Magistrale Mailand–Bologna–Florenz–Rom ist unterbrochen. Nach 34 Tagen kann der Abschnitt über eine Hilfsbrücke mit einer Geschwindigkeit von 20 km/h befahren werden. Bald danach, am 12. Dezember, rutscht in Ancona ein Berghang zu Tal, zerstört Häuser und die an der Adria vorbeiführende Strecke nach Pescara.

Der am 16. August 1984 von Jabalpur nach Gondia verkehrende Schnellzug stürzt 850 km südlich von Delhi in einen Hochwasser führenden Fluß, weil eine stählerne Brücke nach schweren Monsunregen von der Wasserflut zerstört ist, mindestens 102 Menschen sollen ums Leben gekommen sein.

Am 25. Januar 1985 kommen auf der Strecke Belgrad–Bar 8 Menschen ums Leben, 33 werden verletzt, als ein Erdrutsch vor einem Tunneleingang die Lokomotive und zwei Wagen entgleisen läßt.

Der Schnee ist für die Eisenbahn der »Feind Nummer 1«. Schneeverwehungen z. B. entstehen, wie der Name es schon sagt, wenn sich zu starkem Schneefall der Wind gesellt und er den Schnee über die Bahnanlagen treibt. Durch Windstauungen wird die Schleppkraft des Windes gebrochen, so daß er den mitgeführten Schnee fallen lassen muß, der häuft sich zu einer sogenannten Schneewehe an. Eisenbahneinschnitte und -dämme bilden entsprechende Hindernisse.

Die in den Jahrzehnten durch Erfahrung klug gewordenen Bahnverwaltungen trafen mancherlei Vorkehrungen gegen Schneeverwehungen, man denke an die Schneetunnel der Bergenbahn in Norwegen, an lebende und künstliche Schneezäune, auch an die Schneepflüge, -schleudern, -fräsen, die Weichenheizungen und die umfänglichen organisatorischen Vorbereitungen auf den Winter. Dennoch kommt es zu katastrophalen Verhältnissen, wenn nicht rechtzeitig begonnen wurde, Wind, Schnee und Kälte auch solcher Gebiete zu beherrschen, in denen man sonst mit mildem Winter rechnen kann. Berüchtigte Winter, wie die der Jahre 1878/79, 1917, 1941/42, 1979 brachten den Zugverkehr ganzer Streckennetze zum Erliegen.

1868, als noch nicht im Raum-, sondern im Zeitabstand gefahren wird, kommt es in Böhmen zum Zusammenstoß zweier Züge. Am 10. November 1868 bleibt der von Zbirov (heute Karizek) nach Horovice (Strecke Praha–Plzeň) fahrende Personenzug im Schnee stecken. Die Sichtweite beträgt frühmorgens um 5.50 Uhr nur wenige Meter. Nach den Vorschriften der Böhmischen Westbahn darf der nächste Zug frühestens 5 Minuten nach Abfahrt des vorausgefahrenen Zuges den Bahnhof verlassen. Eine kurze Zeit für den Fall, daß ein Zug liegenbleibt! Doch die Verwaltung der Westbahn geht davon aus, daß die Strecke dicht mit Bahnwärtern besetzt ist, so daß notfalls der folgende Zug sofort angehalten werden kann.

Der Fahrdienstleiter wartet mit dem Ablassen eines Güterzuges sogar 15 Minuten. Der Lokomotivführer befürchtet, im Schnee steckenzubleiben und fährt deshalb zügig mit der zugelassenen Höchstgeschwindigkeit von 50 km/h. Ein Bahnwärter gibt etwa 200 m vor dem Schluß des liegengebliebenen Personenzuges Haltsignale, doch angesichts der Geschwindigkeit, des Gefälles von 10 Promille und des Umstands, daß der Zug nur mit Handbremsen angehalten werden kann, ist der Zusammenstoß unvermeidlich. Die Lokomotive des Güterzuges wird schwer beschädigt, ebenso 4 Güterwagen, 2 Personenwagen. Die 3 letzten Personenwagen werden zerstört. Sie sind von Soldaten besetzt, von denen 22 getötet und 59 schwer verletzt werden. Im Krankenhaus sterben weitere 7 Reisende.

Der Fahrdienstleiter und der Zugführer des Personenzuges werden vor Gericht gestellt; ihnen ist keine Schuld nachzuweisen. Der Lokomotivführer des Güterzuges wird zu einem Jahr Gefängnis (vierteljährlich ein Fastentag), der Lokomotivführer des Personenzuges und der Bahnwärter werden zu je 6 Monaten Gefängnis (vierteljährlich ein Fastentag) verurteilt. Letzterem wirft das Gericht vor, er hätte die Strecke besser beobachten und weiter vom Personenzug entfernt Haltsignale geben sollen.

Der Unfall von Horovice führte zu einer strengeren Haftpflichtgesetzgebung für die Eisenbahn. Darüber hinaus zeigte er, wie überholt das Fahren im Zeitabstand war (siehe 5. Kapitel).

Wiederholt trafen Naturereignisse schwer die US-amerikanischen Eisenbahnen. Berüchtigt sind die Blizzard genannten Schneestürme.

Am 7. Januar 1875 gerät der luxuriöse Denver-Expreß Kansas City–Denver in einen solchen. In der Prärie häuft sich der Schnee meterhoch an, die Lokomotiven kommen nur noch mit Schritt-Geschwindigkeit voran. Im Zuge vermögen die eisernen Öfen die vom Sturm unterkühlten Wagen nicht mehr zu erwärmen. Nach 24 Stunden Fahrt wird das 1000 Einwohner zählende Salina erreicht, zwei weitere Züge der Kansas Pacific Railroad treffen in den nächsten Tagen ebenfalls dort ein. Jetzt suchen 780 Reisende, also fast so viel, wie die Stadt Einwohner zählt, in den sturmumtobten Häusern Schutz. Nach drei Tagen klart der Himmel auf, aus den drei Zügen wird einer zusammengestellt. Zwei Lokomotiven übernehmen die Führung, eine schiebt. Nach 24 Stunden erreicht der Zug Russell, dort tobt noch immer der Sturm bei Temperaturen von −22 °C. Die Kohlevorräte der Station sind erschöpft, in den Gebäuden wird Brett für Brett verbrannt, draußen türmen sich haushohe Schneewehen. Nun sind infolge Entkräftung auch Tote zu beklagen. Der Expreß erreicht dann doch noch Fort Wallace, trifft auf zwei Züge aus Denver. Geschoben und gezogen von fünf Lokomotiven kommt der Denver-Expreß nach 11 Tagen, am 18. Januar 1875, in Denver an.

Am 3. Januar 1879 bleibt der »Atlantic-Expreß«, der mit 9 (!) Lokomotiven bespannt ist, bei Fairport im Schnee stecken, nachdem einige Lokomotiven bereits eine Böschung hinabgestürzt sind.

In den Monaten März und April 1935 bringen »Black Blizzards« den Eisenbahnverkehr in Texas und Oklahoma fast zum Erliegen.

Am 4. Dezember 1969 schneit es in Österreich. Der Wetterbericht kündigt das Ende des Schneefalls und heiteren Himmel an, ungeachtet dessen schneit es am 5., am 6., am 7., am 8., und am 9. Dezember. Gesamtschneehöhe 40 bis 50 cm, was nicht am schlimmsten ist. Der kräftige Nordwestwind aber führt zur Katastrophe. Selbst von zwei Lokomotiven geschobene Schneepflüge sitzen in den Schneewehen fest. Öfter müssen Hilfslokomotiven auf die Strecke geschickt werden, um steckengebliebene Züge zurück in die Bahnhöfe zu ziehen.

Am 6. Dezember 1969 fährt um 22.45 Uhr der Personenzug 4913 zwischen Deutsch Kreuz und Neckenmarkt-Horitschon in eine 400 m lange, 1 m hohe Schneewehe und kommt nicht weiter. Die Reisenden müssen die Nacht im glücklicherweise geheizten Zug verbringen.

Am 9. Dezember 1969 wird der P 3607 zwischen Eisenstadt und Wulkaprodersdorf aus einer meterhohen Schneewehe freigeschaufelt. Der Zug wird um 20.37 Uhr nach Eisenstadt zurückgeschoben. Zu dieser Zeit ist auch die Strecke Eisenstadt–Schützen am Gebirge unterbrochen, so daß 70 Reisende, darunter 30 Schulkinder, die Nacht im Bahnhof Eisenstadt verbringen müssen. Um 4.15 Uhr hat sich der Klima-Schneepflug nach Eisenstadt durchgekämpft.

Am 10. Dezember 1969 verläuft der Betrieb wieder normal. Doch schon zwischen 19. und 22. Dezember 1969 bricht der Verkehr erneut zusammen. Diesmal im Wiener Becken, im östlichen und nordöstlichen Niederösterreich und wiederum nicht durch starke Schneefälle allein hervorgerufen, sondern vielmehr durch die orkanartigen Stürme. Sie führen dazu, daß abermals die Züge in den Schneewehen stekkenbleiben. Besonders betrifft es die Strecke Bruck an der Leitha–Parndorf/Hegyeshalom.

Am 20. Dezember fährt der Zug 2613 zwischen Bruck und Parndorf in eine 4 m hohe Wehe; die Bergung ist unmöglich. Die Reisenden werden im Kabinentender einer 52er Dampflokomotive zurückgefahren. Die zweigleisige Strecke wird von einer entgleisten Lokomotive und zwei im Schnee steckengebliebenen Triebfahrzeugen in beiden Fahrtrichtungen blockiert. Der Bahnhof Bruck kann nicht sämtliche Fahrgäste aufnehmen (drei Expreßzüge bringen etwa 1 600 Reisende!), deshalb werden die Züge in Wien aufgehalten, und der Ex 20 wird am 21. Dezember nach Wien Ost zurückgefahren. Die wichtige Verbindung Österreichs mit Ungarn ist 24 Stunden unterbrochen; der Straßenverkehr bei diesem Unwetter aber fast eine Woche! Die Eisenbahn ist im Winter immer noch das beste Verkehrsmittel, zumal steckengebliebene

Züge in der Regel längere Zeit beheizt werden können, während festsitzende Autofahrer oft dem Erfrierungstod nahe sind.

Der Wintereinbruch zum Jahreswechsel 1978/79 vermittelte der Volkswirtschaft der ehemaligen DDR nach einigen milden Wintern der Vorjahre deutliche Erkenntnisse in bezug auf die Bevorratung mit Brenn- und Rohstoffen. Abermals wurde klar, daß sich der Kampf gegen die Unbilden der Natur nicht nur auf die höher gelegenen Eisenbahnstrecken beschränken kann. Die Deutsche Reichsbahn hatte, als der Zugverkehr über Tage und Nächte zum Erliegen kam, in dieser extremen Situation Tausende von Reisenden unterzubringen und zu versorgen.

Am 29. Dezember 1978 kann man in Berlin in kurzer Zeit das Sinken der Thermometersäule von 15 °C auf −10 °C und tiefer beobachten. Durch den vorausgegangenen Sprühregen überzieht nun eine Eisfläche die Bahnhöfe im Rbd-Bezirk Erfurt und macht das Rangieren schier unmöglich. Im Norden der DDR setzt orkanartiger Sturm ein, der von starken Schneefällen begleitet wird, der Schneefall hält bis zum 5. Januar 1979 an. Die Scheewehen türmen sich bis auf 5 m Höhe, die Eisenbahnstrecken versinken unter der weißen Last. Man kann wohl davon sprechen, daß zu dieser Zeit ein Blizzard die DDR heimgesucht hat.

Während es im Zentrum und im Süden der DDR zu Zugverspätungen von 3 Stunden und mehr kommt – vor allem, weil man in der Absicht, elektrische Energie einzusparen, auf großen Bahnhöfen die elektrischen Weichenheizungen abschaltet – wird im Rbd-Bezirk Greifswald mit Mühe versucht, einige Strecken befahrbar zu halten, zumal der Straßenverkehr so gut wie unmöglich ist. Über 10 000 zusätzliche Arbeitskräfte sind bei der DR zum Schneefegen im Einsatz. Am 30. Dezember 1978 entgleist ein 53 t schwerer Schneepflug während der Räumung der Strecke Greifswald–Lubmin. Er muß zunächst aufgegeben werden. Die bald einsetzende Eisbildung preßt ihn am 1. Januar hoch. Erst am 3. Januar ist die Strecke wieder frei.

Am 14. Februar 1979 setzen nochmals lang anhaltende Schneefälle ein, begleitet von eisigem Sturm. Zahlreiche Strecken müssen gesperrt werden, bis zum 16. Februar bleiben

Bild 17
Schneepflüge neigen leicht
zum Entgleisen, wenn, wie
hier, am 10. Januar 1970 bei
Zwönitz, der zusammenge-
schobene Schnee wie eine
Wand wirkt.
Foto: Rieckemann

Bild 18
1943 entstand nach dem
Ausschaufeln diese Schnee-
wand bei Kiebitz auf der
Schmalspurstrecke
Mügeln–Döbeln.
Foto: Sammlung E. Preuß

acht Züge im Schnee stecken, darunter der D 329 und der D 925. 32 Lokomotiven schneien ein, Tausende Reisende sitzen fest und schlafen in Schulen und Hotels, weil an eine Weiterfahrt gar nicht zu denken ist. Rostock bleibt vom Eisenbahnnetz abgeschnitten. Erst am 18. Februar fahren die ersten Züge.

Lawinenunglücke gehören bei der Eisenbahn nicht zum Alltäglichen, wissen die Bahnverwaltungen doch von den gefährdeten Stellen und treffen entsprechende Schutzvorkehrungen. Die Furka-Oberalp-Bahn in der Schweiz zog sich jeweils im Winter auf dem 18 km langen Streckenabschnitt Oberwald–Realp ganz vom Betriebsdienst zurück, de-

montierte im Herbst die Fahrleitung und auf 14 km Länge sogar die Leitungsmasten, zog die Steffenbachbrücke auf die Widerlager zurück und brachte das Material an geschützte Stellen. Ende April/Anfang Mai wurde der Schnee geräumt und die Fahrleitung montiert, damit planmäßig am 30. Mai der Zugverkehr aufgenommen werden konnte.

1965 beginnen diese Vorbereitungen am 3. Mai. Am 15. Mai befindet sich die Schneeräummannschaft zwischen Gletsch und Muttbach. Um 14.40 Uhr geht bei km 47,6, etwa 800 m unterhalb der arbeitenden Mannschaft, eine Lawine ab, die das Gleis auf 100 m verschüttet. Der Rückweg ist abgeschnitten. Da akute Lawinengefahr besteht, sollen die Loko-

Bild 19   Diese Eiswand konnte nicht mehr durch Freischaufeln entstehen, sie mußte gesprengt werden. Im Januar 1979 zwischen Lietzow und Sagard. Foto: Krentzien

Bild 20   An derselben Stelle im Februar 1979: Schnellzug »Meridian« Malmö–Beograd kommt. Foto: Krentzien

Bild 21
... der Gegenzug mit anderer Bespannung: 03 0080. Foto: Krentzien

motiven und der Schneepflug auf der Strecke bleiben und warten, bis am nächsten Tag eine Unimog-Fräse das Gleis geräumt hat. Die Mannschaft begibt sich auf den Lawinenkegel und erholt sich. Zu dieser Zeit, um 15.10 Uhr, löst sich am Hang bei km 47,860 eine zweite Lawine. Die Mannschaft ruft das Lokomotivpersonal sowie die sich in Lokomotivnähe aufhaltenden Fotografen. Der Lokomotivführer versucht, mit dem Schneepflug bergwärts zu fahren, um der Lawine auszuweichen. Vergebens. Der Arbeitszug wird 100 m in die Tiefe gerissen.

Nach neun Jahren Bauzeit wurde der 15 381 m lange Furka-Basistunnel am 26. Juni 1982 in Betrieb genommen und damit die Lawinengefahr für die Bahn gebannt. Freilich büßen dafür die Reisenden die faszinierende Sicht auf die Schneeriesen der Alpen und den Rhônegletscher ein.

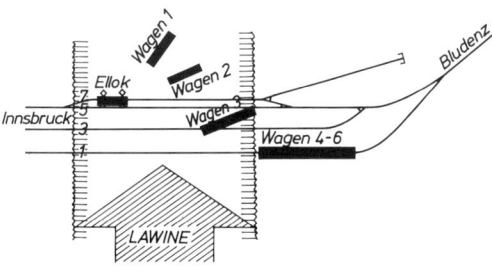

Bild 22   Das Lawinenunglück im Bahnhof Dalaas.

Eine Lawinenkatastrophe sucht am 11. Januar 1954 den an der österreichischen Arlbergstrecke gelegenen Bahnhof Dalaas heim. Tags zuvor bringen Schneestürme 90 cm Neuschnee. Danach steigt die Temperatur und mit ihr die Lawinengefahr an. Am Vormittag des 11. Januar gehen auf der Arlbergstrecke 15 Lawinen und kurz nach Mitternacht am 12. Januar eine auf den Bahnhof Dalaas nieder, wo der Eilzug 632 Bregenz—Wien wegen der östlich und westlich von Dalaas abgegangenen Lawinen warten muß. Die Lawine trifft den Zug an seiner Spitze, die Lokomotive ÖBB 1020.42 stürzt um und wird in den Schneemassen begraben. Das Fahrzeug schützt jedoch als wahres Bollwerk das Empfangsgebäude, von dem nur ein Teil ab Höhe Pufferbrust der Lok formlich wegrasiert wird. Der erste Wagen wird auf einen Hang geschleudert, der zweite auf eine Güterrampe. An die zehn Opfer des Lawinenunglücks erinnert eine am 26. September 1966 in Dalaas enthüllte Tafel.

Auch die weltbekannte Gotthardbahn in der Schweiz ist wiederholt von Lawinen bedroht. 1978 und 1981 wird von ihnen der über der Bahn stehende Schutzwald zerstört, und seitdem gehört der Streckenabschnitt im Bereich der Rohrbachbrücke zu den am stärksten gefährdeten Abschnitten. Die SBB dürfen wegen der weiträumigen Gletscherregion die Strecke nicht verbauen. Deshalb entstand eine neue, allseits abgeschlossene Brücke,

Bild 23
Schwere Sturmböen legten diesen Wagen auf dem Gelände des Jenaer Betriebsteils der Baustoffversorgung Gera am Bahnhof Neue Schenke auf die Seite (23. November 1984).
Foto: ADN-ZB/Kasper

der sich beiderseits eine 45 m lange Schutzgalerie anschließt.

Der Wind spielt als Gefahr für die Eisenbahn eine nur untergeordnete Rolle – vom selbständigen Abrollen ungesicherter Wagen einmal abgesehen. Bekannt sind allerdings sturmbedingte Entgleisungen auf Schmalspurbahnen, weil bei deren Fahrzeugen der Schwerpunkt höher liegt als bei Wagen der Regelspur (ganz besonders, wenn Regelspurwagen auf Rollböcken oder -wagen aufgeladen sind). Berühmt-berüchtigt wurde die Entgleisung zweier leerer Wagen am 8. März 1893 auf der Mecklenburg-Pommerschen Schmalspurbahn mit einer Spurweite von nur 600 mm. Ein mächtiger Winddruck auf die Seitenfläche der Personen- und gedeckten Güterwagen genügte, um sie umzukippen. Diesen Gefahren entgegenzuwirken, dienten das Verbot, vierachsige Wagen einzusetzen, sowie die Erhöhung des toten Gewichts der Wagen durch Ballast, wobei die Standsicherheit trotzdem nur etwa 60 Prozent anderer Wagen betrug. So half letztlich nur die Vorsorge, den Betrieb bei bestimmten Windgeschwindigkeiten einzustellen.

Umgestürzte Wagen sah man am 25. November 1984 in der Nähe von Jena. Der aus Sturmtiefs hervorgegangene orkanartige Sturm vermochte diese Wagen nur deshalb aus den Gleisen zu heben, weil die Eisenbahner einer Anschlußbahn versäumten, die Wagentüren zu schließen, so daß der Wind auf eine Seite der Wageninnenwand drückte.

Der Nebel lähmt wegen der schlechten Erkennbarkeit der Signale den Eisenbahnbetrieb, vermag darüber hinaus ganze Rangierbahnhöfe stillzulegen. Besonders die Vorbeifahrt am Halt zeigenden Signal stellt eine große Betriebsgefahr dar (Unfälle infolge solcher Ursachen sind im 4. Kapitel beschrieben).

Im September 1982 stieß auf dem Bahnhof Senftenberg im dichten Nebel der Personenzug 3931 mit einer Lokomotive zusammen; 40 Reisende wurden verletzt. Die Stellwerkswärterin hatte übersehen, daß eine abgehängte Schiebelokomotive unter ihrem Stellwerk stand (s. Genthin, Hohenthurm).

Der Kreis der Natureinwirkung auf die Eisenbahn mit Unfallfolgen läßt sich noch weiter ziehen. Sogar die Sonne kann »schuld« sein, wenn der Lokomotivführer von ihr geblendet wird und er das Lichtsignal nicht erkennt, wenn sie in einem bestimmten Winkel derart auf die Optik des Ersatzsignals leuchtet, daß der Lokomotivführer glaubt, es habe aufgeblinkt (auch das kam vor!) und deshalb am Halt zeigenden Signal vorbeifährt. Sengende Sonnenstrahlen können zur gefürchteten Gleisverwerfung führen oder Wiesen und Wälder ausdörren, so daß ein Funke der Dampflokomotive – sogar Diesellokomotiven werfen Funken aus, und die elektrische Lokomotive reißt Funken von der Fahrleitung ab – genügt, um einen Böschungsbrand entstehen zu lassen, der sich in kurzer Zeit zu einem umfassenden Waldbrand ausdehnen kann.

Am 15. August 1904 setzt der Güterzug 9303 bei der Fahrt von Liegnitz nach Sagan etwa 25 000 Morgen Wald in Brand. Der Brandherd liegt zunächst etwa 35 m vom Gleis entfernt; die große Dürre und der heftige Wind bieten für die Ausbreitung des Feuers beste Voraussetzungen. Zuerst versucht der Waldwärter Thoms, an der Bude 626 Gräben aufzuwerfen – erfolglos. Ausgeschickte Brandkolonnen ziehen in die Richtung des Brandes, denn die Feuerwalze wendet sich von der Sprottauer Richtung auf den Primkenauer Forst ...

In einem Bericht wird es später heißen: »Bei dem herrschenden Sturme überflog das Feuer die breiten Brandgestelle, welche eine Breite von 20 bis 30 Metern haben, über die Köpfe der Brandmannschaften hinweg ... Die Brandmannschaften konnten daher in den meisten Fällen an der Front keine Verwendung mehr finden, da das Feuer schneller war, als die Menschen laufen konnten und mußten sich darauf beschränken, auf den Seiten zu löschen ... Von der Stärke des Sturmes kann man sich einen Begriff machen, daß die in Neuvorwerk dem Walde zunächst liegende Wirtschaft und zugleich die Försterei Feuer fingen. Der Abstand beträgt zwischen beiden etwa 500 Meter. Die Försterei war massiv gebaut mit Ziegeldach, und zersprangen die Ziegel infolge der Glut, die durch den Waldbrand vorhanden war. Von dort aus flogen die Funken auf eine Entfernung von 600 m wieder auf die Forst, und so setzte sich der Brand weiter fort, während doch eine Fläche von 8 bis 900 m bei Neuvorwerk die Waldesteile trennt. Trotzdem die Zäune schleunigst aufgerissen wurden, um das russische Wild, welches dort in einer besonderen Eingatterung sich befindet, zu retten, kamen doch nur 2 Stück heraus, während 17 des russischen Wildes auf einem Haufen zusammenlagen ... Eine alte Frau hatte sich in den Keller retten wollen, und die Feuerwehrleute mußten ein Loch in die Mauer brechen, um sie heraus zu holen. Die Leute haben fast alle ihre Habe verloren.«

Um 11 Uhr – der Brand brach vor 8 Uhr aus – ist die Ortschaft Neuvorwerk abgebrannt.

Militär wird ausgesandt, mal hierhin, mal dorthin dirigiert. Die gegen 14 Uhr eingehende Meldung, Wolfersdorf brenne, erweist sich als falsch. Zu dieser Zeit lodert aber der Wald auf über 12 km Breite von Wolfersdorf bis zur Bunzlauer Grenze. Nun schweben Armadebrunn und Baierhaus in Gefahr, die Löschmannschaften kehren erschöpft in die Dörfer zurück. Um 21 Uhr nimmt ein weiteres militärisches Kommando den Kampf mit den Flammen auf, am folgenden Morgen verstärkt durch zwei Pionierkompanien aus Neiße und Brieg; 1 800 Mann sind es insgesamt. Am Abend des 16. August läßt endlich der Wind nach.

Vom Beierhäuser Waldrevier bleibt nur ein kleiner Rest bestehen. Das Neuvorwerker und Wolfersdorfer Revier, die Heide bei Collm (Kreis Rothenburg) und die Bunzlauer Heide, das Dorf Rabsen zum großen Teil, das Vorwerk Oppach sind restlos abgebrannt, viel Wild ist verendet und ein 75jähriger Arbeiter erstickt. Am 22. August setzt Regen ein und bannt die Gefahr aufflackernder Brände. Das Rote Kreuz stellt Baracken mit Inventar für die Obdachlosen und verteilt Bettzeug.

Die Eisenbahndirektion Breslau erkannte die Ersatzpflicht an. Dieser große Waldbrand hatte dann sogar noch seine positive Wirkung, erinnerte man sich doch jetzt der 1902 in Berlin verlegten Broschüre »Über die Behandlung der Feuerschutzstreifen an den durch Kiefernforsten führenden Eisenbahnlinien« des Forstmeisters Dr. M. Kienitz. Entlang der Bahnstrecken wurden »Wundstreifen« gezogen und die reinen Nadelwälder von Laubbäumen durchsetzt. Völlig gebannt wurde die Waldbrandgefahr allerdings nie.

Am 26. Dezember 1925 meldet um 19.30 Uhr der Lokomotivführer eines Schnellzuges aus Berlin, er habe unmittelbar vor dem Einfahrsignal des Bahnhofs Rosengarten eine Senkung im Gleis verspürt. Man läßt die Stelle untersuchen, stellt jedoch in der Dunkelheit nichts fest. Kurz vor 2 Uhr des 27. Dezember kommt es an dieser Stelle zu einem mächtigen Erdrutsch. 40 000 m³ Boden geraten in Bewegung, heben das Gleis Berlin–Frankfurt (Oder) über 4 m hoch und schieben sich über das Gleis Frankfurt (Oder)–Berlin. Die Schwellen werden so nach oben gedreht, daß sie senkrecht stehen; die Gleise reißen vor und hinter der Verschiebung aus ihrer Verbindung, sie können nicht mehr befahren werden. Die Strecke ist verschüttet.

Die den Zugverkehr beeinträchtigenden Erdbewegungen sind hier nichts Neues. Diese traten erstmals am 28. August 1911 auf, weiterhin 1913, 1914, 1920, 1922, 1923, wobei 1922 und 1923 das Gleis Berlin–Frankfurt (Oder) verschüttet wird. Nach 3 bis 6 Wochen eingleisigem Betrieb zwischen Rosengarten und Pillgram konnte es wieder befahren werden.

Bild 24
Dammrutsch und Gleisverwerfung bei Rosengarten am 26. Dezember 1925.
Foto: Sammlung E. Preuß

Diesmal jedoch ist die Strecke in beiden Richtungen gesperrt, und es ist nicht abzusehen, daß der Zugverkehr bald wieder aufgenommen werden kann. Zum Glück besteht noch das Planum eines vorübergehenden Bauzustandes von früher, und so wird in 14tägiger Tag- und Nachtarbeit ein Umfahrungsgleis für eingleisigen Betrieb hergerichtet, wobei die Steilrampe von 1:40 am Bahnhof Rosengarten einen Halt zum Ansetzen der Schiebelokomotive erfordert. Bis zur Inbetriebnahme dieses Gleises pendeln Züge von Fürstenwalde und von Frankfurt (Oder) bis zur »Unfallstelle«, die Reisenden müssen auf provisorischen Bahnsteigen umsteigen. Die Fernzüge werden über die ehemalige Ostbahn, über Küstrin, umgeleitet. Die Güterzüge aus Schlesien fahren über Sagan–Cottbus–Niederschöneweide, die aus Polen über Reppen–Küstrin, die aus Frankfurt über Küstrin oder Werbig. Der provisorische eingleisige Abschnitt wirkt sich auf die Betriebsführung höchst störend aus. So schnell wie möglich muß die Strecke hergerichtet werden, andererseits soll nichts überhastet werden, um sich nicht erneut der Gefahr eines Erdrutsches auszusetzen. Die Frage, wie es zu einem Dammrutsch solchen Ausmaßes kommen konnte, hilft ein Blick in die Geschichte der Strecke beantworten:

Die Berlin-Frankfurter Eisenbahn-Gesellschaft eröffnete im Oktober 1842 den Personen- und Güterverkehr. Die Niederschlesisch-Märkische Eisenbahn-Gesellschaft kaufte die Bahn und schuf durch die Eröffnung der Strecke von Frankfurt (Oder) nach Bunzlau am 1. September 1846 eine durchgehende Verbindung von Berlin nach Schlesien. 1852 kaufte der preußische Staat die Bahn. In den nächsten Jahren erhielt Frankfurt (Oder) weitere Eisenbahnanschlüsse, und nach 1875

wurden die Bahnhofsanlagen zusammengelegt. Mit der Verstaatlichung der Privateisenbahnen einher ging der vereinfachte Betriebsdienst, so daß der Bahnhof in Frankfurt zunächst den Anforderungen genügte. Das änderte sich aber kurz vor der Jahrhundertwende, denn außer dem Hauptbahnhof existierten weitere drei Bahnhofsteile, der Niederschlesisch-Märkische, der Märkisch-Posener und der Ostbahnhof. Das Überschreiten der Hauptgleise durch die Reisenden, das Fehlen von Überholungsgleisen, die Zersplitterung der Anlagen und die unzulänglichen Einfahr- und Rangiergleise behinderten mehr und mehr den Betrieb. Personen-, Ortsgüter- und Rangierbahnhof sollten getrennt angelegt werden. Die Umbauentwürfe fielen – insbesondere wegen der eigentümlichen Frankfurter Geländeverhältnisse – nicht zufriedenstellend aus, bis sich die Eisenbahndirektion in Posen entschied, den Rangierbahnhof nördlich der Stadt, parallel zur Freienwalder Strecke zu errichten. Schwierig war es, die Berliner Strecke anzubinden und dabei die Höhenunterschiede zu überwinden, überschreitet sie doch 5 km westlich des Personenbahnhofs die Wasserscheide von Elbe und Oder, die fast 50 m höher liegt als der Personenbahnhof.

Als die Bahn gebaut wurde, war hier ein Einschnitt von 5 m Tiefe gegraben worden, um zwischen dem auf dem Scheitelpunkt liegenden Bahnhof Rosengarten und dem Bahnhof Frankfurt (Oder) auf 5 km Länge etwa 41 m Höhenunterschied zu überwinden. Das führte beiderseits zu Rampen, die für sämtliche Züge Vorspann- oder Schiebelokomotiven erforderten. Tag und Nacht standen dafür 3 Fahrzeuge im Dienst. Die auf dem Bahnhof Briesen stationierten 16 Hilfsbremser begleiteten die – damals handgebremsten – Güterzüge im Gefälle. Als der neue Rangierbahnhof entworfen

Bild 25   Querschnitt in km 75,5 mit Darstellung der Bauzustände. Quelle: Zeitung des Vereins Deutscher Eisenbahnverwaltungen Nummer 36/1929

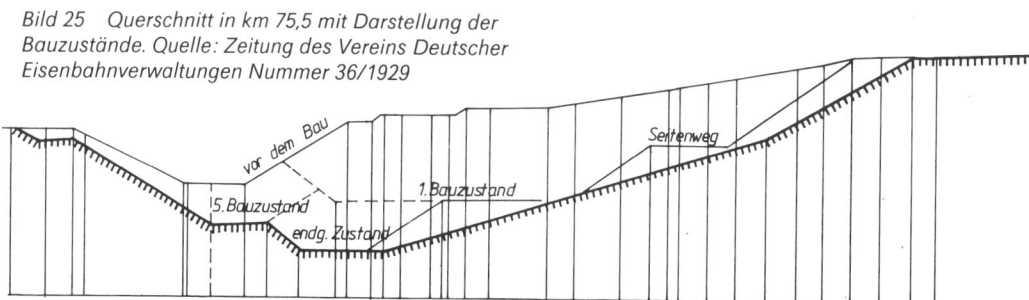

wurde, lag der Gedanke nahe, den Scheitelpunkt weiter abzusenken, um die Steilrampen zu verkürzen. Die Preußischen Staatseisenbahnen ließen von der Preußischen Geologischen Landesanstalt in Berlin mehrmals den Boden untersuchen. Das Gutachten von 1902 ergab keinerlei warnende Aufschlüsse; unter einer Sandschicht läge eine Kalkschicht und darunter fetter Ton …

Die Bauarbeiten schritten voran. In drei Abschnitten wurden unter Aufrechterhaltung des Zugverkehrs die Streckengleise allmählich so weit abgesenkt, daß die Schienenoberkante des höchsten Punktes 8,5 m tiefer als ehedem lag. Die anfallenden 1,02 Millionen m³ Erdmassen konnten gut zum Aufschütten des Rangierbahnhofs verwendet werden. Der Einschnitt wurde jetzt 2 km lang und 24 m tief.

Am 28. August 1911 rutschen über 20 000 m³ Erdmassen ab, 1913 die dreifache Menge, am 17. Mai 1914 sogar 150 000 m³, die einen Bauzug mit Bagger unter sich begraben. Der Einschnitt von Rosengarten kommt nicht mehr zur Ruhe.

Das erste Gutachten, in dem zu den Erdrutschen Stellung genommen wird, sieht als Ursache die Schichtung der Bodenarten; Schichtgruppen mit einer dünnen Oberflächenschicht von nur wenigen Metern Stärke aus Sand, Kies und Mergel rutschen auf einer mächtigen Tonschicht. Die gestörte Gleichgewichtslage der Erdschichten soll die Ursache sein. Empfohlen wird, die auf dem Kalk lagernden Sandmassen bis auf den Kalk vollständig abzutragen (was sich später als völlig verfehlt herausstellte). Das zweite Gutachten bestätigt das erste und rät abermals zum Abtragen der Sandmassen.

Inzwischen beginnt der erste Weltkrieg, und danach klettern die Baupreise derart in die Höhe, daß die DRG von umfassenden Bauplänen absieht. Man begnügt sich in Frankfurt damit, die Böschung trockenzulegen. Das im ersten Gutachten so betonte Abflachen wird hinausgeschoben, man überzieht lediglich das gesamte Gebiet mit Rigolen, pflanzt Tausende Lupinen, bemüht sogar den Wünschelrutengänger. Nach einer Prüfung mit der Drehwaage kommt es zum dritten Gutachten: Nein – ein Salzhorst zieht sich nicht durch den Einschnitt, wie jemand vermutet. Der weitere Ausbau der Entwässerungsleitungen sei ratsam.

Als 1925 die Strecke vollkommen verschüttet ist und jedermann erkennt, daß die bisherigen Maßnahmen wirkungslos bleiben, faßt man grundlegende Veränderungen ins Auge. Die Strecke aus dem Rutschungsgebiet herauszuführen, scheitert an den bereits erwähnten topografischen Gegebenheiten. In riesigen Schleifen müßten die Gleise an den Rangierbahnhof angebunden werden, die Züge in Frankfurt (Oder) gar Kopf machen. Folglich soll die Strecke im Einschnitt von Rosengarten bleiben, der aber muß beruhigt werden.

Das vierte Gutachten endlich, am 20. April 1926 ausgefertigt, bricht mit der früheren Ansicht, die Bodenbewegungen seien in einem Abgleiten hangender Sande auf liegenden Tonmergeln zu sehen. Die Rutschungen sind vielmehr auf die geologische Zusammensetzung des Erdkörpers zurückzuführen, die Tone selbst sind die Ursache der Rutschungen. Das Vertiefen des Einschnitts und das Abtragen der Sande führten nicht nur zur Druckentlastung der Tone, sie wurden freigelegt, so daß sie schwollen, bei nachfolgender Trok-

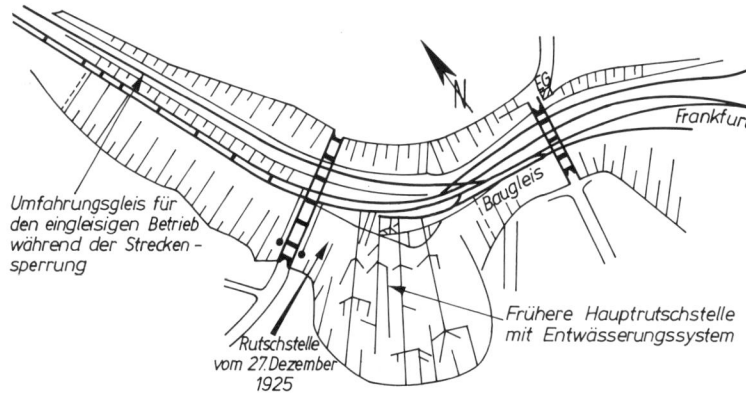

Umfahrungsgleis für den eingleisigen Betrieb während der Streckensperrung

Frankfurt

Baugleis

Rutschstelle vom 27. Dezember 1925

Frühere Hauptrutschstelle mit Entwässerungssystem

Bild 26   Böschungsrutsch im Einschnitt des Bahnhofs Rosengarten. Quelle: Zeitung des Vereins Deutscher Eisenbahnverwaltungen Nummer 36/1929

Bild 27   Blick auf die Rutschungsstelle im Jahre 1985.   Foto: ZBDR/Zimmer

kenheit rissen und mit dem ursprünglich fest zusammenhängenden Erdkörper Prismen bildeten. In den Spalten sammelt sich das Oberflächenwasser, das in den tieferliegenden Schichten nicht abfließen kann. Dadurch wird der Ton allmählich morsch, unter ihm bildet sich ein Tonbrei, der wie Schmiermittel wirkt. Verschiedene Möglichkeiten, diesen Umständen zu begegnen, werden geprüft (Fundamentplatte, Roste und Tröge, Tunnel) und — verworfen. Am besten ist es, die Strecke zu heben, dann aber müssen erhebliche Erdbewegungen in Kauf genommen werden, und

die Rampen erschweren die Betriebsführung. Schließlich werden die abgeflachten Tone mit 70 cm Sand und 30 cm Mutterboden überdeckt, darauf wird eine Grasnarbe gelegt. Die Neigung von 1:5 der Böschung nimmt den Tonen den Einfluß auf deren Standsicherheit.

Zusammenfassend kann man sagen, daß dem Boden das wiedergegeben wurde, was ihm bei der Abflachung der Strecke leichtfertig genommen worden war. Aber wie teuer mußten die Bahnverwaltungen diesen Erkenntnis-Schritt bezahlen!

3. Pflichtvergessene Schrankenwärter und Passanten

Vom Leichtsinn an Bahnübergängen

Anfangs sieht es ganz böse aus. Unter der Überschrift »Prinz Ernst August und seine Zietenhusaren in Gefahr« in der »Vossischen Zeitung« vom 17. Juli 1913, beim »Berliner Tageblatt« am 16. Juli 1913 gar »Prinz Ernst August von Cumberland in Lebensgefahr« wird dem Leser »Erschröckliches« vermittelt:

»Nur mit knapper Not ist heute Prinz Ernst August von Cumberland, der Gemahl der Prinzessin Viktoria Luise, der erst vorgestern in Rathenow seinen Einzug gehalten hat, einer großen Lebensgefahr entgangen. Heute morgen ritt das ganze Regiment der Zietenhusaren zu einer Felddienstübung aus. Der Marsch führte unweit der Stadt etwa tausend Meter von dieser entfernt über das Gleis der Lehrter Bahn hinweg. An der Spitze des Regiments ritt die vierte Eskadron, die der Prinz als ihr Rittmeister führte. Der Prinz ritt dicht hinter den Trompetern. Als diese in der Nähe des Schützenhauses das Bahngleis in schräger Richtung gerade überschritten hatten, sauste in diesem Augenblick, als der Prinz gerade auf den Gleisen war, der holländische Schnellzug heran. Prinz Ernst August übersah noch im letzten Augenblick die gefährliche Situation und riß sein Pferd noch so rechtzeitig herum, daß er unmittelbar vor dem heransausenden Zuge noch zur Seite springen konnte. So kam der Prinz, der, wie Augenzeugen berichten, kreidebleich geworden war, mit dem bloßen Schrecken davon.« /6/ Die Vossische

Prinz Ernst August und seine Zietenhusaren in Gefahr.

Drahtbericht unseres Korrespondenten.

e. Rathenow, 16. Juli.

Als Prinz Ernst August, Herzog zu Braunschweig und Lüneburg, heute früh nach 7 Uhr auf dem Weg zum Exerzierplatz mit seiner Husarenschwadron den Bahnkörper bei Neufriedrichsdorf passierte und die Regimentsmusik sich gerade zwischen den Geleissperren befand, kam der sog. holländische Zug herangebraust. Die Musiker konnten noch gerade über die Geleise hinwegsetzen, während Prinz Ernst August schnell die Gefahr erkannte, sein Pferd zurückriß und der Schwadron rasch entschlossen den Befehl zum Halten gab. So wurde gerade noch im letzten Moment ein schweres Unglück verhütet. Wie Augenzeugen berichten, waren die Bahnschranken nicht rechtzeitig geschlossen worden. Die Schranken sanken vielmehr gerade, als der vordere Teil der Schwadron mit dem Prinzen an der Spitze sich bereits auf den Geleisen befand. Der herannahende Zug befand sich etwa hundert Meter weit von dem Uebergang, als die Schwadron über ihn dahinritt, und es ist nur der Geistesgegenwart des Prinzen und der Schnelligkeit zu danken, mit der es gelang, die sinkenden Schranken wieder zu öffnen, daß eine Katastrophe vermieden wurde.

Bild 28   Sensationsmeldung vom Ereignis bei Rathenow im »Berliner Tageblatt« vom 16. Juli 1913.

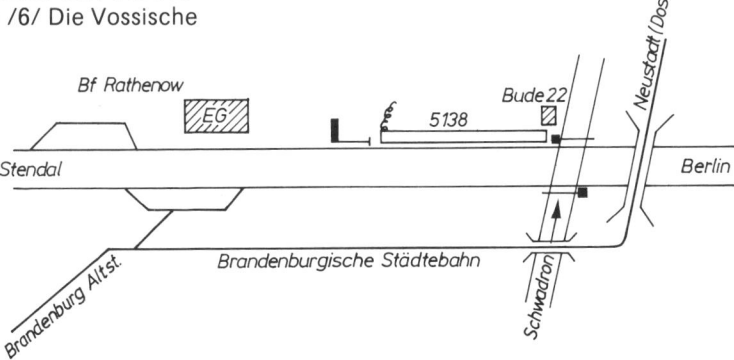

Bild 28 a:
Prinzipskizze zum Vorfall bei Rathenow.
Zeichnung: E. Preuß

schreibt: »… und ist es nur der Geistesgegenwart des Prinzen und der Schnelligkeit zu danken, mit der es gelang, die sinkenden Schranken wieder zu öffnen, daß eine Katastrophe vermieden wurde.«

Da hier ein Prinz und »seine« Zietenhusaren in Gefahr gerieten, kam es zu aufgeregten Kommentaren, natürlich fehlten nicht – wie vor dem ersten Weltkrieg bei fast jedem Eisenbahnunfall üblich – sogenannte Hofnachrichten und Schilderungen von »Augenzeugen« mit den Vokabeln wie »heranbrausender Zug«, »volle Geschwindigkeit«, »in einer Entfernung von wenigen Metern«, was sich recht dramatisch liest, aber wegen der Subjektivität der Berichterstattung für eine objektive Beurteilung des Ablaufs belanglos ist. In den gleichen Spalten der Zeitungen erschienen dann aber auch Angaben zum vermeintlichen Schuldigen, also hier dem Bahnwärter, wie damals die Schrankenwärter genannt wurden: »Der sogenannte holländische Zug war früh morgens 6 Uhr 42 Minuten in Rathenow fällig, verspätete sich aber um 18 Minuten. Der Bahnwärter, der immer nach dem Zuge Ausschau gehalten hatte, bemerkte plötzlich das Herannahen des Regiments. Da er die Strecke frei sah, ließ er die Schranke offen und wollte die Truppen passieren lassen. Kaum war das Musikkorps auf der entgegengesetzten Seite, als das Läutewerk ertönte und der Zug hinter einem auf der Strecke haltenden Güterzug sichtbar wurde. Der erschrockene Wärter stürzte den Mannschaften entgegen und machte durch Rufen und Zeichen auf die Gefahr aufmerksam. Der Prinz und seine Schwadron rissen die Pferde zurück und der Zug passierte bei offener Schranke.« /7/ – Schenkt man diesem Bericht Glauben, so waren es wohl weniger Geistesgegenwart und Schnelligkeit des Prinzen, die eine Katastrophe verhinderten …

Wenden wir uns von der öffentlichen Darstellung dieses Vorfalls ab und versuchen einmal, das Ereignis zu rekonstruieren.

Der Schrankenposten 22 liegt 1,4 km östlich des Bahnhofs Rathenow. Der zu erwartende D 129 Hannover–Berlin Schlesischer Bahnhof hat 18 Minuten Verspätung. Da erscheint das vorausreitende Trompeterkorps des Zietenhusarenregiments. Als dessen Spitze unter dem ersten Schrankenbaum angelangt ist, ertönt das Läutesignal für den verspäteten Schnellzug. Der Wärter Fölsch kann die Schranken nicht mehr schließen. Er will eine Schwadron hinüberreiten lassen in der durch seine Berufserfahrung begründeten Annahme, es vergehen noch mehrere Minuten, bis der Schnellzug heran ist. Das Musikkorps hat den Überweg noch nicht verlassen, da sieht der Wärter in 500 m Entfernung den Zug. Sofort tritt er auf den Überweg und stellt sich vor die Offiziere, unter denen sich auch der Prinz befindet, und hält sie im Abstand von 5 m vom Gleis zurück, bis der Zug vorübergefahren ist. Die Schranke bleibt während dieser Zeit geöffnet, weil der Wärter mit dem Schließen einfach keine Zeit verlieren will.

Die in den Zeitungen beschriebene Lebensgefahr bestand nicht, doch wir fragen uns: Mußte es zu diesem Vorfall kommen? Blieb dem Wärter keine andere Wahl, wenn Marschgruppen den Überweg beschritten? Das Betriebsamt Stendal durfte sich mit seiner Untersuchung nicht auf den Posten 22 beschränken, es mußte in sie den Fahrdienstleiter in Rathenow einbeziehen, denn von ihm erhielt der Schrankenwärter (außer aus seinem Streckenfahrplan) die Information, wann sich ein Zug nähern wird. Die Schrankenwärter befanden sich in einer unerquicklichen Situation. Einerseits hatten sie die Vorfahrt der Eisenbahn zu sichern, andererseits durften sie die Kreuzungspunkte zwischen Gleis und Straße nicht über Gebühr absperren. Stark befahrene und begangene Straßen gab es damals schon, wenngleich heute die Dichte des Fahrzeugverkehrs unvergleichlich zugenommen hat.

Wann die Schrankenwärter mit einem Zug zu rechnen hatten, ersahen sie aus dem vom Bahnmeister aufgestellten Streckenfahrplan (die Bahnwärter unterstanden der Bahnmeisterei, bei der DR nach 1950 dem Bahnhof). Dieser Fahrplan war für das Schließen der Schranken maßgebend! Da die Züge aber nicht immer nach Fahrplan fuhren, mußte der Wärter zusätzlich benachrichtigt werden, wenn ein Zug zu erwarten war. Dafür war das 1847 von Siemens erfundene Läutewerk eingeführt worden, das vom Fahrdienstleiter bedient wurde und dem Wärter durch eine für jede Streckenrichtung bestimmte Anzahl Glockenschläge ankündigte: Es fährt ein Zug von A nach B. Von Sonderzügen erfuhr der Wärter durch das Signal 17: »Ein Sonderzug folgt.« Am letzten Fahrzeug des vorausgefahrenen Zuges war außer dem Schlußsignal

Bild 29 Das Läutewerk mußte ständig aufgezogen werden, sollte es seinem Zweck gerecht werden. Großvater erklärt es dem Enkel. (1958) Foto: Propp

eine runde weiße Scheibe mit schwarzem Rand angebracht. Signal 18 bedeutete: »Ein Sonderzug kommt in entgegengesetzter Richtung.« Dafür wurde am ersten Fahrzeug des zur Benachrichtigung ausersehenen Zuges oben eine runde weiße Scheibe mit schwarzem Rand angebracht. Eine für heutige Verhältnisse undenkbare Signalisierung, die aber erforderlich war, weil die Strecken ziemlich spät mit Fernsprechern ausgestattet wurden. 1878 wendeten sie die Niederschlesisch-Märkische Eisenbahn und die Magdeburg-Halberstädter Eisenbahn zum ersten Male an. Die KPEV führte den Fernsprecher erst 1902 durch einen Erlaß des Ministers der öffentlichen Arbeiten ein. Man kann davon ausgehen, daß noch bis zum Ende des ersten Weltkrieges nicht alle Schrankenposten in die Streckenfernsprechverbindungen einbezogen waren, vielmehr erhielten stattdessen Blockstellen, Rottenposten und andere Stellen Läutewerke. Sogar auf den Bahnsteigen der Bahnhöfe standen sie.

Deshalb konnte der Wärter sich in der Regel nur auf den Fahrplan, das Läutewerk und seine Augen verlassen. Er mußte Ausschau halten, wann der Zug kommt. Jahrzehntelang hatten sich alle Wärter daran zu halten. In einem seriösen Fachbuch der zwanziger Jahre liest sich das noch so: »Dem Schrankenwärter wird das Herannahen eines Zuges nur durch die Läutewerke und die Fahrpläne bekannt. Die ersteren können — wie alle Uhrwerke — leicht einmal versagen, und der Fahrplan der Güterzüge hat zu Zeiten starken Verkehrs oft sehr große Unregelmäßigkeiten, die den Wärtern nicht immer alle bekanntgegeben werden können. Die Wärter sind daher in der Hauptsache auf ihr Auge angewiesen und können Unfälle auf den ihnen anvertrauten Übergängen nur durch angestrengteste Aufmerksamkeit verhüten.

Die Lokomotivführer können in vielen Fällen das Offenstehen einer Schranke nicht so rechtzeitig bemerken, daß sie im Notfalle den Zug noch vor dem Übergang zum Halten bringen könnten, weil die senkrechte Stellung der verhältnismäßig dünnen Schlagbäume nur bei entsprechend günstigem Hintergrund und offenem Gelände zu erkennen ist. Durch große Aufmerksamkeit können aber auch die Führer viel zur Verhütung der in Rede stehenden Unfälle beitragen, wenn sie dem säumigen Wärter rechtzeitig ein Warnungszeichen mit der Dampfpfeife geben.« /8/

Der eine Wärter schloß die Schranken, wenn er die Rauchfahne der Lokomotive »hinter dem Wald« sah, der andere sah den Zug aus einem Bogen kommen. Diese »Verfahren« waren nachteilig, denn:
– Der Streckenfahrplan war an Tagen mit häufigen, längeren Zugverspätungen und beim Verkehren von Sonderzügen untauglich. Eine Reihenfolge der Züge ließ sich dann, erst recht auf mehrgleisigen Strecken, kaum überblicken.
– Der Fahrdienstleiter gab das Läutesignal nicht zu einem betimmten Zeitpunkt; die Betriebsvorschriften ließen ihm dafür eine Toleranz. Nach Paragraph 17 der preußischen Fahrdienstvorschriften von 1907 *soll* das Abläutesignal nicht früher als 3 Minuten vor der mutmaßlichen Ab- oder Durchfahrt des Zuges gegeben werden.
– Die vom Abläuten oder vom Sichtbarwerden des Zuges an einem bestimmten Punkt bis zur Vorbeifahrt am Wegübergang ablau-

fende Zeitspanne war wegen der individuellen Handlungen des Fahrdienstleiters und der unterschiedlichen Zuggeschwindigkeiten ebenso unterschiedlich.

Wichtig war, und die Vorschriften druckten es meist gesperrt: *Rechtzeitig* mußten die Schranken geschlossen sein. Aus dieser Sicht bildete sich bei Unfällen an beschrankten Wegübergängen das Vorurteil, der Schrankenwärter habe eben nachlässig gearbeitet.

Im Fall Rathenow war es nicht so. Wärter Fölsch erkundigt sich, als er den ersten Teil des Regiments sieht, durch den Fernsprecher beim Fahrdienstleiter, wie verspätet der fällige D 129 sei. Er erhält zur Antwort: »Hier ist nichts bekannt.« Daraufhin läßt er, ständig die Strecke beobachtend, die Schwadron über den Überweg reiten. Als der zweite Teile des Regiments näher kommt, ruft er erneut den Fahrdienstleiter in Rathenow an. Dieser meldet sich nicht sogleich, worauf sich Fölsch nach dem seiner Bude abgewandten Gleis Lehrte–Berlin begibt, um nach dem D 129 Ausschau zu halten. Vom Platz direkt an der Bude aus ist dies nämlich nicht möglich, da vor dem Einfahrsignal von Rathenow der Güterzug 5138 hält und die Sicht versperrt. Nun ertönt das Läutesignal, Fölsch sieht den Zug.

Wärter Fölsch kann nicht wissen, was sich in dieser Zeit auf dem Bahnhof Rathenow abspielt. Das Bahnhofspersonal ist überlastet, muß es doch die vom Truppenübungsplatz Munster nach Brandenburg zurückkehrenden Militärzüge von den Gleisen der Staatseisenbahn zum Gleis der privaten Brandenburgischen Städtebahn überführen.

Um das umständliche Rangieren zu vermeiden, war eine Fahrstraße eingerichtet worden, die in dieser Nacht zum ersten Male benutzt wird. Geblieben ist die »körperliche Übernahme und Übergabe« der Wagen; der Fahrdienstleiter muß jede Nummer der Wagen aufschreiben, die an die BStB oder von ihr an die KPEV übergehen. Damit ist Fahrdienstleiter Köppe beschäftigt, als Bahnwärter Fölsch vom Posten 22 zum zweiten Male anruft. Dann übernimmt Fahrdienstleiter Balzer den Dienst; Köppe gibt noch dem D 129 die Durchfahrt frei. Das geschieht in der Fahrtrichtung Hannover–Berlin immer dann, wenn kein Hindernis besteht und die rückgelegene Zugmeldestelle Großwudicke den Zug telegrafisch abmeldet (Fahrzeit Großwudicke–Ra-

thenow 6 Minuten). Der Fahrdienstleiter läutet in der Regel ab, wenn er am Spiegelfeld des Streckenblocks sieht, daß die zwischen Großwudicke und Rathenow gelegene Blockstelle Bude 25 den Zug vorblockt (Fahrzeit Bude 25–Rathenow 3 Minuten).

An diesem Morgen, um 7 Uhr übergibt also der Fahrdienstleiter des Nachtdienstes Köppe dem Fahrdienstleiter Balzer: »Zug ist noch abzuläuten.« Das Spiegelfeld hat sich jedoch noch nicht verwandelt, der Blockwärter der Bude 25 kann ja – und das hat er sicherlich – das Vorblocken vergessen. Als D 129 in den Bahnhof Rathenow fährt, fällt Balzer das fällige Abläuten ein. Jetzt ist es zum Schließen der Schranken in dem außergewöhnlichen Fall zu spät, wenn ein langer Trupp den Überweg passiert.

Wärter Fölsch handelt besonnen. Die Direktion Hannover stellt im Bericht an das Ministerium der öffentlichen Arbeiten vom 24. Juli 1913 fest: »Das Bahnbewachungspersonal trifft hiernach keine Schuld. Im Gegenteil muß anerkannt werden, daß der Bahnwärter Fölsch ... durch Umsicht und Pflichteifer einen schweren Unfall abgewendet hat. Wir beabsichtigen, den p. Fölsch eine Belohnung zu bewilligen.«

Am 26. Januar 1914 bleiben auf der von täglich mehr als 250 Zügen befahrenen Strecke Mülheim (Rhein)–Düsseldorf die Schranken des Postens 23 offen, als der Personenzug 221 und ein mit Ziegelsteinen beladenes Fuhrwerk zusammentreffen. Das Fuhrwerk wird zertrümmert und ein Mann des Zugpersonals von den umherfliegenden Steinen verletzt.

Zunächst scheint es, der Hilfsbahnwärter Nikolas Merten sei pflichtvergessen gewesen. Er wird angeklagt. Das Gerichtsverfahren wirft ein bezeichnendes Licht auf den Bahnbewachungsdienst, und sicher nicht nur auf den in Preußen.

Für die freie Strecke, also den Streckenteil zwischen den Einfahrsignalen der Bahnhöfe, ist die Bahnmeisterei die zuständige örtliche Dienststelle. Sie hat die Schrankenwärter (Bahnwärter) zu stellen; somit sind das bei der hier zuständigen Bahnmeisterei in Langenfeld Wärter und Ablöser für 25 Posten.

1870 beträgt die Dienstzeit eines Wärters im monatlichen Durchschnitt 368 Stunden, bei einzelnen Bahnen 540 bis 555 Stunden (täglich durchschnittlich 18 Stunden). Zulässig sind täglich 14 Stunden Dienst bei zwei Ruhetagen im Monat. Eine solche Dienstzeit besteht in der Regel bis zum Jahre 1914, während des ersten Weltkrieges werden diese ohnehin langen Schichten weit überzogen. Ungeachtet dessen träumt so mancher Bahnunterhaltungsarbeiter davon, endlich, wenn zuerst vielleicht nur aushilfsweise, eine Stelle als Bahnwärter anzutreten. In den Zeitungen, Zeitschriften, in den Fachorganen und Kalendern der Eisenbahn wird solchen Träumen kräftig nachgeholfen, denn in ihnen wird das Bild vom Bahnwärter neben dem Gemüsebeet im Plausch mit dem Passanten gezeichnet. Der vermeintlichen preußischen Gründlichkeit zuwider wird auf eine entsprechende Ausbildung wenig Wert gelegt. Sie ist durch Diensteifer zu ersetzen, man gibt dem Neuen mahnende Worte mit auf den Weg: »Gut aufpassen!«

Merten macht vor Gericht geltend, er sei ohne genügende Vorbildung an den verantwortungsvollen Posten gestellt worden. Die Direktion Elberfeld ist anderer Meinung. Merten ist bereits an 32 Tagen als Ablöser im Schrankendienst der Strecke beschäftigt gewesen. Er ist allerdings vorher nie ausgebildet, nie eingewiesen und nicht förmlich geprüft worden. Hinzu kommt der Umstand, daß der Streckenfahrplan gerade beim Zug 221 falsch ist. Zug 221 steht in der Spalte für die Fahrtrichtung **von** Küppersteg (heute Leverkusen-Küppersteg) (ab 9.43 Uhr), der Zug kommt aber jeden Tag von Mülheim und fährt **nach** Küppersteg. Die ständigen Wärter hatten sich daran gewöhnt und verlieren darüber kein Wort. Für den unausgebildeten Merten erweist sich der falsche Eintrag als Falle, ahnt er doch nicht einmal, daß ein Zug mit ungerader Zugnummer **nach** Küppersteg fahren muß. Der Bahnmeister hatte einem Bahnunterhaltungsarbeiter das Ausfertigen der Fahrpläne übertragen und die Richtigkeit der hergestellten Pläne nicht geprüft, mußte er sich doch zu dieser Zeit um mehrere Bauvorhaben kümmern …

So nimmt das Verfahren einen gerechten Ausgang. Der Bahnmeister wird disziplinarisch zur Verantwortung gezogen, Merten freigesprochen; als Bahnwärter wird er nicht wieder eingesetzt.

Am Abend des 16. Juni 1915 lenkt der neunjährige Sohn des zum Kriegsdienst eingezogenen Dachdeckermeisters Kahn das mit Ochsen bespannte Fuhrwerk über die Gleise des Bahnhofs Kell. Frau Kahn läuft etwa 70 m hinter dem Ochsengespann. Der Bahnübergang in Kell aus Richtung Hermeskeil ist von Schranken gesichert, die vom Fahrdienstleiter bedient werden. Unterassistent Gielen, Fahrdienstleiter und Aufsicht in einer Person, wird der Güterzug 7954 vom 7,2 km entfernten Reinsfeld gemeldet, Abfahrtszeit 20.09 Uhr. Die Geschwindigkeit des Zuges beträgt planmäßig 30 km/h, und so rechnet Gielen, wird der Zug 20.29 Uhr in Kell eintreffen. Er steht am Schrankenwindenbock, sieht das Ochsengespann und will die Schranken niederlassen, sobald es den Überweg freigefahren hat. Doch da kommt plötzlich – um 20.19 Uhr! – der Zug heran. Die Lokomotive erfaßt das Fuhrwerk, der Junge springt noch vom

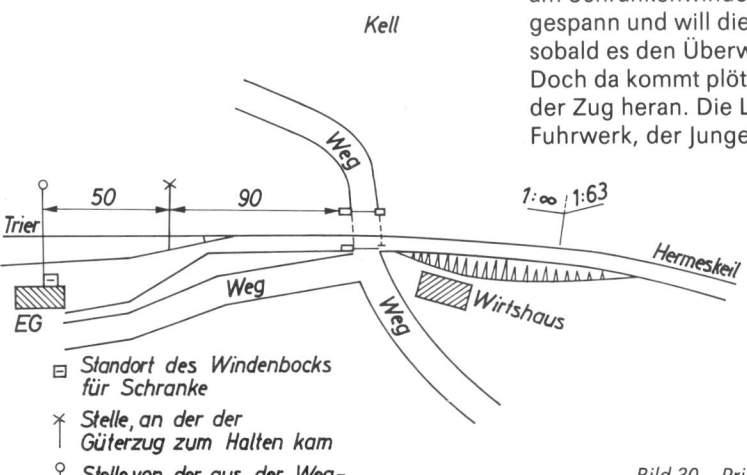

Bild 30 Prinzipskizze zum Bahnhof Kell. Quelle: StA Merseburg

☐ Standort des Windenbocks für Schranke

✗ Stelle, an der der Güterzug zum Halten kam

○ Stelle, von der aus der Wegübergang gut zu übersehen ist

Bild 31   Wie es die Eisenbahnkalender-Macher sahen: Der gemütliche Bahnwärterdienst ...
Foto: Sammlung E. Preuß

Kutschbock, was ihn nicht davor bewahrt, überfahren und getötet zu werden. Die Schranke ist nicht rechtzeitig geschlossen worden. Ist deshalb aber der Fahrdienstleiter für das Unglück verantwortlich?

Da der Überweg stets stark befahren wird, will der Eisenbahner auch auf den Straßenverkehr Rücksicht nehmen, und aus Erfahrung weiß er, daß es mit dem Schrankenschließen nach der gemeldeten Abfahrt noch etwas Zeit hat. An diesem Tag besteht der Zug nur aus der Lokomotive und dem Gepäckwagen, so

daß mit dem Anfahren nicht viel Zeit verloren wird. Außerdem fährt der Lokomotivführer statt der erlaubten 30 km/h Höchstgeschwindigkeit gar 60 km/h, so daß sich die ohnehin reichlich bemessene Fahrzeit um die Hälfte verkürzt. 110 m vor dem Überweg sieht er die noch geöffnete Schranke und das Ochsengespann; zu spät – er kann den Zug nicht mehr anhalten.

Daraufhin wird der Lokomotivführer am 23. Februar 1916 vom Landgericht Trier zu einer Gefängnisstrafe von einem Monat und den Kosten des Verfahrens verurteilt.

Schien es bei den bisher beschriebenen Ereignissen nur so, als versäumte der Schrankenwärter seine Pflichten, so sind aber die folgenden Schilderungen für den Ablauf von Zusammenprallen an Wegübergängen und die Schuld daran exemplarisch. Der Wärter hatte in einem bestimmten Zeitraum, der sich je nach Pünktlichkeit des Zuges ändern konnte, aufmerksam zur Stelle zu sein, um rechtzeitig die Schranken zu schließen. Genauso war darauf zu achten, daß Fuhrwerke, Autos und Passanten den Überweg gefahrlos verlassen, die senkenden Schrankenbäume sie nicht behindern oder schlimmstenfalls sie sogar einschließen konnten. Was aber, wenn der Wärter für wenige Minuten unaufmerksam, müde oder durch eine Nebenbeschäftigung (er liest Zeitung, reinigt den Ofen, kehrt den Raum) abgelenkt ist? Meist stand die Wärterbude direkt neben dem Wohnhaus, und so blieb es nicht aus, daß in der Waschküche oder im

Bild 32
... oder man stellte den Bahnwärterdienst so dar: Bei jedem Wetter soldatische Pflichterfüllung.
Foto: Sammlung E. Preuß

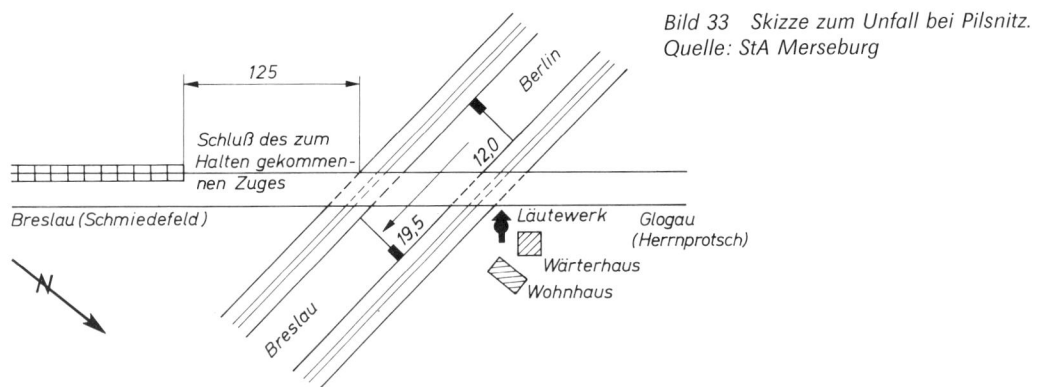

Ziegenstall zu helfen war und die Kinder für weitere Abwechslung sorgten. Bei dem geringen Einkommen, das der Wärter bezog, suchte er sich einen Nebenverdienst, flocht z. B. Körbe oder besohlte die Schuhe. Da kam es schon vor, daß er das Läutesignal überhörte und den Zug vergaß.

Eine Schlagzeile ist das »Eisenbahnunglück bei Breslau« wert. Am 30. Juni 1912 unternimmt der Skatklub »Tourné« mit mehreren Kremsern der Breslauer Omnibusgesellschaft einen Ausflug in die Nähe von Deutsch Lissa. Gegen 23 Uhr bricht die Gesellschaft zur Heimfahrt auf. Nahe dem Dorfe Pilsnitz führt die Chaussee über die zweigleisige Eisenbahnstrecke Breslau–Stettin. Dort befindet sich der Schrankenposten 4. Als die Kremser diesen Überweg erreichen, sind die Schranken geöffnet. Der erste Kremser verläßt den Überweg, der zweite befindet sich auf den Gleisen, als der Personenzug 647 Glogau–Breslau herankommt und den Wagen erfaßt. Der wird vollständig zertrümmert, von den Insassen werden 10 sofort getötet, 15 erleiden mehr oder weniger schwere Verletzungen. Vier werden vom ersten Stoß auf die Lokomotive geschleudert, mitgenommen und 250 m vom Überweg entfernt aufgefunden. Ein Arzt, der sich im Zuge befindet, leistet erste Hilfe. Unverletzt bleiben nur 2 Personen: eine Frau, die im Wagen saß, und der Vorsitzende des Skatklubs, der hinten auf dem Trittbrett des Kremsers stand.

Auch hier ist ein Eisenbahner aushilfsweise im Dienst. Der Posten wird am Tage von einer Wärterin besetzt, in der Nacht von Hilfsbeamten, die wochenweise wechseln. Hilfsbahnwärter Fritz Standke tritt nach 24stündiger Ruhe um 18 Uhr den Dienst an, auf dem Wege zum Posten trinkt er im Gasthaus ein Glas Bier, zum Zeitpunkt des Unfalls um 23.40 Uhr ist er vollkommen nüchtern. Um 22.45 Uhr fährt der Eilzug 92 an ihm vorbei, anschließend zieht er das Läutewerk auf, setzt sich an den Tisch und liest in einer Zeitung. An den P 647 denkt er nicht, obwohl diesmal der Streckenfahrplan ein guter Anhalt ist, denn der Zug fährt in Herrnprotsch nur mit einer Minute verspätet ab. Standke gibt später zu, schläfrig geworden zu sein, und so überhörte er das Läutesignal. Als er in einem wachen Moment auf die Uhr sieht, fällt ihm der Zug ein. Er springt auf, rennt nach draußen, doch es ist zu spät. Er kann den Zug nicht mehr aufhalten. Der von zwei Lokomotiven (voran eine preußische P 4) geführte Zug prallt bei einer Geschwindigkeit von 75 km/h mit dem Kremser zusammen. Trotz Mondschein und klarer Sicht kann der Lokomotivführer nichts tun, um den Unfall abzuwenden.

Der vom Bahnmeister als eifrig, willig und zuverlässig bezeichnete Bahnwärter versucht in der gleichen Nacht einen Selbstmord, wird jedoch daran gehindert und verhaftet. Die III. Strafkammer des Königlichen Landgerichts Breslau verurteilt ihn zu 2 Jahren Gefängnis und zu den Kosten des Verfahrens. Schadenersatz kann er nicht leisten, denn er ist völlig mittellos. Die KPEV entläßt ihn wegen dieser Verurteilung aus dem Eisenbahndienst. Durch Königlichen Gnadenakt wird Standke im Juli 1913 aus dem Gefängnis entlassen.

Der Zusammenprall bot den Zeitungen genügend Stoff, an der Hilfeleistung der Staatseisenbahn Kritik zu üben, da erst eine Stunde nach dem Unfall der Hilfszug eintraf, Feuerwehr und Sanitätsautos ebenfalls erst spät zur Stelle waren. Minutiös und stellenweise makaber lesen sich die Berichte, sogar der schiefgedrückte Kilometerstein 7,4 wurde nicht zu erwähnen vergessen. »Die Unglücksstelle war heute den ganzen Tag über von einer Menge von Menschen besucht, die im Auto, im Wagen, zu Rad und zu Fuß hinauszogen. Allzuviel war nicht mehr zu sehen, vor allen Dingen konnte man an dem Schauplatz nicht ohne weiteres erkennen, daß sich hier ein so grausiges Unglück kurz vorher ereignet hatte. Am Eisenbahnkörper ist nichts mehr zerstört, Blutreste oder Reste von verstümmelten Leichen waren nicht zu sehen ...« /9/

Formen des Leichtsinns gibt es viele, wie der Unfall vom 16. Januar 1914 zeigt: Der Eilzug 163 stößt mit dem elektrischen Motorwagen der Süddeutschen Eisenbahngesellschaft, Linie 3 Essen—Bottrop, am Posten 149 der Strecke Oberhausen—Wanne zusammen.

Für den Straßenbahnfahrer hat die Betriebsleitung bestimmt, vor dem Befahren der Staatsbahngleise auszusteigen und Ausschau zu halten, ob die Gleise gefahrlos überfahren werden können. Diese Anordnung ist unbequem, zumal die Schranken ohnehin zeigen, ob gefahren werden kann. Folglich unterläßt Straßenbahnfahrer Niemeyer diese Prüfung.

An jenem Januarmorgen herrscht Nebel, ein Scharwerker findet sich auf dem Posten 149 ein, um die Lampen instandzusetzen. Im Dienstraum schweigen sich der Scharwerker Kraus und der Bahnwärter Klein sicherlich nicht aus, jedenfalls hören sie weder das Läutesignal noch das hier eingeführte (später verpönte) Vorwecksignal. Dieses gibt Posten 147 an die Posten 148 und 149 als Klingelzeichen, wenn ein Zug naht. Nicht alle Wärter vernehmen das Vorwecksignal, wohl aber das Läutesignal. Da für den Wärter Klein der Streckenfahrplan maßgebend ist, mußte er den Dienstraum verlassen und die Strecke beobachten, auch wenn diese Signale nicht eingehen. Der Nebel gestattet ohnehin nur eine Sicht auf 300 m. Der Eilzug fährt mit vier Minuten Verspätung. Jedenfalls ist das Schrankenschließen geboten, auch wenn Klein den Zug nicht sieht. Er aber läßt die Schranken geöffnet ... Der Zusammenstoß fordert unter den Straßenbahnbenutzern vier Todesopfer (darunter der Triebwagenführer) und mehrere Verletzte.

Ein Fehler in der Dienstausübung konnte willkommen sein, sich von einem unliebsamen Mitarbeiter rasch zu trennen. Der Aushilfsschrankenwärter T. ist 1. Vorsitzender des Betriebsrates der Bahnmeisterei Lübben. Am 27. April 1928 schließt er bei der Durchfahrt eines Triebwagens nicht rechtzeitig die Schranken; zum Unfall kommt es nicht. Die RBD Halle will T. fristgemäß kündigen, der Betriebsrat verweigert seine Zustimmung. Die Verfehlung T.s sei nicht so wichtig, eine Bestrafung oder Kündigung zu rechtfertigen. Das Arbeitsgericht in Halle stimmt dann auf Antrag der DRG der Kündigung zu. Der Betriebsrat wendet sich beschwerdeführend an das Reichsarbeitsgericht. Allerdings bleibt der Erfolg versagt, denn das Reichsarbeitsgericht führt aus: »Das Interesse der Arbeitnehmerschaft an dem Verbleiben des Betriebsratsvorsitzenden im Amte muß vor dem Interesse der absoluten Sicherheit des Eisenbahnverkehrs zurücktreten.«

Der 12. September 1982, ein schöner Spätsommertag, lockt viele Menschen zu einem Ausflug an den Zürcher See. Im Autostrom befindet sich ein Reisebus aus Schönaich (BRD). Er fährt eine Altherren-Fußballmannschaft mit den Ehefrauen von Pfäffikon nach Fehraltof. Mit 55 km/h nähert er sich dem Bahnübergang, dessen Schranken geöffnet sind; kein Warnlicht blinkt. Der Chauffeur ahnt nicht, daß ein Triebwagenzug auf diesen Bahnübergang zufährt und dessen Führer die offenen Schranken erst bemerkt, als es schon zu spät ist. Die Schnellbremsung (aus einer Geschwindigkeit von 81 km/h) kann den Zusammenprall nicht verhindern. Er hat verheerende Auswirkungen: Der Bus wird in mehrere Teile zerrissen, fängt Feuer, das auf das Wärterhäuschen übergreift. Dort drückt ein Autofahrer die Seitenwand ein und zieht die Wärterin aus den Trümmern. 39 Insassen des Busses kommen ums Leben.

Menschliches Versagen? Die Pflichten vergessen? Der Überweg wird stark befahren; in Hauptverkehrszeiten sind es stündlich 1000 und mehr Autos in beide Richtungen. Die Wärterin besitzt die gefährliche Angewohnheit, noch im letzten Augenblick Autos durchzulassen, um Beschimpfungen wartender Autofahrer zu entgehen. Sie hat zwei Schrankenanlagen zu bedienen, und zwar für den Überweg Hotzenweid mit einer althergebrachten

Kurbelanlage sowie für die Kemptthalstraße bei Bedienung mit Tastendruck.

Die SBB läßt für den Überweg an der Kemptthalstraße eine halbautomatische Anlage herstellen, ein Unikat, solange die automatische noch fehlt. Wird in Pfäffikon oder in Fehraltof das Ausfahrsignal auf Fahrt gestellt, leuchtet im Postenhaus eine grüne Lampe auf. Fährt der Zug über eine Zugeinwirkungsstelle, erlischt die grüne Lampe, ein rotes Licht zeigt an: Jetzt nähert sich ein Zug, und die Wärterin muß die Taste »Schließen« drücken. Danach muß sie die Kurbeln für den Überweg Hotzenwied bedienen. Akustische Signale begleiten das Aufleuchten der Meldelampen, und man kann meinen, an den Voraussetzungen, die Dienstpflichten zu erfüllen, fehle es nicht.

Die Wärterin versagt aber an diesem Tage mehrfach. Nach der Vorschrift hat sie fünf Minuten vor der planmäßigen Durchfahrt des Zuges an der Bedienanlage zu stehen. Sie aber bleibt in einem hochlehnigen Stuhl sitzen, liest in einer Illustrierten und hört Radiomusik. Der Richter wird sie fragen: »Wäre es möglich, daß Sie kurz eingeschlafen sind?« Sie will sich an nichts erinnern. Doch es stellt sich heraus: Als die rote Lampe aufleuchtet, läßt sie aus routiniert-verhängnisvoller Gefälligkeit erst einige Autos vorbei, ehe sie auf die Taste drückt. Versehentlich erreicht sie jedoch die Taste »Öffnen« und bemerkt den Irrtum nicht. Auch die »Kurbelschranke« wird von ihr nicht bedient. Das Bezirksgericht Pfäffikon verurteilt die Wärterin zu zwölf Monaten Gefängnis auf Bewährung.

In zwei Punkten bezeichnen nach dem Unglück Experten des Wissenschaftlichen Dienstes der Stadtpolizei Zürich (nicht der SBB!) technische Unzulänglichkeiten:
– Die Ausrüstung des Bedienungskastens mit zwei gleichartigen Tasten lädt gewissermaßen schon zu einer Fehlbedienung ein.
– Mit einer Rückmeldeanlage zu den Nachbarbahnhöfen hätte sich die Abfahrt des Zuges verhindern lassen. (Was fraglich ist, denn das Nichtreagieren auf das grüne Licht bemerkte man erst, wenn der Zug die Zugeinwirkungsstelle bereits befahren hat – der Verf.)

Unter dem Eindruck des Pfäffikoner Unfalls beschloß der Schweizer Bundesrat im Dezember 1982, den Verteilerschlüssel für die Ver-

wendung der Treibstoffzollerträge zu ändern. Der Anteil für Beiträge zur Beseitigung oder Sicherung von Bahnübergängen wurde von 4 Prozent auf 6 Prozent erhöht. Bis 1993 wollen die SBB den letzten wärterbedienten Wegübergang abgeschafft haben.

Daß ein Zug vergessen wurde mit der Folge nicht rechtzeitig geschlossener Schranken oder – bei mehrgleisigen Strecken – nach Vorbeifahrt eines Zuges sie schon geöffnet zu haben, während sich auf dem Nachbargleis ein zweiter Zug nähert, ist eine der häufigsten Unfallursachen bei Ereignissen an wärterbedienten Bahnübergängen.

Nach einer jüngeren verkehrsmedizinischen Untersuchung wurde von Schrankenbedienern jede fünfte Zuggefährdung durch »Vergessen« bzw. durch Ablenkung infolge Nebenarbeiten und Personen verursacht, nach einer Veröffentlichung von 1984 sogar jede dritte Zuggefährdung durch »Vergessen«. /10, 11/ Begünstigend dafür seien Ermüdung, Monotoniefolgen, Ablenkung, akute und chronische Aufmerksamkeits- und Gedächtnismängel und objektive Ursachen.

Die strenge Reglementierung der Schrankenbedienung bei der DR nach dem Unfall von Langenweddingen, der hier noch geschildert wird, führe – so die Verkehrsmediziner – zu einer (unerwünschten – der Verf.) Lähmung der geistigen Aktivität bei hohen Anforderungen an die Aufrechterhaltung der Handlungsbereitschaft. Solche Untersuchungen wurden angestellt, seitdem die DR neben den Unfällen auch die »offenen Schranken« ohne Unfallfolgen registriert und ausgewertet. Das Problem der vergessenen Schrankenbedienung ist aber allen Bahnverwaltungen bekannt.

Am 22. August 1983 sterben am Bahnübergang in Gelsenkirchen-Buir ein Lkw-Fahrer und sein Begleiter. Bei offenen Schranken passiert der Lkw den Übergang und wird vom Eilzug München–Duisburg bei einer Geschwindigkeit von 100 km/h erfaßt. Der unter Schockeinwirkung stehende Schrankenwärter erklärt, der Zug sei nicht rechtzeitig angekündigt worden. Er hatte aber den Streckenfahrplan zu beachten, zumal der E 3092 auf dieser Strecke täglich verkehrt.

Ein mit 52 Arbeitern besetzter Autobus wird am 25. April 1984 von einem in Richtung der

Hafen- und Industriestadt Porto fahrenden Personenzug erfaßt und mindestens 100 m mitgeschleift. Die Lokomotive und ein Wagen entgleisen. 17 Fahrgäste im Bus werden getötet, 27 zum Teil schwer verletzt. Der Schrankenwärter vergaß, daß der »Montagszug«, der nur montags und jeweils nach einem Feiertag eingesetzt wird, diesmal auch am Donnerstag verkehrt. Der vorangegangene Mittwoch war ein offizieller Feiertag in Portugal …

Am 23. August 1984 fordert der Zusammenprall eines Busses mit einem Zug südlich Warschaus zwischen Radom und Kielce drei Menschenleben sowie 40 zum Teil schwerverletzte Reisende. Der Autobus ist im Nebel bei geöffneter Schranke vom Zug erfaßt worden.

Ebenfalls ein Autobus – ein Fahrzeug der Leipziger Verkehrsbetriebe – wird am 23. April 1983 von einer elektrischen Lokomotive auf dem Bahnhof Neuwiederitzsch erfaßt, in ihm kommen acht Menschen ums Leben, weitere sechs erleiden schwere Verletzungen. Der Fahrdienstleiter, gleichzeitig Schrankenbediener auf dem Befehlsstellwerk, öffnete die Schranke nach Vorbeifahrt eines Zuges, ohne daran zu denken, daß sie wegen einer Lokomotivfahrt aus der Gegenrichtung geschlossen bleiben muß. Er wird zu einer Freiheitsstrafe von 5 Jahren verurteilt.

Wie sieht es nun an ungesicherten Übergängen aus, wo Aufmerksamkeit und richtiges Verhalten zuerst den Straßenverkehrsteilnehmern obliegen? Deren Verhalten entspricht

Bilder 34/35
Folgen eines Zusammenpralls am unbeschrankten Wegübergang zwischen Berlin-Wilhelmsruh und Basdorf im Oktober 1980.
Fotos: Reimer

häufig nicht den Gefahren, die von einem Zu- sammentreffen von Zug und Straßenfahrzeug ausgehen. Hauptübel dabei sind Nichtbeach- ten der Warnsignale oder des roten Blinksi- gnals bei Haltlicht- und Halbschrankenanla- gen, das Durchfahren des Bahnübergangs bzw. »Zickzackwege« bei Halbschrankenanla- gen oder auch nur mangelnde Fahrsicherheit und Erfahrung (z. B. Abwürgen des Motors mitten auf dem Übergang).

Bild 36
Häufig sind an den unbe- schrankten Bahnübergän- gen die Schmalspurbahnen von Zuggefährdungen durch Kraftfahrer oder gar von Zusammenstößen be- troffen. Hier prallte der Zug- maschinenfahrer mit dem P 14 234 bei Berbisdorf (Strecke Radebeul Ost – Ra- deburg) zusammen. (1984) Foto: Sprang

Bild 37   Auf der Selketalbahn bei Harzgerode mißachtete der Lada-Fahrer das Warnkreuz und das Stopp- schild! (1985)
Foto: Sprang

Bild 38
14 Reisende eines britischen Personenzuges kamen am Abend des 30. Juli 1984 ums Leben, als ihr Zug auf der Strecke Edinburgh–Glasgow entgleiste. 100 Reisende wurden verletzt. Eine im Gleis stehende Kuh brachte den Zug zum Entgleisen – das seit 17 Jahren schwerste Eisenbahnunglück der BR!
Foto: ADN-ZB

Ein leichtsinniger Kraftfahrer sieht einen augenblicklich freien Übergang als befahrbar an, ohne zu berücksichtigen, in welch kurzer Zeit der Zug sich nähert. Völlig irrige Auffassungen bestehen über die Bremswege von Schienenfahrzeugen, ja, es soll Autofahrer geben, die stellen sogar die unbedingte Vorfahrt der Schienenfahrzeuge in Abrede. Als besonders extrem wurde und wird die Verkehrs»disziplin« in den USA bezeichnet. Die nordamerikanischen Bahnverwaltungen gingen konsequent davon aus und zogen es vor, zunächst keine weiteren automatischen Wegübergangssicherungsanlagen zu installieren, weil bei diesen erfahrungsgemäß die Zahl der Unfälle trotzdem auf gleich hohem Niveau blieb. So hielt sich in den USA die Meinung, am sichersten sei der Wegübergang mit Schranken zu schützen, weil zudem eine Unterführung wegen der Kosten nicht zu rechtfertigen ist. Die Schranken wirkten demnach direkter auf den Verstand des Fahrzeuglenkers, und zwar als Hindernis, vor dem er doch lieber hält.

Weil aber die Bahnbewachung einige Kosten erfordert, ging in den USA die Zahl der beschrankten Übergänge rapide zurück, dafür stieg die Zahl der Blinklichtanlagen. Die 3. Nationale Konferenz für Bahnsicherheit empfahl im Mai 1930 in Washington, handbediente Schranken nur für verkehrsreiche Wegübergänge mit starkem Straßen-, Zug- und Rangierverkehr vorzusehen. Die Sicherheit erhöhte sich dadurch natürlich nicht. Fünfzig Jahre später, 1981, waren an 8546 Wegübergängen 697 Tote und 3121 Verletzte zu beklagen. Die staatliche Eisenbahnbehörde FRA empfahl, die Lokomotiven mit geeigneten Warnlichtanlagen auszurüsten. Das können sein: elektrische Blitzlampen, rotierende Lampen oder Reflektoren, abwechselnd aufleuchtende Lampen sowie blinkende Stirnbeleuchtung. 1983 trug die Hälfte der USA-Lokomotiven derartige Warnleuchten.

Zu bedenken ist jedoch, daß die Verkehrsunfälle auf Bahnübergängen in der Gesamtverkehrsunfallstatistik wohl in keinem Land an erster Stelle stehen, nicht einmal allein bei den Bahnverwaltungen.

Zum Beispiel gab es 1966 in Frankreich bei täglich 13 000 Reisezügen 330 Zusammenpralle mit etwa 60 Toten. 1984 waren es 317 Zusammenpralle mit 71 Toten. Allerdings hat sich in Frankreich in einem Zeitraum von 20 Jahren die Anzahl der Fahrzeuge mehr als verdoppelt, von etwa 12 Millionen auf 24,5 Millionen im Jahre 1985. Den Betroffenen oder Hinterbliebenen aber hilft, wie im Einführungskapitel schon bemerkt, die statistisch ausgewiesene Unerheblichkeit im Vergleich zu Unfällen anderer Art gar wenig, kann nicht einmal schwacher Trost sein ...

Andererseits stehen für das sorglose Verhalten an Bahnübergängen unzählige Beispiele.

Am 17. Januar 1940, bei Schnee herrscht starker Frost um −20 °C, schließt 17.21 Uhr der Bahnwärter Hopf am sogenannten Drausendorfer Übergang der zweigleisigen Nebenbahn (Zittau −) Abzweigstelle Eckartsberg–Hirschfelde die Schranken für den

Bild 39
Der Hilfszug des Bahnbe-
triebswerks Zittau beim Un-
fall zwischen Zittau und
Hirschfelde. (1940)
Foto: Sammlung R. Preuß

Bild 39 a
Unvorsichtigkeit eines Nutz-
kraftwagenfahrers: Am
7. Juni 1959 prallte er bei
Kretzschau (Strecke Zeitz–
Osterfeld) mit einem Perso-
nenzug zusammen. Total-
schaden des Straßenfahr-
zeugs, beim Personenzug
entgleisten der Gepäckwa-
gen und die Lokomotive
58 2138.
Foto: Leyer

P 613 Zittau–Ostritz. Die Schrankenbäume werden von vier Mastleuchten spärlich beleuchtet. Die Reichsstraße Zittau–Görlitz verläuft in einer Linkskurve zum Bahnübergang, so daß dieser erst ziemlich spät zu sehen ist. Baken weisen aber auf ihn hin.

Bahnwärter Hopf sieht aus Richtung Zittau einen Autobus, es ist ein Sonderwagen Zittau–Hirschfelde der Kraftverkehr Sachsen A. G., mit unverminderter Fahrt auf die geschlossenen Schranken zufahren. Hopf gibt mit der Handlaterne Warnsignale, doch der Busfahrer reagiert auf sie nicht, sondern fährt in die Schrankenanlage hinein und bleibt auf dem Übergang stehen. Daraufhin läuft Hopf, so schnell er nur kann, dem Personenzug entgegen und gibt ihm Haltsignale. Auf schnee-

glattem Weg stürzt Hopf jedoch, P 613 fährt an ihm vorbei.

Der Zug, geführt von der Lokomotive 64 190 (Tender voran), erfaßt den Autobus im vorderen Drittel, schleift ihn 108 m mit und schleudert ihn an den Böschungsfuß. Die Holzkarosserie mit Blechverkleidung bietet den Fahrgästen wenig Schutz, elf sterben an der Unfallstelle, der Kraftfahrer im Krankenhaus Zittau. 16 Fahrgäste des Busses und das Lokomotivpersonal werden verletzt.

Fahrdienstleiter Klaus sieht von seinem Arbeitsplatz, der Abzweigstelle Eckartsberg, aus den an der Reichsstraße haltenden P 613 und bemerkt, daß etwas nicht in Ordnung ist. So sperrt er das Gleis Hirschfelde–Eckartsberg, um den Nahgüterzug 8536 zurückzuhalten, womit ein noch schlimmeres Unglück vermieden wird.

Die Lokomotive des P 613 entgleist mit allen Achsen, ein Personenwagen wird schwer, ein zweiter leicht beschädigt, die Bezirks-, Streckenfernsprech- sowie die Morseleitungen sind unterbrochen, so daß der Zugführer nur vom Postfernsprecher einer etwas abseits liegenden Gaststätte Hilfe anfordern kann.

Die Hilfszüge der Bahnbetriebswerke Zittau und Görlitz haben große Mühe mit dem Aufgleisen der Lokomotive. Sie steht in einem Winkel von 90° zum Gleis, und die Heber und Winden vereisen, beim sogenannten Deutschlandgerät friert die Hydraulik ein.

Am folgenden Tag, um 9.50 Uhr, ist das Gleis wieder befahrbar.

Unklar bleibt, wieso der des Weges kundige Kraftfahrer die geschlossene Schranke unbeachtet ließ. Bei den Witterungsverhältnissen war Vorsicht ohnehin geboten. War der Busfahrer »geistesabwesend«? Es konnte nicht geklärt werden, denn er blieb bis zu seinem Tod vernehmungsunfähig. Zu spät wurde die Schranke auch nicht geschlossen, wie gerüchteweise zu hören war. Und daß der Bus vom Bahnwärter innerhalb der Schlagbäume nicht eingeschlossen wurde, dafür gab es Zeugen. Das Betriebsamt Zittau drohte den Gerüchtemachern mit Strafanzeige.

Am 22. Oktober 1975 prallt um 13.55 Uhr ein mit Schulkindern besetzter Autobus mit dem P 2219 zwischen den Haltestellen Höbersdorf und Schönborn-Mallebern (ÖBB-Strecke Retz–Stockerau) zusammen. Die Folgen: Sieben Tote und 42 Verletzte. Der P 2219 war kilometerweit zu sehen, der Lokomotivführer hielt seine Geschwindigkeit ein und gab ununterbrochen Achtungssignale. Der Busfahrer stand allerdings unter Alkoholeinfluß.

Frühzeitig schenkte man der Sicherheit an Bahnübergängen einige Beachtung, in beiden Jahrzehnten um die Jahrhundertwende änderte sich jedoch kaum etwas. Um 1900 wurde diskutiert, wie man den Vorläutezwang bei fernbedienten Schranken einführen oder verbessern könne, damit der »bequeme Schrankenwärter« zur vollen Kurbelumdrehungszahl gezwungen wird und dadurch Fuhrwerke nicht von den herabgelassenen

Schlagbäumen eingeschlossen werden. Öfter unterblieb nämlich das Vorläuten und damit die Warnung an die Fuhrwerkslenker. Die Sicht am unbewachten Bahnübergang wurde verbessert, man grub Böschungen ab oder beseitigte Bäume. Sämtliche Kreuzungspunkte zwischen Straße und Bahn mit Wärtern zu besetzen, das konnte sich keine Bahnverwaltung leisten, ebensowenig alle Kreuzungspunkte niveaufrei anzulegen.

Um 1900 schrieb der Verein für Eisenbahnkunde eine öffentliche »Preisbewerbung für den Entwurf einer selbsttätigen Wegschranke« aus. Die Schranken sollten sich automatisch 2 Minuten vor Vorbeifahrt des Zuges schließen, selbsttätig öffnen, und die geschlossenen Schranken sollen beleuchtet sein. 34 Entwürfe gingen ein, das Preiskomitee kürte in der Sitzung am 13. November 1900 keinen Sieger, weil »keine Lösung unmittelbar für die Ausführung in Frage kommen konnte«. /12/

Dennoch sind zeitig derartige automatische Warnlichtanlagen eingebaut worden, zum Beispiel 1903 von der Firma Siemens & Halske an der Kleinbahn Neuhaus–Senne. Aber die meisten Bahnen scheuten die Geldausgabe; die Staatsbahnen verhielten sich abwartend.

Erst mit zunehmendem Automobilverkehr ließ der Allgemeine Deutsche Automobilclub (ADAC) in Deutschland Mitte der zwanziger Jahre Syteme zur auffälligen Kennzeichnung beschrankter und unbeschrankter Bahnübergänge testen und schlug 1928 vor, die Bahnübergänge mit Lichtsignalen zu sichern. 1935 stimmte der Reichsverkehrsminister solchen Anlagen zu, zunächst nur für Nebenbahnen.

Der zweite Weltkrieg unterbrach die Entwicklung, die DB begann 1951, ihre Strecken mit derartigen Warn- und später mit Halbschrankenanlagen auszurüsten. Die DR nahm am 1. November 1953 die erste Halbschrankenanlage am Bahnhof Scharmützelsee in Betrieb. Heute sind die automatischen Wegübergangssicherungsanlagen bei allen Bahnen vorhanden, sie sind gegenüber den wärterbedienten im Vorteil, nicht nur weil sie der Arbeitskräfte entbehren, sondern die Unfallursache »Vergessen« nicht kennen. Allenfalls einen technischen Defekt, der aber dem Lokomotivführer angezeigt wird, worauf dieser die Fahrgeschwindigkeit zu verringern hat, oder der bei signalabhängigen Schrankenanlagen das Auf-Fahrt-Stellen des Signals nicht zuläßt.

Bild 40
Halbschrankenanlagen sichern kurze Schließzeiten an Bahnübergängen, sind aber nur sicher, wenn sie von den Kraftfahrern nicht umfahren werden.
Foto: Schütze

Einmal ganz abgesehen davon, daß die Unter- oder Überführungen der Straße am sichersten (wie auch am teuersten) sind, stellen die Halbschrankenanlagen bei kürzeren Wartezeiten für die Straßenverkehrsteilnehmer gegenüber den beschrankten, wärterbedienten Übergängen das Optimum an Sicherheit der Kreuzungspunkte von Eisenbahn und Straße dar, solange sich die beteiligten Verkehrsteilnehmer an die Regeln halten. Eklatante Beispiele der Disziplinlosigkeiten im Straßenverkehr sind bekannt.

Anders beim Unfall von Frankfurt (Main) am 13. Dezember 1982. Hier erleiden auf dem zwischen Frankfurt (Main) Süd und Hbf ein im Kinderwagen liegendes dreijähriges Kind tödliche und dessen Mutter lebensgefährliche Verletzungen. An diesem Überweg arbeitet keine Halbschrankenanlage, aber eine in ihrer Funktion analoge automatische Wegübergangssicherungsanlage.

Ein Arbeitszug der DB tritt nach dem Ende der Schotterarbeiten die Rückfahrt an. Er besteht aus einer Gleisstopfmaschine, zwei Güterwagen und einer Kleinlokomotive. Diese Einheit fährt – im Gegensatz zur Hinfahrt – ungekuppelt, das heißt, im Abstand von 150 m die Stopfmaschine, danach die Kleinlokomotive mit den Wagen. Die vom Fahrdienstleiter geschlossenen Schranken öffnen sich automatisch, nachdem die Gleisstopfmaschine mit ihrer letzten Achse einen etwa 6 m hinter dem Überweg angebrachten Kontakt befährt. Der Öffnungsvorgang setzt zu früh ein, denn es

folgen ja noch die Kleinlokomotive mit den Wagen!

Einem Lkw gelingt es, den Überweg ohne Gefahr zu überqueren, die Frau gerät mit dem Kinderwagen unter die Kleinlokomotive. Sie vertraute, als sich die Schranken öffneten, der Gefahrlosigkeit ihres Weges.

Dieser Unfall verweist auf ein technisches Dilemma. Bis 1981 stand am Ziegelhüttenweg ein Schrankenwärter. Nach dem Bau des Stellwerks Frankfurt Süd wurde eine Schließautomatik mit einer Zugeinwirkungsstelle 800 m vor dem Überweg eingebaut, die das Schließen der Schranke auslöst. Das funktionierte solange einwandfrei, wenn sich im Blockabschnitt immer nur ein Zug befand, wie es die Regel ist. An diesem Tage befanden sich im gesperrten Gleis mehrere Fahrzeuge, die als Rangier- oder Sperrfahrt zurückkehrten. Und der Einschaltkontakt war wegen der Gleissanierung außer Betrieb gesetzt worden. Beim Öffnen der Schranke wirkte die Technik programmgemäß – verhängnisvoll für die Frau und ihr Kind.

Am 2. August 1983 will der Fahrer eines mit Steinen beladenen Lkw aus Buxtehude-Hedendorf nach einem Wendemanöver einen Überweg mit Halbschrankenanlage überqueren. Als sich der Lastkraftwagen mitten auf dem Gleis befindet, senken sich die Halbschranken, und der Nahverkehrszug aus Hamburg prallt mit dem Hänger des Lkw zusammen.

Unklar bleibt, wieso der Lkw-Fahrer nicht den nichtabgesperrten Teil des Überweges verlassen hat, was doch der Sinn der halbierten Schranken ist. Hier kam es nur zu einem Sachschaden. Wesentlich tragischer ging der Unfall am 25. Mai 1985 auf der MÁV-Strecke Püspökladany–Szeghalom bei Püspökladany aus:

Ein Lkw-Fahrer mißachtet das Blinken der Warnblinkanlage und prallt mit einem Triebwagenzug zusammen. Die drei zweiachsigen Fahrzeuge entgleisen, ein Wagen stürzt um, einige Reisende werden durch die Fenster geschleudert und unter dem umgestürzten Wagen mitgeschleift. 8 Tote und 18 Verletzte fordert dieses Unglück.

Ein anderer schrecklicher Unfall, der sich am 8. Juli 1985 in Saint-Pierre-du Vauvray (De-partement Eure/Frankreich) ereignete, belebte dort die Diskussion um die Nützlichkeit der Halbschrankenanlagen und die Möglichkeiten, an derart gesicherten Bahnübergängen Unfälle auszuschließen:

Der Wendezug (Triebwagen als Schubeinheit) CORAIL 3136 Le Havre–Paris rast gegen einen auf einem Bahnübergang liegengebliebenen Sattelschlepper. Der Zug, bestehend aus 11 Wagen mit 700 Reisenden, fährt zum Zeitpunkt des Unfalls mit einer Geschwindigkeit von 158 km/h.

Der erste Wagen zertrümmert das Führerhaus des Lastwagens, wird nach links aus den Gleisen geworfen, dreht sich um 180 Grad und bricht am Bahndamm auseinander. Der unmittelbar folgende Wagen kippt nach rechts gegen einen Fahrleitungsmast. Der dritte richtet sich auf und stürzt auf ein Wohn-

Bilder 41/42
Mit einer Geschwindigkeit von 158 km/h prallte der Wendezug mit einem auf dem Bahnübergang liegen-gebliebenen Sattelschlepper bei Saint-Pierre-du Vauvray zusammen.
Fotos: La vie du rail

haus. Der folgende legt sich auf die rechte
Seite und reißt dabei den fünften Wagen mit,
der, ohne jedoch umzukippen, entgleist. Sieben Reisende kommen ums Leben, 25 weitere, darunter der Lokomotivführer, werden
verletzt. Der Fahrer des Lkw ist sofort tot.

Der Kraftfahrer, der zwischen den Schranken (hier waren es 4 Halbschranken) eingeklemmt war, soll versucht haben, sein Fahrzeug durch Rückwärtsfahren frei zu bekommen; ein hinter ihm haltendes Fahrzeug vereitelte den Versuch. Er hätte besser mit dem
Lkw anfahren und die vor ihm liegende
Schranke durchbrechen müssen. Das passiert
in Frankreich etwa 2500 mal im Jahr, und die
einzigen Folgen sind zerbrochener Kunststoff
und zerschrammtes Blech! Aber handelt jeder
in dieser Situation überlegt?

In Frankreich fragten die Zeitungen: Wie ist
solch ein Unfall möglich? Warum werden
nicht irgendwelche Schutzvorrichtungen eingebaut? Kann der Fahrer, wenn er unglücklicherweise auf dem Bahnübergang zum Halten
kommt, etwas unternehmen? Wäre die Entgleisung weniger verheerend gewesen, wenn
sich an der Zugspitze statt eines Steuerwagens eine Lokomotive befunden hätte?

Um zuerst auf die letzte Frage zu antworten,
die nicht in direktem Zusammenhang mit Unfällen auf Bahnübergängen steht: Der Wendezugverkehr wurde in Frankreich und wahrscheinlich als erstes auf der Welt im Eisenbahnnetz Nord im Jahre 1912 eingeführt, in
den dreißiger Jahren dehnte er sich weiter
aus. Die Eisenbahnverwaltungen der ganzen
Welt machen vom Wendezugverkehr Gebrauch, in Frankreich fahren sie jetzt sogar bis
zu 160 km/h schnell. 1976, vor der Inbetriebnahme, testete die SNCF das Streckenverhalten eines »CORAIL«-Zuges, bestehend aus
15 Wagen mit Drehgestellen des Typs Y 32,
geschoben von einer Lokomotive BB 9200 bei
einer Geschwindigkeit von 170 km/h. Verhalten und Stabiltität der Fahrzeuge wurden als
zufriedenstellend bzw. ausgezeichnet beurteilt.

Beim Unfall in Saint-Pierre-du-Vauvray
blieb der Fahrgastraum unbeschädigt, der Lokomotivführer im Steuerabteil war zu keiner
Zeit in Lebensgefahr. Die SNCF vermuten,
daß eine Lokomotive an der Zugspitze das
Hindernis auf dem Bahnübergang beiseite geschoben hätte. Entgleise sie aber, bildete sie
eine Schwelle, über die sich die folgenden

Wagen stürzen. Solche Erfahrung vermitteln
andere Unfälle, wie der vom 20. Juli 1981, als
der Zug 1009 Paris–Straßburg mit einem Pkw
zusammenprallte, der eine Halbschrankenanlage durch Zickzackfahren passieren wollte.
Die Lokomotive BB 15057 sowie die ersten
drei Wagen entgleisen, einer kippte um. Am
30. August 1976 fuhr Zug 16189 bei Longueil-Annel auf eine Zugmaschine auf, die auf den
Gleisen umgekippt war. Die Lokomotive und
die ersten drei Wagen entgleisen, kippten
um und rissen mehrere Fahrleitungsmaste
heraus.

Nun aber zu den in Frankreich diskutierten
Vorschlägen, die sich auf automatische Wegübergangssicherungsanlagen bezogen, deren
Erörterung auch in anderen Ländern denkbar
ist: Eine Verlängerung der Ankündigungsfrist,
also das früher einsetzende Blinken an den
Warnkreuzen, beeinträchtigt den Verkehrsfluß und verführt den Autofahrer erst recht,
den Bahnübergang im Zickzack zu überqueren. Einige Minuten längere Frist, bis sich der
Zug nähert, brächten einem liegengebliebenen Fahrzeug sicher keinen Nutzen. Den Abstand zwischen den Schranken zu vergrößern, hieße, die Zeit zu verlängern, die für
das Freimachen des Übergangs benötigt wird.
Dadurch müßte die Ankündigungsfrist verlängert werden, was, wie schon erwähnt, unerwünscht ist. Hindernismelder wurden bei den
SNCF über mehrere Jahre probiert. Das System ist unwirksam, wenn sich das Hindernis
auf dem Bahnübergang erst kurze Zeit vor
dem Eintreffen des Zuges zeigt. Fußgänger,
Schnee und anderes trügen ebenfalls nicht
zur Verläßlichkeit des Meldesystems bei. Wiederum sind die langen Bremswege zu bedenken, die ein Schienenfahrzeug benötigt ...

Zusammenfassend läßt sich sagen: Automatische Wegübergangssicherungsanlagen machen die Sicherheit vom menschlichen Verhalten des Bahnwärters unabhängig. Notwendig ist jedoch pflichtgemäßes Verhalten des
Lokomotivführers, wenn entsprechende Überwachungssignale aufgestellt sind, der Entstörungskräfte, wenn sie an den Relais der Anlage arbeiten, und schließlich zuerst der Straßenverkehrsteilnehmer selbst.

Aber nicht jeder Übergang eignet sich für
solche automatisch wirkenden Anlagen, besonders wenn die Schaltungen zu kompliziert
oder ganz unmöglich werden, zum Beispiel
mitten im Bahnhof. Mitunter forciert ein spek-

takulärer Unfall die Ausrüstung der Strecken mit derartigen Anlagen, wie in Pfäffikon, oder er lenkt den Blick auf die Sicherheit an Wegübergängen.

In der ehemaligen DDR trifft das für den größten Eisenbahnunfall zu, der sich nach 1945 bei der DR ereignete, auf den Unfall von Langenweddingen am 6. Juli 1967.

Das Stellwerk »Lof«, auf dem der Fahrdienstleiter gleichzeitig Weichen- und Schrankenwärter ist, steht unmittelbar neben der stark befahrenen Fernverkehrsstraße 81, die in Langenweddingen die eingleisige Hauptbahn Magdeburg–Halberstadt kreuzt. Vor dem Unfall, am 18. April 1967, wird auf der Strecke probeweise nach den vorläufigen

Bild 43
Das Bahnhofsgebäude von Langenweddingen wurde ein Opfer der Flammen; heute steht hier ein Flachbau.
Foto: Sammlung E. Preuß

Bild 44   Blick auf den Bahnhof Langenweddingen um die Jahrhundertwende: rechts vorn das Stellwerk »Lo«, später »Lof« genannt. Auf dem linken Gleis stand am Katastrophentag der Nahgüterzug. Die Ausfahrsignale sind vor den Bahnübergang zurückversetzt worden.   *Foto: Sammlung E. Preuß*

Bild 45
Blick auf den Bahnüber-
gang, auf dem sich 1967 die
Katastrophe ereignete. Der
MINOL-Tankwagen kam
aus der Gegenrichtung.
Foto: Grunig

Richtlinien für die Verständigung der Schrankenwärter über den Zugverkehr bei Wegfall
der Läuteanlagen das fernmündliche Zugmeldeverfahren eingeführt. In den »Betrieblichen
Mitteilungen« der Rbd Magdeburg vom
20. Juli 1963 heißt es: »Für das Schließen der
Schranken ist nach den vorläufigen Richtlinien ... die Abmeldung der Züge maßgebend.« Beispielsweise bietet der Fahrdienstleiter in Dodendorf dem Fahrdienstleiter in Langenweddingen den Zug an, mit der Annahme
wird die voraussichtliche Ab- oder Durchfahrtzeit des Zuges gemeldet.

Der Fahrdienstleiter auf »Lof« muß für das
Auf-Fahrt-Stellen des Einfahrsignals und das
Schließen der Schranken Fahrzeit und
Höchstgeschwindigkeit des Zuges kalkulieren
(s. Kell). Es besteht keine Weisung, die
Schranken bereits zu schließen, bevor das Signal auf Fahrt gestellt wird (»Für die Fernverkehrsstraße 81 ergäbe eine solche Anordnung
starke Stauungen des Fahrzeugverkehrs« –
im Juli 1967 in einer Stunde gezählt: 362 Kraft-
fahrzeuge und -räder, 28 Fuhrwerke, viele
Radfahrer und 25 Fußgänger in beiden Rich-
tungen/der Verf. – heißt es im Unfallbericht
der Rbd Magdeburg).

Am 6. Juli 1967 nimmt der Fahrdienstleiter
um 7.43 Uhr von Blumenberg den Nahgüterzug 8341 an, er soll voraussichtlich 7.45 Uhr
abfahren. 7.54 Uhr kommt der Zug im Gleis 3
an, er besteht aus der Lokomotive 50 3626
und zwei Güterwagen. Die Schranken am
Stellwerk »Lof« werden nicht geschlossen,
obwohl sie im Durchrutschweg des Nahgüter-
zuges liegen und das Bahnhofsbuch vor-
schreibt: »Vor der Einfahrt der aus Richtung
Blumenberg in Gleis 2 und 3 einfahrenden
Züge sind die Schranken bei ›Lof‹ zu schließen, auch bei Haltstellung der Signale B und
C.«

Man schließt aber in solchen Fällen nie die
Schranken, der Nahgüterzug ist ja kurz und
fährt mit mäßiger Geschwindigkeit ein.
Warum soll man den Straßenverkehr stören?
Möglicherweise könnte pflichtgemäßes Verhalten des Fahrdienstleiters für den folgenden
P 852 die Rettung sein, wenn sich das Mal-
heur mit dem Schrankenbaum schon jetzt
beim Nahgüterzug einstellte ... Doch so nehmen die an diesem Tage dann so schicksals-
schwer verketteten Ereignisse weiter ihren
Lauf:

Um 7.51 Uhr bietet der Fahrdienstleiter in
Dodendorf den P 852 an und meldet »voraussichtlich durch 53«. Um 7.54 Uhr bietet Langenweddingen den Zug nach Blumenberg an,
die voraussichtliche Durchfahrt soll 7.58 sein.
Seit Beginn des Sommerfahrplanes 1967 ist
nach der Oberbauerneuerung die Höchstgeschwindigkeit in diesem Abschnitt auf
100 km/h erhöht worden. Jetzt beträgt die
Fahrzeit von Dodendorf nach Langenweddingen nur noch 4 Minuten gegenüber vorher
11 Minuten.

Der Fahrdienstleiter stellt das Einfahr- und
Vorsignal auf Fahrt, sieht den Zug in 1700 m
Entfernung und beginnt die Schranken zu
schließen. Diese gehören zu einer Anlage der
Bauart »Einheit«, die 1966 eingebaut wurde
und deren vier Schlagbäume sich gegenschlä-
gig senken. Der Fahrdienstleiter bedient am

Windenbock die nördlich gelegenen Schlagbäume mit der linken Hand, die zwei südlich gelegenen mit der rechten Hand. Jetzt merkt er, daß sich die beiden südlichen Schrankenbäume nicht schließen lassen! Er versucht sie durch mehrmaliges Vor- und Rückwärtsbewegen der Kurbel herabzulassen, was ihm nicht gelingt, hat sich doch ein über dem Übergang angebrachtes Fernsprech-Freiluftkabel gesenkt.

Statt nun sofort das Einfahrtsignal in die Haltstellung zu bringen, um den P 852 anzuhalten, oder wenigstens das funktionstüchtige nördliche Schrankenpaar vollständig zu schließen, wird der Fahrdienstleiter kopflos (s. Genthin). (Der medizinische Sachverständige nennt es »untaugliche Reflexionshandlung« und billigt ihm für die letzten 50 Sekunden vom Erkennen der akuten Betriebsgefahr bis zum Katastropheneintritt wegen der besonders komplizierten Situation und der verminderten intellektuellen Befähigung den Schutz des Paragraphen 51, Abs. 1 des Strafgesetzbuches zu.)

Der Fahrdienstleiter denkt also nur noch an diesen einen Schrankenbaum, der sich nicht senken läßt und hofft, dieser werde nach einigen Versuchen sich doch noch bewegen. Er läßt die Kurbel des Windenbocks für die nördlichen Schrankenbäume los (die jetzt den Übergang freigeben!) und versucht, mit dem südöstlichen Schrankenbaum gewaltsam das Kabel zu zerreißen. Die Straße in Richtung Halberstadt beobachtend, sieht er, daß sich ein Lkw nähert. Er befürchtet, dieser Lkw werde mit dem Zug zusammenprallen, läßt deshalb die Schrankenbäume auf beiden Seiten so stehen, wie sie eben stehen, nämlich teilweise geöffnet (!), nimmt die Signalfahne und winkt vom Stellwerk aus dem Lkw-Fahrer zu. Der Fahrdienstleiter hat zunächst Glück, denn der Lkw-Fahrer hält vor dem Übergang an.

In dieser Zeit nähert sich aus Richtung Magdeburg ein Tankwagen des VEB MINOL, dessen Fahrer bremst, dann aber ungeachtet der halbgesenkten Schrankenbäume (nördlich um 30°, südlich um 11°) weiterfährt.

Im P 852, einem beschleunigten Personenzug von Haldensleben nach Thale, geführt von der Lokomotive 22 022 des Bahnbetriebswerks Halberstadt, mit der Zugbildung Gepäckwagen, vierteilige Doppelstockeinheit (Gattung DB 13), Gepäckwagen, vierteilige

Doppelstockeinheit (DB 13), sitzen etwa 250 Reisende. In der ersten Doppelstockeinheit sind etwa 80 Prozent der Plätze besetzt, meist von Eisenbahnern und ihren Kindern auf der Reise in ein Ferienlager. Die zweite Doppelstockeinheit ist zu etwa 40 Prozent besetzt.

Der Abschnitt Dodendorf—Langenweddingen verläuft aus einem Bogen kommend, vom km 14,9 an in Richtung Langenweddingen geradlinig. Ihn kann der Fahrdienstleiter auf 1,3 km Entfernung überblicken, dampflokomotivbespannte Züge sieht er bei Rauchentwicklung bereits in 2,1 km Entfernung. Der Zug fährt mit der ihm zugelassenen Höchstgeschwindigkeit von 85 km/h, folglich bleiben nach Erkennen des Zuges für das Schließen der Schranken weniger als 89 Sekunden.

Das Lokomotivpersonal wiederum kann den Überweg aus 800 m Entfernung sehen, nicht aber dessen Schrankenbäume. Deren Stellung zu erkennen, ist dem Lokomotivführer aus 220 m Entfernung vom Übergang, dem Lokomotivheizer »bereits« aus 290 m Entfernung möglich. Geht man davon aus, der Lokomotivheizer verhält sich pflichtgemäß, beobachtet demnach bei Annäherung an den Bahnhof die Signale und bemerkt die geöffnete Schranke, bleibt wenig Zeit für Verständigung und angemessene Reaktion des Lokführers. Geht man dabei von nur fünf Sekunden aus, so ist in dieser Zeit der Zug bereits weitere 118 m gefahren, befindet sich also 172 m vor dem Übergang. Der Bremsweg bei Schnellbremsung einer Zugmasse von 383 t, 97 Bremshundertsteln und 85 km/h Geschwindigkeit beträgt 485 m. Das Lokomotivpersonal hat keine Chance, die Katastrophe abzuwenden.

Mit dem »Schließen auf Sicht« — wie es zu dieser Zeit allgemein üblich war — durften sich die Fahrdienstleiter seit Erhöhung der Streckengeschwindigkeit nicht einlassen. Die Zeitspanne war zu kurz, die vom Erkennen des Zuges bis zum vollständigen Schließen der Schranken vergeht, einbezogen die Zeit, die nötig ist, damit Straßenfahrzeuge den Übergang geräumt haben. Deshalb begann der Fahrdienstleiter bereits nach dem Zugmeldegespräch, die Schranken zu schließen. Daß dieses Verfahren immer noch nicht sicher war, allenfalls die **nach** der Katastrophe von Langenweddingen auf vielen Betriebsstellen angeordnete Handlungsreihenfolge »Erst Schranken schließen — dann Signal bedie-

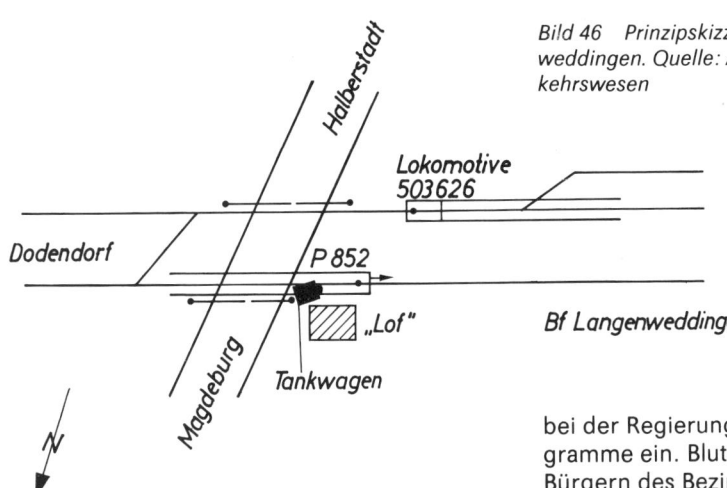

nen« (ohne Rücksicht auf den Straßenverkehr) war eine logische Konsequenz aus dem Drama, das sich jetzt ereignet.

Um 7.58 Uhr erfaßt der vordere rechte Puffer der Lokomotive den Tankwagen, reißt ihn herum, wobei er explodiert. Die ersten beiden Wagen des Zuges stehen sofort in Flammen. Gleichfalls setzt die Explosion das Befehlsstellwerk »Lof« in Brand. Der Lokomotivführer bringt den Zug mit Schnellbremsung zum Halten, jetzt geraten auch die beiden letzten Wagen in Brand.

Etwa drei Minuten nach dem Zusammenprall alarmiert der Dienstvorsteher über die Wechselsprechanlage (die Postleitung ist gestört) die Dispatcherleitung in Magdeburg. Er beauftragt Dritte, die Feuerwehr anzurufen, hält etwa 25 Pkw, einen Lkw und einen Autobus an, deren Fahrer sofort bereit sind, die Verletzten in die nächsten Krankenhäuser zu fahren. Um 8.35 Uhr bereits ist der Abtransport der Schwerverletzten beendet, um 9.00 Uhr der aller Leichtverletzten. Zwischen 8.50 Uhr und 9.05 Uhr werden die Nichtverletzten mit Autobussen weiterbefördert. Wer ohne Fahrkarte und ohne Geld ist, erhält Fahrscheine bis zum Zielbahnhof und 20 Mark Reisegeld.

77 Personen, darunter 44 Kinder und der Kraftfahrer des MINOL-Tankwagens, sterben unmittelbar nach dem Unfall. 54 Reisende werden verletzt, darunter etliche schwer, so daß sich die Zahl der Getöteten bis Ende August auf 94 erhöht.

Die Hilfe an der Unfallstelle und die Anteilnahme sind beispiellos. Aus aller Welt gehen bei der Regierung der DDR Beileidstelegramme ein. Blutspenden werden von vielen Bürgern des Bezirks Magdeburg angeboten und den Patienten Blumen in die Krankenhäuser gebracht.

Das Leid der Familien wird noch deutlicher, wenn man bedenkt, daß während der Trauerfeier auf dem Westfriedhof in Magdeburg mehrere Familiennamen zwei-, drei- oder gar viermal genannt werden. Die Sirenen der Magdeburger Betriebe ertönen, für eine Minute des Gedenkens werden alle Maschinen angehalten. In der Stadt ruht während der Trauerfeier der Verkehr.

Zurück zur Katastrophenstelle: Oberfeuerwehrmann Heinz Neumann, der in Bahnhofsnähe arbeitete, berichtet: »Ich hatte meinen Traktor vor dem Gebäude der LPG abgestellt und begab mich zum Aufenthaltsraum. Plötzlich vernahm ich einen gewaltigen Knall und Bremsenkreischen. So schnell ich konnte, rannte ich hinaus. Entsetzt stand ich vor einem riesigen Flammenmeer, das mehrere Doppelstockwagen und das Bahnhofsgebäude erfaßt hatte. Mein erster Gedanke war: Hier kannst Du allein nichts machen, es muß schnellstens die Feuerwehr alarmiert werden.« /13/ Mit den Worten »Schnell ins Dorf, hält er einen Pkw an, lädt rasch noch zwei Verletzte ein und fährt zum Gerätehaus. Dort löst er Sirenenalarm für die Freiwillige Feuerwehr Langenweddingen aus.

Unterbrandmeister Karsten berichtet: »Als wir an der Unglücksstelle ankamen, waren zahlreiche Helfer dabei, Verunglückte zu bergen und abzutransportieren. An der Spitze des Zuges standen 2 Doppelstockwagen völlig in Flammen, die beiden letzten brannten ebenfalls aus ... es herrschte eine furchtbare Hitze.«

Über 30 Stunden sind die Langenweddinger Kameraden der Feuerwehr im Einsatz, von denen etliche beim Alarm gerade aus der Nachtschicht kommen. Nach Abschluß der Rettungsarbeiten und der Brandbekämpfung übernehmen sie Bergungsarbeiten und die Löschwasserversorgung. Auch das Aufräumen der Unglücksstelle und der Gleisbau verlangen höchste Aufmerksamkeit, denn immer wieder entzündet sich ins Schotterbett eingedrungenes Benzin; die Flammen müssen abgelöscht und die Unglücksstelle oft vorbeugend mit Schaum abgedeckt werden. Werner Moritz aus Wolmirstedt befindet sich in einem der unversehrt gebliebenen Wagen. Ohne zu zögern, birgt er 12 Kinder aus einem der brennenden Wagen. Er zieht sich dabei so schwere Verletzungen zu, daß er am folgenden Tag stirbt.

Um 11.06 beginnen am Unglückstag die ersten Aufräumungsarbeiten. Sicherungsanlagen sind herzurichten, Hochbauten behelfsmäßig zu sichern. Am 7. Juli fährt als erster Zug D 173 wieder durch Langenweddingen. Die Regierungskommission unter Leitung des Ministers des Innern prüft die Umstände, die zu dieser Katastrophe führten.

Für eine schon vor 1945 verlegte Freileitung über den Bahnübergang stellt die Deutsche Post wegen eines bis dahin fehlenden Gestattungsvertrages am 31. Januar 1966 den Antrag zur Unterkreuzung, der am 11. Februar 1966 genehmigt wird. Einige Tage zuvor hat ein Autobus die Schrankenanlage beschädigt, die nun ausgebaut werden muß. Als Ersatz kommt die vierteilige Schranke (die Schrankenanlagen mit über 13,60 m Länge je Schrankenbaum werden nicht mehr gebaut). Dessen südöstlicher Schrankenbaum schlägt aber in geöffneter Stellung mit der Rückseite an die Fernmeldeleitung der Post. Daraufhin verständigt der Meister der Signal- und Fernmeldemeisterei der DR die Post und setzt den Querträger höher. Dennoch lassen die Störungen am Posthauptanschluß des Bahnhofs nicht nach, dieser bleibt öfter gestört. Von Mitarbeitern der Deutschen Post in Magdeburg wird festgestellt, daß die Freileitungen zusammenschlagen, wenn die Schranken geöffnet sind.

Nach etwa acht Tagen baut die Deutsche Post die Freileitungen des unteren Querträgers ab und ersetzt sie. Als Leiter durften nur Drähte von mindestens 3 mm Durchmesser mit Tragedraht verwendet werden. Die Fernmeldemonteure ziehen ein Freiluftkabel ohne ausreichende Zugfestigkeit von nur 0,5 mm Durchmesser und ohne Trageseil, das bald durchhängt und schließlich die Schrankenbäume behindert. Das Provisorium soll nur drei Monate dauern; bis zum Unfall vergehen jedoch anderthalb Jahre. Die provisorische Leitungsführung ist weder von der DR genehmigt noch abgenommen worden. Der Stellvertreter des Ministers für Verkehrswesen stellt in einem Interview fest: »Das tragische Unglück hätte vermieden werden können, wenn der Fahrdienstleiter ... und der Dienstvorsteher ihren Pflichten nachgekommen wären. Beide haben fahrlässig und in gröblichster Weise gegen die Dienstvorschriften verstoßen.« /14/

Vor dem II. Strafsenat des Bezirksgerichts Magdeburg beginnt am 29. August 1967 der fast einwöchige Prozeß gegen die beiden Eisenbahner, und bei der Vernehmung der 21 Zeugen und fünf Sachverständigen stellt sich heraus, daß es die erste Berührung des Schrankenbaums mit dem Freiluftkabel am 28. Juni gab. Einem jeden der Fahrdienstleiter auf dem Stellwerk »Lof« machte es beim Schließen der Schranken zu schaffen. Sie unternahmen nichts.

Tags vor dem Unfall erfährt der Dienstvorsteher von den Störungen. Am Unfalltag stellt der Fahrdienstleiter der Nachtschicht fest, daß sich das Kabel beim Schließen der Schranke strafft und vom Schrankenbaum abrollt. Der jetzt angeklagte Fahrdienstleiter der Frühschicht kann die Schranken bei den Zügen 173, 880, 857 und 8303 nur mit Zeitverlust schließen, weil die Schlagbäume jedesmal vom Luftkabel gehemmt werden. Die Sachverständigen erklären: »Die entscheidende Pflichtverletzung ... ist das nicht den Vorschriften entsprechende Reagieren auf die Beeinträchtigung der Funktionstüchtigkeit der Schrankenanlage.« Der Fahrdienstleiter ruft lediglich die Aufsicht an und teilt mit, das Kabel schlage gegen die Schranken, sie möge die Post verständigen. Um 6.50 Uhr erscheint der Dienstvorsteher auf dem Stellwerk, der Fahrdienstleiter meldet ihm: »Keine besonderen Vorkommnisse!« Dem Dienstvorsteher weist das Gericht eine Reihe grober Pflichtverletzungen nach. Den Störungen durch das Freiluftkabel ist er nicht nachgegangen. Als er auf dem Befehlsstellwerk an der Merktafel einen entsprechenden Vermerk liest, kommt es zu einem Gespräch über die Schranken, zu mehr nicht. Am 2. September 1967 wird in Magdeburg das Urteil verkündet: für beide Angeklagte 5 Jahre Gefängnis, die gesetzliche Höchststrafe.

Diese Katastrophe führte zu einer neuen Betrachtungsweise der Sicherheit am Wegübergang und der Dienstausführung der Schrankenbediener. Nur einige Maßnahmen nach dem Unglück von Langenweddingen seien genannt:
- Verstärkt wurden Bahnübergänge mit Halbschranken bzw. Haltlichtanlagen ausgerüstet oder ganz beseitigt.
- Jeder Fall einer offenen Schranke, auch wenn sie nicht zu einem Zusammenprall führte, wurde untersucht und als Zuggefährdung bewertet.
- Den Schrankenwärtern wurde größere Aufmerksamkeit hinsichtlich der Auswahl, Kontrolle, Schulung und Bewertung geschenkt.
- Für jeden wärterbedienten Bahnübergang

Verfahren der Schrankenbedienung bei der DR nach [11]

Bestätigung des Geschlossenseins der Schranke			
	nicht gefordert		gefordert
ohne Zeit	Verfahren 1 Schließen nach Vorausmeldung 19%		Verfahren 5 Schließen nach Vorausmeldung 3% Verfahren 6 Schließen nach Zugmeldesignal 44% Verfahren 7 Schließen nach Aufforderungszeichen 27%
mit Zeit	Verfahren 2 Schließen × Minuten nach Vorausmeldung Verfahren 3 Schließen zur voraussichtlichen Ab- oder Durchfahrtzeit Verfahren 4 Schließen nach Sicht	7%	

Zeit bis zum Schließen

wurden die Zeitpunkte für das Schließen der Schranken bestimmt.

Zwar waren 1967 bereits die meisten Wärter in das fernmündliche Zugmeldeverfahren einbezogen, ihnen war es aber nicht mehr freigestellt, wann sie die Schranken zu schließen hatten. Das Verfahren wurde in den folgenden Jahren derart modifiziert, daß in der Regel eine Zugfahrt auf der freien Strecke erst dann zugelassen werden darf, wenn gemeldet wurde, die Schranken seien im folgenden Abschnitt geschlossen. Schließlich bildeten sich sieben verschiedene Verfahren für das Schrankenschließen heraus (Tabelle 1). Gleichzeitig ging man daran, die Schranken signalabhängig zu machen. Der Wärter bzw. Fahrdienstleiter ist dadurch gezwungen, erst die Schranken zu schließen, bevor er das Signal auf Fahrt stellen kann.

Der Unfall in Langenweddingen zeigte der Öffentlichkeit, wie menschliche Unzulänglichkeiten im entscheidenden Augenblick zum Versagen und unter begünstigenden Umständen zur Katastrophe führen.

4. … und am Halt zeigenden Signal vorbei!

Zum Verhalten von Lokomotivführern

Am 21. Dezember 1939 informierte die »Deutsche Allgemeine Zeitung« ihre Leser über »Sturzversuche mit Eisenbahnwagen«: »Die Deutsche Reichsbahn hat u. a. in umfassenden Großversuchen die Brauchbarkeit neuer Wagenbauweisen erprobt … Zeitlupenaufnahmen zeigten, in wie hohem Maße bei Unfällen die Aufstoßkräfte im Verhältnis zur Gewichtsminderung geringer werden. Man ließ Fahrzeuge mit Geschwindigkeiten bis zu 50 km/h mit Güterwagen zusammenstoßen, wobei die eintretenden Formänderungen einwandfrei gemessen werden konnten …«

Auf weiteres Anschauungsmaterial brauchten weder die Eisenbahner noch die Leser zu warten. Aus den Unfallberichten in der Zeitung erfuhren sie ohnehin, daß die Bauweise der Wagen mit entscheidend dafür ist, welches Ausmaß die Verletzungen der Reisenden annehmen.

Schon am übernächsten Tag, Freitag, dem 23. Dezember 1939, drängten sich den Lesern der »Deutschen Allgemeinen Zeitung« in fetten Lettern folgende Schlagzeilen auf:
»Eisenbahnunglück
im Bahnhof Genthin
70 Tote, 100 Verletzte«
Darunter: »Um 0.55 Uhr fuhr im Bahnhof Genthin der D 180 (Berlin–Neunkirchen-Saar) in voller Fahrt auf den im Bahnhof außerplanmäßig haltenden D 10 (Berlin–Köln). Die Lokomotive und 6 Wagen des D 180 und 4 Wagen des D 10 entgleisen bei dem Aufprall. Bei der starken Besetzung der Züge ist zu befürchten, daß etwa 70 Tote und Verletzte zu beklagen sind. Der Präsident der Reichsbahndirektion Berlin eilte sofort zur Unfallstelle. /15/

Eine Untersuchung der Schuldfrage ist eingeleitet. Der Zugverkehr wird behelfsmäßig aufrechterhalten. Zur Hilfeleistung an der Unfallstelle waren Ärzte, Rb-Hilfszüge, Rotes Kreuz, Feuerwehr und Technische Nothilfe sofort zur Stelle.«

Das war der Text, den das Deutsche Nachrichtenbüro an die Zeitungen aussandte. Die »Deutsche Allgemeine Zeitung« fügte einen

Bild 48
Der Trümmerhaufen auf dem Bahnhof Genthin. Der Gepäckwagen des D 10 wurde in Fahrtrichtung links aus dem Gleis gedrückt und umgeworfen. Auf ihn schob die Lokomotive 01 158, deren Trümmer dahinter zu erkennen sind, den zweitletzten Schlafwagen des D 10.
Foto: StA Magdeburg

Bild 49   Der Genthiner Trümmerberg aus Richtung Burg gesehen: Mitte unten die Lokomotive des
D 180 01 158, auf ihr deren Tender. Rechts unten der Gepäckwagen des D 10, darüber der vorletzte Schlafwagen des D 10, darunter der Gepäckwagen des D 10, der nach dem Schlafwagen lief. Links der Sitzwagen, vermutlich an fünfter Stelle, vom Schluß aus gezählt, im D 10 gelaufen.   Foto: StA Magdeburg

eigenen Kommentar hinzu: »Das schwere Eisenbahnunglück ist um so tragischer, als es
gerade kurz vor Weihnachten sich ereignete.
Viele, die zu einem frohen Fest zu ihren Familien und Angehörigen fahren wollen, haben
den Tod gefunden oder sind verletzt. Die
Schuldfrage wird und muß streng untersucht
werden, aber unabhängig von ihrem Ergebnis
sei daran gedacht, daß die Beamten der Deutschen Reichsbahn an diesem Kriegsweihnach-

ten bis aufs äußerste angespannt sind. Das
ganze deutsche Volk trauert um die Opfer dieses Unglücks.«

Bis zum 7. Juni 1940 mußten sich die Leser
gedulden, ehe sie Näheres erfuhren. Erst an
diesem Tage wurde in Kürze einiges über die
Gerichtsverhandlung mitgeteilt. Aber greifen
wir dem nicht vor, sondern wenden uns zuerst einmal dem Geschehen der Zeit vor der
Katastrophe zu:

Bild 50
Die nach dem Unfall wie-
deraufgerichtete Lokomo-
tive 01 158 vom D 180.
Foto: StA Magdeburg

Am 1. September 1939 fielen die deutschen Truppen in Polen ein. Der zweite Weltkrieg war entfesselt. Schon in den Vorkriegsjahren waren die Voraussetzungen für die personelle und materielle Sicherstellung der Kriegsführung geschaffen worden. Als Hitler am 3. September 1939 eine »Gesamtmobilmachung« der Wirtschaft verkündete, wurden die Aufbauprogramme der Rüstungswirtschaft fortgesetzt, darunter das Reichsbahnprogramm.

Nicht recht bedacht oder nur ungenügend geplant war aber, wie während des Krieges der zivile Reiseverkehr ablaufen sollte. Zunächst wurde er vom 1. September 1939 an radikal eingeschränkt. Erst bis zum Jahresende 1939 war der Fahrplan so überarbeitet worden, daß die Fahrzeiten gestreckt und Aufenthalte verlängert werden konnten. Das Aus- und Einsteigen der Reisenden bei überfüllten Zügen, wie sie jetzt an der Tagesordnung waren, überzog die Aufenthaltszeiten. Schon vor Kriegsbeginn trat jedes Jahr eine starke Überfüllung der Züge ein, so daß Verstärkungswagen, Vor- und Nachzüge eingesetzt werden mußten, die fahrplanmäßige Züge entlasten sollten. Wie sollte da der Reiseverkehr eingeschränkt werden?

In der Zeitschrift »Die Reichsbahn« hieß es: »In diesem Jahr wird der Reiseverkehr an den Tagen vor Weihnachten einen ungewöhnlich großen Umfang einnehmen. Zahlreiche Wehrmachtsangehörige und berufstätige Volksgenossen werden die Weihnachts- und Neujahrsfeiertage bei ihren nächsten Angehörigen verbringen, so daß auf den Hauptstrecken der Deutschen Reichsbahn in dieser Zeit mit außergewöhnlich starkem Verkehr gerechnet werden muß.

Die Deutsche Reichsbahn ist unter den gegenwärtigen Verhältnissen nicht in der Lage, Vor- und Nachzüge *in großer Zahl* verkehren zu lassen. Für den allgemeinen Eisenbahn-Reiseverkehr ist daher mit beträchtlichen Unbe-

quemlichkeiten, überfüllten Zügen und erheblichem Gedränge an Schaltern und auf Bahnsteigen zu rechnen.« /16/

Ungeachtet dessen erhielten deutsche Soldaten, die in Lazaretten lagen, auf den Strecken der DRG vom 15. November 1939 an eine Fahrpreisermäßigung; die anderen Fahrpreisermäßigungen wurden erst vom 15. Januar 1940 an aufgehoben.

Die Deutsche Reichsbahn stellte sich auf den Jahresendverkehr einigermaßen ein, in den wenigen Tagen um Weihnachten setzte sie 193 Sonderzüge ausschließlich für die in den Weihnachtsurlaub fahrenden Dienstverpflichteten ein. /17/

Damit ein solcher Fahrplan durchführbar wurde, griff man auf den »Friedensfahrplan« 1935 mit seinen kurzen Fahrzeiten zurück (1934 waren 120 km/h Höchstgeschwindigkeit zugelassen worden) und schob Entlastungszüge noch dazwischen.

D 10 fährt demnach am 22. Dezember 1939 planmäßig um 23.15 Uhr auf dem Berlin Potsdamer Bahnhof ab. Von Potsdam an erhält er 5 Minuten Verspätung, und Brandenburg wird mit 12 Minuten Verspätung verlassen, weil sich das Aus- und Einsteigen verzögert. In Kade muß D 10 vor dem Ausfahrsignal halten, die Verspätung erhöht sich auf 27 Minuten, außerdem zeigt das Blocksignal in Belicke zunächst »Halt«. Deshalb beträgt die Geschwindigkeit bis Genthin allenfalls 80 km/h anstelle der sonst gefahrenen 105 km/h. D 10 wird um 0.34 Uhr von Kade abgemeldet, der D 180 um 0.48 Uhr.

Der Fahrdienstleiter in Genthin beauftragt gegen 0.45 Uhr blockelektrisch den Wärter vom Stellwerk »Go«, das Einfahrsignal A^1 für D 10 auf Fahrt zu stellen. Gleichzeitig stellt er das Ausfahrsignal F auf Fahrt.

Pünktlich um 23.45 Uhr fährt D 180 in Berlin Potsdamer Bahnhof ab. Von Potsdam an erhält auch D 180 wegen einer Langsamfahrstelle

Bild 51   Lage der Betriebsstellen.
Zeichnung: E. Preuß

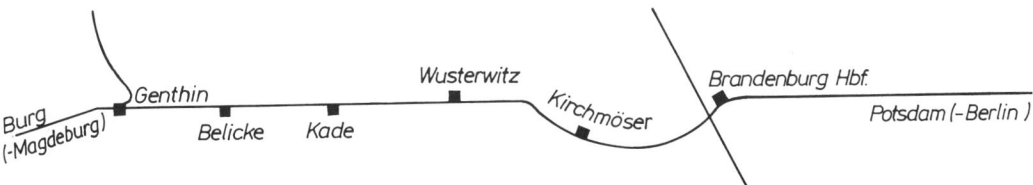

auf der Strecke einige Minuten Verspätung. Bis Groß Wusterwitz zeigen die Signale grünes Licht, also »Fahrt frei«. Als sich D 180 dem Einfahrvorsignal von Groß Wusterwitz nähert, ist dieses in Warnstellung, das Einfahrsignal zeigt »Halt«.

Heizer Nußmann sieht als erster in der Linkskurve hinter dem Bahnhof Kirchmöser das Vorsignal und ruft dem Lokomotivführer Wedekind zu: »Wir haben Halt!«. Daraufhin gibt Wedekind das Achtungssignal (einen Pfiff), er mäßigt die Geschwindigkeit aber nicht, denn noch ehe der Zug an das Einfahrvorsignal heran ist, werden das Vor- und das Einfahrsignal gezogen, jetzt zeigt auch das Ausfahrsignal (und mit ihm das Vorsignal) »Fahrt frei«.

Als sich D 180 noch in ziemlicher Entfernung vor dem Bahnhof Kade befindet, sieht der Lokomotivführer wieder, daß die Signale »Halt« zeigen, und er kann sich nicht erklären, welcher Zug vor ihm liegt. Er drosselt den Regler etwas, dadurch verringert sich die Geschwindigkeit, zu bremsen braucht er nicht, sieht er doch noch vor dem Vorsignal, daß das Einfahrsignal auf Fahrt gestellt wird. Das Ausfahrsignal bleibt zunächst auf »Halt«. Doch bevor der Zug das Ausfahrvorsignal erreicht, zeigt es ebenfalls »Fahrt frei«. Vom Bahnhof Kade an wird die Sicht wieder schlecht, schon bei Brandenburg lag stellenweise Nebel am Boden. Der D 180 fährt abwechselnd durch eine Nebelbank und dann wieder in klarer Nacht.

Der Heizer des D 180, Reservelokomotivführer Nußmann, gibt später in der Vernehmung über die Sichtverhältnisse zu Protokoll: »Ab Potsdam hatten wir mittleren Nebel, das heißt, die Signale waren noch zu erkennen, man mußte seine Augen schon anstrengen. Der Nebel kam von oben und ging ungefähr bis in Vorsignalhöhe. Die Vorsignale aber waren zu erkennen, bei Hauptsignalen konnte ich manchmal das Licht erkennen, manchmal nicht ... Uns fiel aber auf, daß der aus dem Schornstein unserer Lokomotive entströmende Dampf am Kessel entlang auf unsere Fenster strich und nach unten schlug. Das ist sonst selten der Fall. Ich sagte zu meinem Lokomotivführer Wedekind: Wir kriegen wohl anderes Wetter, der Wind kommt ja so von vorne.«

Nun sind Fahrten im Nebel nichts Ungewöhnliches. /18/ Lokomotivführern sind genug Strecken mit plötzlich auftauchenden Nebenschwaden bekannt. Doch wiederum sind solche Abschnitte nicht so gefährlich, wie es sich manch Nicht-Eisenbahner vielleicht vorstellt. Durch die Streckenkenntnis, die jeder Lokomotivführer besitzen muß, konzentriert er sich bei Nebelfahrten besonders auf das Erkennen der Vorsignalbaken sowie der Vorsignaltafeln und verringert, falls notwendig, rechtzeitig die Geschwindigkeit.

Auf Hauptbahnen gelangt der Zug zuerst an das Vorsignal. Es zeigt die Stellung des zugehörigen Hauptsignals an, und bis zu ihm ist mindestens der Bremsweg bei Fahrt mit Höchstgeschwindigkeit gegeben, so daß der Lokomotivführer mit seinem Zug sicher vor dem Hauptsignal zum Halten kommen kann, wenn er das Vorsignal in Warnstellung erkannt hat. Der Lokomotivführer darf also mit Höchstgeschwindigkeit bis an das in Warnstellung befindliche Vorsignal heranfahren. Die Fahrdienstvorschriften (FV) der DR vom 15. Juni 1970 schreiben vor: »Wird durch ein Signal vorangezeigt, daß ein Haltsignal zu erwarten ist, so ist die Geschwindigkeit soweit zu ermäßigen, daß der Zug sicher vor dem Haltsignal zum Halten kommt.« /19/ Fast wörtlich stand es schon so in den vom 1. August 1907 an gültigen FV der KPEV und in den folgenden gleichartigen Vorschriften. /20/

Sollte der Lokomotivführer wegen Schichtnebels die Stellung des Vorsignals nicht erkennen, dann wird ihm angezeigt, wo ein Vorsignal steht: durch die Merktafel, später Vorsignaltafel genannt.

Erkennt der Lokomotivführer die Stellung des Vorsignals nicht, hat er die Stellung des Signals anzunehmen, die die größte Vorsicht erfordert, also die Warnstellung. Dieser Grundsatz gilt für das Verhalten gegenüber allen Signalen mit zweifelhaftem Signalbild.

Wieder zum D 180: Nach Kade folgt die Blockstelle Belicke. Von Kade bis Genthin ruft der Lokomotivführer Wedekind seinem Heizer, der mit der Feuerung zu tun hat, nicht mehr — wie vorgeschrieben — die Stellung der Signale zu, sondern mehrere Male: »Rudi, sieh Dich vor!« Heizer Nußmann deutet das als Aufforderung, die Feuerungstür zu schließen, da Wedekind den Regulator schließen will. /21/

Bild 52
Blick von der Unfallstelle in Richtung Belicke im Jahre 1985, rechts Stellwerk »Go«.
Foto: Kuling

In der ersten Vernehmung am 12. Januar 1940 im Krankenhaus sagt Wedekind zu seinem Verhalten folgendes: »Sobald ich die Linkskurve hinter Kade passiert hatte, sah ich sowohl Vor- wie Hauptsignal bei der Blockstelle Belicke auf freie Fahrt, das heißt grün ...«

Diese Aussage ist falsch. Denn tatsächlich spielte sich folgendes ab:
D 10 nähert sich dem »Fahrt frei« zeigenden Einfahrsignal von Genthin. In diesem Augenblick ruft der Weichenwärter Jakob von der Blockstelle Belicke über Fernsprecher: »Haltet den D 180 zurück, er hat das Haltsignal überfahren.« Der Hilfsschrankenwärter Adermann von der etwa 850 m vor dem Stellwerk »Go« gelegenen Bude 89 nimmt sofort die Handlaterne, das Signalhorn und etliche Knallkapseln und läuft dem D 180 entgegen. Er sieht D 10 langsam an sich vorbeifahren. Der Zug mußte ja, weil der vorausfahrende M 176 den Blockabschnitt noch nicht verlassen hatte, vor dem Blocksignal in Belicke halten und anfahren. Dann folgt D 180 in schneller Fahrt, so daß Adermann keine Gelegenheit findet, die Knallkapseln auf dem Schienenkopf zu befestigen, er kann nur noch die Handlaterne schwenken. Doch der Lokomotivführer des D 180 nimmt dieses Signal nicht wahr, er sieht nur das »Fahrt frei« zeigende Einfahr- und ebenfalls »Fahrt frei« zeigende Ausfahrvorsignal. Was er nicht wissen kann: Beide Signale gel-

ten dem D 10, der in Genthin planmäßig durchzufahren hat.

Unglücklicherweise – in diesem Falle – hört Weichenwärter Seeger vom Stellwerk »Go« den Ruf von Belicke mit, schon während des Telefonierens greift er zur roten Handlaterne und hält sie so, daß ein roter Schein auf die seitliche Fensterscheibe in Richtung Berlin fällt. Der Heizer des D 10, Sztuka, bemerkt, als der Zug sich etwa 100 m vor dem Stellwerk befindet, das rote Licht. Er faßt es richtig als Haltsignal auf und ruft seinem Lokomotivführer zu: »Halt!« Dieser greift sofort zum Führerbremsventil und bedient die Schnellbremse ...

Nur wenige Augenblicke später kommt D 180 mit einer Geschwindigkeit von etwa 100 km/h heran und stößt mit D 10 zusammen. Die Wucht des Aufpralls auf die vollbesetzten Wagen führt dazu, daß Genthin zum Ort der schwersten deutschen Eisenbahnkatastrophe wird: Nach der offiziellen DRG-Statistik werden 186 Reisende getötet und 106 verletzt.

Zunächst ist den leitenden Eisenbahnern der RBD Berlin, die den Trümmerhaufen sehen und die die Hilfe organisieren, unbegreiflich, wie es zu dem Zusammenstoß kommen konnte. Das Bemühen, die Schuldfrage zu klären, wird durch die falschen Aussagen des Weichenwärters Seeger nicht erleichtert. In seiner ersten Aufregung und vermutend, er könne der Schuldige sein, erklärt Seeger: »In dem Augenblick, als ich das Signal A[1] auf ›Halt‹ zurückstellte, wurde ich vom Blockwärter Jakob der Blockstelle Belicke an den Fernsprecher gerufen. Ich meldete mich sofort, worauf mir Jakob den Auftrag erteilte, den hinter dem D 10 anrollenden D 180 der vom Stellwerk Go in dem Augenblick noch etwa 1200 m entfernt war, sofort anzuhalten. Ich nahm hierauf sofort die elektrisch geblendete Handwinklaterne und gab dem D 180 ... Haltesignale ...

Auch nahm ich schnellstens das Signalhorn an dem Fenster und gab etwa 5- bis 6mal je 3 kurze Töne mit dem Horn. Vom D 180 wurden meine Haltesignale jedoch nicht beachtet. Er fuhr mit seiner vollen Geschwindigkeit auf den haltenden D 10 auf ...«

Bild 53   Blick vom Stellwerk »Go« in Richtung Belicke, rechts abgestellte Wagen vom D 10 oder D 180.
Foto: StA Magdeburg

Folgendes ist zu bedenken:
Das Einfahrsignal darf, soll keine Blockstörung folgen, nur auf »Halt« gestellt werden, wenn der Zug die Streckentastensperre auslöste. Das wird in der Regel durch Befahren der Zugeinwirkungsstelle von der letzten Achse des Zuges bewirkt. Und die Zugeinwirkungsstelle liegt etwa – in Fahrtrichtung gesehen – 100 m hinter dem Standort des Einfahrsignals. Man kann rechnen:
1. Streckentastensperre ausgelöst. Zugschluß des D 10 befindet sich am Überweg Mittel-

straße, 100 m hinter dem Einfahrsignal.
2. Wärter stellt das Einfahrsignal auf »Halt«, wobei die Zeit für das eventuell vorher zu bedienende Vorsignal unberücksichtigt bleiben soll; möglicherweise war es mit dem Hauptsignal gekuppelt. Mindestens 3 Sekunden vergehen.
3. Ruf des Blockwärters, Beteiligte melden sich, Wortlaut des Gesprächs. Mindestens 10 Sekunden vergehen.
4. Wärter gibt Haltsignale, nimmt das Horn, gibt erneut Haltsignale. 10 Sekunden vergehen.
In den 23 Sekunden (Ziffer 2. bis 4.) ist bei schätzungsweise 80 km/h Geschwindigkeit D 10 über 0,5 km gefahren, müßte sich demnach mit dem Zugschluß mindestens 400 m hinter dem Stellwerk »Go« befinden. Jedoch stieß D 180 mit D 10 in Nähe des Stellwerks »Go« zusammen; folglich konnte Seegers Aussage nicht richtig sein.

Ihm wird später bewußt geworden sein, daß die Katastrophe nicht von ihm, sondern durch das Versagen des Lokomotivführers verursacht wurde. Deshalb meldet sich Seeger am 26. Dezember bei der Kriminalpolizei und sagt aus: »Aus eigenem Antriebe möchte ich hinzusetzen: Nach reiflichem Überlegen ist mir jetzt klar geworden, daß ich auch vor Abgabe des roten Signals D 10 ankommen sah. Dahinter kam D 180. Schon beim Telefonieren habe ich nach der roten Lampe gegriffen ... Ich will jetzt die Wahrheit sagen. Als D 10 am Go vorbeigekommen war, merkte ich am Funkensprühen unter dem letzten Waggon, daß er gebremst fuhr. Mir wurde jetzt blitzartig klar, daß D 10 meine Haltesignale, welche für D 180 bestimmt waren, mit aufgefaßt hatte und daher hielt.« /22/

Seeger vergaß also in seiner Kopflosigkeit das Naheliegende: Zurücknehmen des auf »Fahrt« stehenden Einfahrsignals (was bei Gefahr ungeachtet der vorgeschriebenen Bedienungsreihenfolge erlaubt ist).

Wieso aber geriet D 180 in den vom D 10 noch nicht geräumten Blockabschnitt? Die Aussage des Blockwärters von Belicke, die Untersuchung der Blockanlagen, die keine Anstände ergibt, sind eindeutig: Wedekind ist am Halt zeigenden Blocksignal vorbeigefahren.

Was sagt er dazu?

Wedekind am 12. Januar 1940 »Sobald ich die Linkskurve hinter Kade passiert hatte, sah

Bild 54   Blick von Bude 89 in Richtung Belicke, auf dem linken Gleis kam D 180.
Foto: StA Magdeburg

Bild 55   Blick von der Blockstelle Belicke in Richtung Genthin. D 180 fuhr auf dem rechten Gleis.
Foto: StA Magdeburg

Bild 56
Bahnhof Kade, Westkopf:
Blick in Richtung Genthin.
Foto: StA Magdeburg

Bild 57
Bahnhof Kade, Ostkopf:
Blick in Richtung Wuster-
witz, D 180 kam auf dem lin-
ken Gleis
Foto: StA Magdeburg

ich sowohl Vor- wie Hauptsignal bei der Blockstelle Belicke auf ›freie Fahrt‹, das heißt grün. Ich weiß genau, daß beide Signale auf ›freie Fahrt‹ standen, sobald sie nach Passieren hinter Kade in mein Blickfeld kamen. Ebenso fand ich das Vorsignal und Hauptsignal bei Bude 89 auf ›freie Fahrt‹ (letzteres stimmt, sie standen, wie schon bemerkt, für D 10 auf »Fahrt frei« – E. P.).

Frage: »Können Sie sich irren?«

Wedekind: »Das ist ausgeschlossen. Da ich die Signale bei Wusterwitz und Kade anfänglich ebenfalls alle auf ›Halt‹ antraf, wußte ich, daß irgend etwas vorliegen mußte … Da ich … erkannt hatte, daß irgend ein Zug vor mir fuhr, habe ich auf die weiteren Signale besondere Obacht gegeben. Ich habe die grünen Signale bei Belicke bis zum Durchfahren im Auge behalten und sie stets in der grünen Freistellung gesehen.«

Wedekind am 13. Januar 1940: »Die Signale hatten zuerst ›Halt‹, dann ›freie Fahrt‹ gezeigt. Als ich die Linkskurve hinter Kade passiert hatte, sah ich rotes Licht. Ob es sich um eins oder zwei Lichter handelte, konnte ich infolge der diesigen Witterung und des Dampfes meiner Maschine nicht erkennen. Ich habe jenes rote Licht für das Vorsignal der Blockstelle Belicke gehalten … Durch den Abdampf der Maschine war es mal wieder weg, mal war es wieder zu sehen. Das rote Licht war ungefähr in Vorsignalhöhe.«

Vorhalt: »Das Vorsignal zeigt in Warnstellung kein rotes, sondern oranges Licht.«

Wedekind: »Wir Fahrpersonale machen in der Sprachweise zwischen rot und orange keinen Unterschied. Als ich näher herankam, erkannte ich auch, daß es zwei Orangelichter in rechter Schrägstellung waren. Es war also bestimmt das Vorsignal Belicke.«

Damit räumt Wedekind ein, daß das Vorsignal eben nicht von weitem Grün, sondern die Warnstellung zeigte.

Frage: Was haben Sie daraufhin getan?«

Wedekind: »Gar nichts, da sah ich auch schon das grüne Licht.«

Er meint, das Blocksignal habe »Fahrt frei« gezeigt. Die Prüfung der Sicherungsanlagen, ebenso der Zeitablauf, schließen diese Signalstellung aus.

Man kann vermuten, daß die Sicht auf das Hauptsignal durch die Nebeldecke für eine Weile entzogen war, Wedekind es für kurze Zeit an der nötigen Aufmerksamkeit fehlen ließ und so am Halt zeigenden Signal von Belicke vorbeifuhr. Die Haltsignale des Schrankenwärters übersah der Lokführer auf seinem Führerstand weit über dem Gleisplanum, wohl auch deshalb, weil der Abdampf der Lokomotive die Sicht nahm und sich Wedekind durch das Grün zeigende Vorsignal und das Einfahrsignal sowie das Ausfahrsignal, die beide ebenfalls Grün zeigten, im Glauben wiegte, seinem Zug, der planmäßig von Potsdam bis Magdeburg ohne Halt zu fahren hatte, sei die Durchfahrt gegeben.

Wedekind blieb bei seiner Behauptung, das Blocksignal in Belicke habe »Fahrt frei« gezeigt, als er vorbeifuhr. Eine solche sich zunehmend verfestigende Meinung zeigt sich hin und wieder, wenn der Beschuldigte erkennen muß, daß ihn ein Vorwurf mit weitreichenden Konsequenzen trifft.

Zur Person des Lokomotivführers: Wedekind, der im März 1913 im Bahnbetriebswerk Magdeburg Hbf als 25jähriger Anwärter für den Lokomotivführerdienst wurde, legte 1915 die Lokomotivführerprüfung ab, fuhr nach dem ersten Weltkrieg Schnellzüge, besonders zwischen Magdeburg und Berlin. Bereits in den Jahren 1917, 1922 und 1931 war er an Halt zeigenden Signalen vorbeigefahren. Am 22. Juni 1925 hielt er mit dem D 180 unmittelbar hinter dem Ausfahrsignal des Bahnhofs Groß Quenstedt an, weil er sich nicht im klaren war, ob das Signal einwandfrei »Fahrt frei« zeigte. /23/

Wie erlebte der Lokomotivheizer Nußmann die letzten Minuten vor der Katastrophe?

Er beschickt von Kade bis Genthin das Feuer. Als er damit fertig ist, sieht er die links liegenden ersten Siedlungshäuser von Genthin. Als nächstes will er feststellen, ob das Ausfahrsignal von Genthin »Fahrt frei« zeigt, was nicht möglich ist, da sich seine Augen vom Rot des Feuers, in das er beim Kohlenschaufeln blickte, noch nicht an die Dunkelheit der Nacht gewöhnten (adaptierten). Wie schon geschrieben, unterblieb der angeordnete Signalzuruf. /24/

Am 5. Juni 1940 beginnt um 13.00 Uhr vor der 6. Großen Strafkammer des Landgerichts in Magdeburg, die im Amtsgericht Genthin tagt, die Hauptverhandlung gegen Nußmann, Seeger und Wedekind. Wedekind bleibt bei seiner früheren Aussage, das Blocksignal habe »Fahrt frei« gezeigt. Er, der Verbrennungen an den Händen und einen Nervenzusammenbruch erlitt, wird zu 3 Jahren Gefängnis verurteilt, Nußmann und Seeger werden freigesprochen.

Wie auch die anderen Unfälle dieses Kapitels zeigen, ist die unzulässige Vorbeifahrt an Halt zeigenden Signalen keine so einmalige Angelegenheit. Der Genthiner Unfall erhielt

Bild 58   1986 wurde Genthin abermals Schauplatz eines schweren Eisenbahnunfalls. Am 15. Mai beachtete der Lokomotivführer das Halt zeigende Einfahrsignal nicht – er war eingeschlafen – und stieß im Bahnhof mit einem anderen Güterzug zusammen.   *Foto: ADN-ZB/Schulz*

Bild 59
Der Führerstand hatte die Wucht des Zusammenstoßes aufgenommen, so daß der Lokomotivführer nur leicht verletzt wurde.
Foto: Fried

das schreckliche Ausmaß einer Katastrophe dadurch, daß Seeger in seiner Aufregung den stark überbesetzten D 10 statt des D 180 stellte.

Merkwürdig erscheint allenfalls ein Sachverhalt:

Im Gutachten des Dr. Hammer von der DRG wird davon ausgegangen, daß der Unfall zu vermeiden war, hätte Wedekind das Genthiner Ausfahrvorsignal in Warnstellung beachtet. Folgende Rechnung wird aufgemacht:

Spitze des D 10	846 m	hinter dem Ausfahrvorsignal
Länge des D 10	203 m	
	643 m	
Bremsweg bei 95 km/h	500 m	
	143 m	

Wedekind hätte demnach den Zusammenstoß vermeiden können.

Nach Aussage des Fahrdienstleiters vom Stellwerk »Gw« bleibt das Ausfahrsignal F auf »Fahrt frei« bis etwa 10 Minuten *nach* dem Unfall.

Sollte das Vorsignal zum Ausfahrsignal in Warnstellung gekommen sein, weil Weichenwärter Seeger das unmittelbar dahinter stehende Einfahrsignal auf »Halt« legte (was technisch möglich ist!)? Seeger wurde aber nachgewiesen, daß er es unterließ, das Einfahrsignal auf »Halt« zu legen.

Genthin erhielt zusätzliche Brisanz durch die unmittelbar folgende Katastrophe am 22. Dezember 1939 zwischen Markdorf und Kluftern (Strecke Radolfzell—Friedrichshafen). Hier stieß ein Personenzug mit einem Güterzug zusammen, wobei 101 Personen getötet und 28 verletzt wurden. Beide Züge waren ohne Anbieten abgelassen worden. Und das, obwohl die DRG nach einem Tiefpunkt ihrer Sicherheit Anfang der zwanziger Jahre unbestritten zu den sichersten Eisenbahnen der Welt gehörte; nun folgten wenige Monate nach Beginn des zweiten Weltkrieges Schlag auf Schlag zwei Katastrophen!

45 Jahre später kommt es unter ähnlichen Umständen ebenfalls zur Katastrophe, doch fuhr in diesem Falle der Lokomotivführer geradezu rücksichtslos:

Am 29. Februar 1984 nähert sich der P 7523 Wolfen—Halle im dichten Nebel dem Bahnhof Hohenthurm (Strecke Berlin—Halle). Dicke Nebelschwaden mit Sichtweiten bis nur 5 Meter sind um diese Jahreszeit in den industriereichen Bezirken Halle und Leipzig auch nicht ungewöhnlich.

Bei solch widrigen Sichtverhältnissen verringert der Lokomotivführer des P 7523 die Geschwindigkeit von 70 km/h auf 15 km/h. So beträgt die Verspätung vor Hohenthurm bereits 27 Minuten. Das Einfahrvorsignal wird in der Warnstellung aufgenommen, die Stellung des Einfahrsignals kann der Lokomotivführer nicht erkennen. Er hält den Zug an und begibt sich zum Signalfernsprecher. Über ihn erfährt er vom Fahrdienstleiter, daß die Einfahrt »frei« ist und er weiterfahren könne.

Zu dieser Zeit nähert sich D 354 Berlin—Saarbrücken (bis Bebra ohne Verkehrshalt). Der 48jährige, mit 25 Dienstjahren erfahrene Lokomotivführer übernahm den Zug in Dessau und verringert unterwegs ebenfalls die Geschwindigkeit des Zuges. Allerdings erkennt er bei neun Signalen nur zwei mit ihren Signalbildern, bei den anderen sieben sieht er nur den Signalmast mit dem Mastschild! Er geht davon aus, der Transitzug *müsse* freie Fahrt haben. Nun übersieht er noch das Einfahrsignal von Landsberg in der Stellung Hl 10 (»Halt erwarten«) und das Ausfahrsignal in Stellung Hl 13 (»Halt«).

Der Wärter des Schrankenpostens 156 versucht, den Zug aufzuhalten, die Haltsignale werden auch hier — wie 1939 bei D 180 nahe Genthin — übersehen. Der Lokomotivführer sieht jetzt das grün leuchtende, aber für P 7523 geltende Einfahrsignal in Hohenthurm und wiegt sich in Sicherheit ... Noch während der P 7523 im Einfahren begriffen ist, stößt D 354 mit ihm zusammen. 10 Reisende und der Lokomotivführer der Schlußlokomotive (Baureihe 250) verunglücken tödlich; 46 Reisende werden verletzt. Die Schlußlokomotive nimmt einen großen Teil der Energie beim Aufprall auf; das Unglück wäre in seinem Ausmaß sonst noch größer.

Das Bezirksgericht Halle verurteilte den Lokomotivführer des D 354 wegen der gröblich verletzten Pflicht zur Signalbeobachtung zu einer Freiheitsstrafe von 5 Jahren.

Die Signalbeobachtung gehört zu den wichtigsten Pflichten des Lokomotivführers. Nicht weniger wichtig ist es, beim Fahren auf Sicht, wenn also nicht damit gerechnet werden darf, daß der Blockabschnitt von Fahrzeugen frei ist, mit angemessener Geschwindigkeit zu fahren, so daß vor einem Hindernis rechtzeitig angehalten werden kann. Das Fahren auf Sicht wird bei gestörter Verständigung zwischen den Zugmeldestellen angewendet, es kommt recht selten vor. Ihren Ursprung hat solcherart Fahrweise im Kriege, wo doch die Verständigung recht häufig gestört war. So traf bereits drei Monate nach Beginn des ersten Weltkrieges die deutschen Eisenbahner ein schwerer Unfall, der auf das wenig umsichtige Verhalten eines Lokomotivführers zurückzuführen war:

Das kaiserliche Armee-Oberkommando hatte die Eisenbahntruppen angewiesen, die Zerstörung sämtlicher Strecken, Bahnhöfe und Kunstbauten im besetzten Gebiet vorzubereiten. Die Zerstörung sollte einer Vernichtung gleichkommen, die jeden Verkehr auf lange Zeit unmöglich macht, um somit auch der schwer bedrängten deutschen 9. Armee eine Umgruppierung ihrer Kräfte zu ermöglichen. Der Verbrauch an Sprengmaterial war so groß, daß der Auftrag nicht vollständig ausgeführt werden konnte. Unbrauchbar gemacht wurden nicht nur alle Eisenbahnverbindungen zwischen den Grenzbahnhöfen des Deutschen Reiches, Österreich-Ungarns einerseits und dem Russischen Reich andererseits, vielmehr wurden ganze Strecken zerstört, wie die Warschau–Wiener Eisenbahn und die Weichselbahn. »Diese Leistung war nur bei äußerster Anspannung aller Kräfte und in Anbetracht der gefährlichen Splitterwirkung der ausgeführten Eisen- und Steinsprengungen nur bei rücksichtslosem Vorgehen aller an den Sprengarbeiten Beteiligten möglich.« /25/ Das rücksichtslose Vorgehen sollte sich bald durch eigene schmerzhafte Verluste rächen, als sich die Feldeisenbahn-Kompanie Nummer 16 anschickte, den Tunnel bei Miechow (Strecke Andrejow–Miechow) zu sprengen.

Man ging bei diesen Sprengungen, die schnell und meist nachts ausgeführt werden mußten, wobei die gleichzeitig ausgesetzten zahlreichen Sprengabteilungen sich gegenseitig behinderten und in Gefahr brachten, in der Regel so vor:

Die Bauzüge verteilten sich truppweise auf die zu sprengenden Abschnitte, blieben bis zuletzt auf der Strecke und folgten den Soldaten nach Abschluß der Vorbereitungen. Nach Durchfahrt des letzten am Feinde befindlichen Bauzuges kamen die einzelnen Objekte zur Zündung. Gefährlich war dieses Vorgehen schon deshalb, weil vorzeitiges Sprengen die Bauzüge abgeschnürt hätte.

Der schwere Unfall bei Miechow nimmt folgenden Verlauf: Am 2. November 1914 sind die Sprengkammern des neun Kilometer von Miechow entfernt gelegenen 80 m langen Tunnel fertiggestellt. Am 3. November werden die Ladungen von 1000 kg Dynamit eingebracht, und es wird die Strecke Krakau–Kielce bis ausschließlich Miechow geräumt. Die Eisenbahner haben die Bahnhöfe bereits verlassen, die Fernsprecher und Morsewerke sind entfernt, und um 20 Uhr, als der letzte Zug den Tunnel verläßt, wird gesprengt. Der Tunnel bricht auf 20 m in der Mitte zusammen, die Tunnelenden stürzen auf je 45 m ein (übrigens wurde dieser Tunnel im zweiten Weltkrieg abermals gesprengt). Auf der Strecke stehen seit 17.30 Uhr dicht an dicht, vom Bahnhof Miechow aus gesehen, die Züge in folgender Reihenfolge: Eisenbahn-Betriebs-Kompanie Nummer 26, Reserve-Eisenbahn-Bau-Kompanie Nummer 1, Reserve-Bau-Kompanie Nummer 16 und Festungs-Eisenbahn-Bau-Kompanie Nummer 4.

Zwei Stunden, nachdem diese Züge die Station Tunnel verließen, setzt sich nach einem Auftrag des Hauptmanns Ermlich der Zug der Kompanie Nummer 4 in Bewegung. Telefonische oder telegrafische Abmeldung ist nicht möglich, folglich fährt man auf Sicht; mit Hindernissen im Gleis muß gerechnet werden. Der Zugführer Schönfelder will angeblich den Lokomotivführer zu besonderer Vorsicht ermahnt haben, dieser vermutet jedoch, der vorausfahrende Zug sei längst in Miechow eingefahren. Der Lokomotivführer »nahm« – laut Zugführeraussage – »ein beschleunigtes Tempo an«.

Der von österreichischen Truppentransporten überfüllte Bahnhof Miechow kann die Züge nicht aufnehmen. Diesen drei wartenden Bauzügen nähert sich um 20 Uhr in einem Gleisbogen, der nur auf 500 m Entfernung Sicht bietet, der Zug der Festungs-Eisenbahn-Bau-Kompanie Nummer 4. Er stößt mit dem Zug der Kompanie Nummer 16 zusammen, wobei der Tender der Lokomotive (sie fuhr Tender voran) den Schlußwagen anhebt. Die

Bild 60   Das Trümmerfeld nach der Zugkatastrophe bei Miechow.
Quelle: Das Ehrenbuch der Feldeisenbahner, Trauenstein, 1930

Bild 61   Gräber für die Opfer der Miechower Zugkatastrophe.
Quelle: Das Ehrenbuch der Feldeisenbahner, Trauenstein, 1930

vor ihm stehenden Wagen entgleisen und werden ineinandergeschoben. Das Lokomotivpersonal wird sofort getötet, so daß nicht geklärt werden kann, warum es beim Fahren auf Sicht an der Vorsicht mangelte.

Unter den beschädigten Wagen befindet sich einer, der ein Auto, Benzinvorräte und 4500 kg Sprengstoff enthält. Als die Wagen zu brennen beginnen, rufen die Soldaten laut um Hilfe. Andere Soldaten eilen herbei, um ihre Kameraden zu retten. In diesem Augenblick detoniert der Wagen mit dem Sprengstoff.

Der Bericht des Vorstandes des Betriebsamtes Kielce nennt 60 getötete Personen und 52 Schwerverletzte. Andere Quellen sprechen von über 100 Getöteten. /25/

Am 14. November 1914 kommt es in Schkeuditz (Strecke Leipzig−Halle) zu einem Zusammenstoß des Eilgüterzuges 6031 mit dem Güterzug 8460, bei dem zwei Menschen ihr Leben lassen, ein Viehbegleiter verletzt wird und 10 000 Mark Sachschaden entstehen.

Die Frage, wer schuld ist, beschäftigt ein Jahr später noch das Reichsgericht, das auf den Revisionsantrag des verurteilten Magdeburger Lokomotivführers Schoof 20 Zeugen und 3 Sachverständige auftreten läßt. Schoof war verurteilt worden, weil er am Halt zeigenden Einfahrsignal des Bahnhofs Schkeuditz vorbeigefahren sein sollte, was dieser jedoch bestreitet.

Das Für und Wider, zeigte das Signal nun »Fahrt frei« oder »Halt«, beschäftigte auch in ungezählten anderen Fällen immer wieder Eisenbahner, Polizei- und Justizorgane. Hier geht es aber nicht um den ungeklärten Fall, sondern um die nur allzu natürliche Schutzbehauptung eines Lokomotivführers. Wir wüßten nun nichts von ihm, denn die Akten des Ministeriums der öffentlichen Arbeiten bleiben uns den Unfallbericht schuldig, enthalten dafür aber, wie damals üblich, den detailreichen Zeitungsbericht der »Leipziger Volkszeitung« vom 4. September 1915.

Version des Lokomotivführers: Fahrplanmäßig fährt er in Gröbers und in Großkugel durch. Als er sich dem Schkeuditzer Vorsignal nähert, zeigt es »Fahrt«; das Hauptsignal gleichfalls »Einfahrt frei«. Er fährt ohne Bedenken weiter. Kurz vor dem Bahnhof bemerkt er, daß eine Weiche falsch gestellt ist. Er schaut zurück, ob jetzt das Einfahrsignal etwa »Halt« zeige. In diesem Moment ruft der Heizer: »Halt, da kommt uns ein Zug entgegen!«

Die Zeitung ergänzt des Lokomotivführers Aussage: »Er ist bereits seit 1884 im Eisenbahndienst beschäftigt und hat sich während seiner ganzen Dienstzeit gut geführt. An dem Unglückstag sind seine Söhne ins Feld geschickt worden.«

Version des Schkeuditzer Bahnhofspersonals: Der Zug hat zur fraglichen Zeit keine Einfahrt. Wir sind mit der Abfertigung des Güterzuges 8469 beschäftigt und haben ihm die Ausfahrt freigegeben, so daß es unmöglich ist, die Einfahrt für den ankommenden Eilgüterzug freizumachen. Das Signal ist auch nicht plötzlich auf »Halt« eingeschlagen worden.

Die Sachverständigen erklären, die Angaben des Lokomotivführers Schoof sind aus technischen Gründen unmöglich. Vom Beginn des Anfahrens des Güterzuges 8469 bis zum Zusammenstoß ist noch nicht einmal eine Minute vergangen (Wie soll in dieser kurzen Zeit die Fahrstraße gewechselt worden sein?).

Die Bremser sagen aus: »Wir haben das Vor- und das Einfahrsignal auf ›Halt‹ gesehen und gebremst! Als wir einen Zug entgegenkommen sahen, sind wir abgesprungen.« Der Lokomotivführer wird für schuldig befunden; der Staatsanwalt beantragt 6 Monate Gefängnis. Das Urteil des Reichsgerichts lautet 4 Monate Gefängnis, wobei es die Unbescholtenheit und die seelische Verfassung des Angeklagten als strafmildernd in Rechnung stellt.

Am 29. Januar 1916 nähert sich dem Bahnhof Calcum (Strecke Düsseldorf–Duisburg) ein Lazarettzug, der hier vom Eilzug 23 überholt werden soll. Als der Lazarettzug nach einem anderen Gleis umgesetzt wird, stößt der Eilzug mit ihm zusammen. Der Lokomotivführer des Eilzuges ist am Halt zeigenden Blocksignal der Blockstelle Lichtenbroich vorbeigefahren. Er wird erheblich, der Heizer leicht verletzt, drei Militärs und eine Zivilperson werden getötet, 48 Militär- und 46 Zivilpersonen im Lazarettzug verletzt.

Am 19. April 1917 teilt das Wolffsche Telegraphenbüro »seiner Majestät dem Kaiser allerunterthänigst« in einem sehr dringenden Telegramm aus München mit: »In der Station Nannhofen stieß gestern abend 10 Uhr der von Augsburg nach München fahrende Schnellzug 53 mit dem von München kommenden gemischten Zug 926 zusammen.« Merkwürdigerweise erfährt also der Kaiser nicht vom Ministerium der öffentlichen Arbeiten, sondern von einem Nachrichtenbüro, daß 21 Reisende, darunter 16 Militärpersonen, sofort getötet und 41 Personen verletzt worden sind.

Bei dichtem Schneegestöber bringt dieser gemischte Zug u. a. ein Pferd für einen Mammendorfer Bauern, wozu der Wagen im Lade-gleis abgestellt wird. Die Rangierfahrt wechselt dafür zum in Richtung München–Augsburg gelegenen Bahnhofsgleis über, um danach die Fahrt fortzusetzen. In diesem Augenblick fährt D 53 durch den Bahnhof und stößt mit der Rangierabteilung zusammen. Vier Wagen des Zuges 926 werden zertrümmert, ein Wagen stürzt um, ebenso die Lokomotive des D 53. Der Gepäckwagen des Schnellzuges schiebt sich in den nächsten Personenwagen, was die Folgen verschlimmert.

Der Lokomotivführer des D 53 erkannte nicht das Halt zeigende Einfahrsignal von Nannhofen, das gemäß der bayerischen Signalordnung Weiß zeigte. Dieses Weiß unterschied sich nicht von anderen Beleuchtungsquellen und hob sich kaum vom Hintergrund ab. Er wird in der Gerichtsverhandlung, die vom 19. bis 22. Februar 1919 dauerte, freigesprochen!

Am 11. November 1917, am frühen Morgen, übersieht der Lokomotivführer des D 421 Herbestahl–Köln das Halt zeigende Signal der Blockstelle Gürzerach (Strecke Aachen–Köln). Das Signal steht auf »Halt«, weil vor dem Einfahrsignal des vorgelegenen Bahnhofs Düren ein Militärzug von Laon wartet. Bei dem Zusammenstoß werden 18 Soldaten getötet und 28 schwer verletzt. (siehe Tabelle S. 68/69)

Auch im Ausland kommt es während des ersten Weltkrieges zu schweren Eisenbahnunfällen. Fehler im Fahrdienst führen zur größten britischen Eisenbahnkatastrophe, der von Quintinshill (siehe 6. Kapitel). Die größte Katastrophe auf Schienen während des Krieges überhaupt dürfte die am berühmten Mont-Cenis-Tunnel in Südfrankreich gewesen sein. Hier übersah der Lokomotivführer nicht ein Halt zeigendes Signal, sondern befuhr einen gefällereichen Streckenabschnitt, obwohl die Bremsverhältnisse des Zuges das verboten. Was sich hier im Dezember 1917 ereignete, waren nicht die Folgen menschlicher Pflichtvergessenheit oder das Sich-Hinwegsetzen über Vorschriften, es war vielmehr der ungelöste Widerspruch zwischen Pflicht und Befehl. Wie sollte sich der Lokomotivführer entscheiden?

Der Urlauberzug aus Italien, mit 1000 Soldaten überfüllt, steht am Abend des 17. Dezember 1917 im französischen Grenzbahnhof Mo-

Besonders zu erwähnende Unfälle während des ersten Weltkrieges auf deutschen Eisenbahnen

Tag	Ort	Zahl der Opfer Tote / Verletzte		Hergang
1914				
22. November	Schönhauser Damm	5	13	Zusammenstoß eines Schnellzugs mit einem Güterzug
1915				
3. Februar	bei Konitz	6	20	Zusammenstoß zweier Militärzüge
23. März	Dirschau	6	20	Zusammenstoß eines Personenzugs mit einer Lokomotive
20. September	Plüschow	5	22	Zusammenstoß eines Militärzugs mit einem Güterzug
7. Oktober	Bischdorf (Pr.)	15	55	Zusammenstoß eines Schnellzugs mit einem Eilgüterzug
28. Dezember	Bentschen	19	79	Entgleisung eines Militärurlauberzugs
1916				
29. Januar	Calcum	2	62	Zusammenstoß eines Eilzugs mit einem Lazarettzug
27. Juli	Köln-Ehrenfeld	2	92	Entgleisung eines Personenzugs
3. September	Wildpark	3	92	Zusammenstoß eines Güterzugs mit einem Personenzug
8. Oktober	bei Zantoch	11	22	Zusammenstoß zweier Schnellzüge
11. November	bei Rahnsdorf	19	–	Überfahren von Rottenarbeitern durch den »Balkanzug«
1917				
3. Februar	Finkenrath	7	25	Zusammenstoß zweier Personenzüge
18. April	Nannhofen	30	84	Zusammenstoß eines Schnellzugs mit einem Güterzug
17. September	Wilmenrod	6	45	Zusammenstoß zweier Personenzüge
17. September	Polnisch Neukirch	6	97	Zusammenstoß einer Rangierlokomotive mit einem Personenzug
16. Oktober	Schönhausen (Elbe)	26	16	Zusammenstoß eines Kindersonderzugs mit einem Güterzug
3. Dezember	Heeßen	32	87	Zusammenstoß eines Schnellzugs mit einem Sonderzug mit Kriegsgefangenen
11. Dezember	Düren	19	36	Zusammenstoß eines Schnellzugs mit einem Militärurlauberzug
1918				
7. Januar	bei Bruchmühlbach	33	121	Zusammenstoß eines Militärurlauberzugs mit einem Etappenzug
16. Januar	Oelingen	31	66	Zusammenstoß eines Schnellzugs mit einem Militärurlauberzug
16. Januar	bei Kirn	38	25	Entgleisung eines Militärurlauberzugs infolge Gleisunterspülung

Quelle: /64/

Tag	Ort	Zahl der Opfer Tote /	Verletzte	Hergang
18. Januar	Argeningken	32	36	Zusammenstoß eines Militärurlauberzugs mit einem Personenzug
7. Februar	bei Güsten	18	35	Zugtrennung und Zusammenstoß im Gefälle
8. Februar	Köln-Ehrenfeld	8	76	Zusammenstoß eines Militärurlauberzugs mit einem Schnellzug
30. Juli	bei Zantoch	40	43	Entgleisung eines Schnellzugs
16. August	bei Dümpelfeld	31	73	Zusammenstoß eines Personenzugs mit einem Militärzug
11. September	bei Schneidemühl	35	18	Zusammenstoß eines Kindersonderzugs mit einem Güterzug
22. September	bei Dresden-Neustadt	38	118	Zusammenstoß zweier Schnellzüge
9. Oktober	Jünkerath	16	28	Zusammenstoß eines Personenzugs mit einem Militärurlauberzug
18. Oktober	Ürdingen	11	32	Zusammenstoß eines Güterzugs mit einem Leichtkrankenzug
1. November	bei Briesen	25	60	Zusammenstoß eines Militärzugs mit einem Güterzug
4. November	bei Völklingen	18	14	Brand eines Wagens
13. November	Malmedy	8	20	Zusammenstoß eines Militärzugs mit einer Rangierabteilung

dane. Der Zug hat eine Masse von 526 Tonnen und wird bergwärts in zwei Abteilungen durch den Mont-Cenis-Tunnel gefahren. Jetzt ist er zusammengestellt, die Lokomotive darf aber nur 144 Tonnen ziehen, und der Lokomotivführer weist darauf hin, daß er allein nicht in das 30 Promille geneigte Gefälle fahren darf, zumal nur drei der neun Wagen mit der Druckluftbremse ausgerüstet sind, der Rest muß handgebremst fahren. Der Zug müßte geteilt werden, aber es fehlt die zweite Lokomotive, so daß wegen dieses Umstandes die Soldaten letztlich einen Urlaubstag verlieren würden …

Was sich nun auf dem Bahnsteig abspielt, hielt Henry Barbusse (1873–1935) literarisch fest: /26/
»Der Lokomotivführer war noch nicht auf der Lokomotive, sondern stand auf dem Bahnsteig und führte lange Gespräche mit den betreßten, ordenbehangenen Herren, die den Abtransport beaufsichtigten. Er besaß die Unver-

schämtheit, nicht einer Meinung mit ihnen zu sein.
Er erklärte ihnen: ›Die Abfahrt ist unmöglich!‹ Das empörte die Offiziere. Der Lokomotivführer erwiderte nur: ›Der Zug ist zu schwer!‹ In der Hoffnung, sie wüßten es nicht, machte er sie darauf aufmerksam, daß die Strecke voller Kurven und steiler Abhänge sei. Sich auf sie mit einem zu schweren Zug wagen hieß, die Gewalt über die Maschine verlieren.

Es ist schließlich nicht zu verlangen, daß hohe Offiziere über solche Kleinigkeiten Bescheid wissen. Doch hätten sie wissen können, daß eine Bahn, die vom Kamm der Alpen in die französische Ebene hinabführt, ein starkes Gefälle haben muß. Aber hier ging es um das Prinzip, daß der Befehl eines Vorgesetzten heilig ist und daß alle Gründe gesunden Menschenverstandes demgegenüber nicht stichhaltig sind: Der Befehl zur Abfahrt lag vor.

Umsonst suchte der kleine schwarze Kerl mit wilden Gebärden die Richtigkeit seiner

Bild 62
Der Tunnel von Mont-Cenis
war so berühmt, daß sein
Portal auf der Pariser Welt-
ausstellung als Nachbil-
dung vorgestellt wurde.
Foto: Sammlung E. Preuß

Bild 63   Die Mont-Cenis-Strecke benutzten vor dem ersten Weltkrieg die Schnellzüge von der Kanalküste zu
den italienischen Hafenstädten, wie hier der Train Rapid Calais–Brindisi.   Foto: Sammlung E. Preuß

Absicht zu verteidigen und nachzuweisen, daß ihm die Maschine bei dem ersten Gefälle durchgehen würde. Die Vorgesetzten, deren Orden im Lichte der Bogenlampen glitzerten, befahlen die Abfahrt. Schon wurden die Urlauber in den Abteilen ungeduldig, reckten die Köpfe heraus und fragten: ›Warum fahren wir nicht?‹ Natürlich weigerte sich der Lokomotivführer, trotzdem abzufahren. Die Furcht vor dem sicheren Verderben war zu groß. Erst als die Offiziere ihm die Abfahrt formell befahlen, stieg er in die Maschine; der Zug setzte sich in Bewegung und verließ den Bahnhof.«

Die Bremskräfte reichen natürlich nicht aus, so sehr sich die Bremser auch bemühen, es glühen die Radreifen und Bremsklötze, die Bodenbretter der Wagen fangen Feuer. Der Zug rast mit einer Geschwindigkeit von 120 km/h durch das Tal. In einem Gleisbogen hinter der Brücke über den Arc, dem Pont des Saussaz, verläßt das führende Drehgestell der 230 C-Dampflokomotive, Nummer 2592, von der PLM das Gleis, die Lokomotive reißt vom Zug ab, vor einer Stützmauer entgleist der Gepäckwagen bei 150 km/h Geschwindigkeit, die anderen 18 Wagen drücken nach, verschachteln sich zu einem Wirrwarr aus Holz und Stahl. Feuer breitet sich aus, entzündet die verbotenerweise mitgenommene Munition, weshalb die herbeigeeilten Retter warten müssen, bis das Krachen der Granaten verstummt.

800 Soldaten, von denen lediglich 425 identifiziert werden können, werden in den Trümmern erdrückt, erschossen oder vom Rauch erstickt.

Saint-Michel-de Maurienne, die Unglücksstelle, wird zum Symbol der Eisenbahnkatastrophe im Kriege.

Der Lokomotivführer wurde verhaftet, ein Kriegsgericht sprach ihn nach einer achtmonatigen Untersuchungshaft frei, unbestraft blieben die Offiziere, die diese Todesfahrt befohlen hatten.

12. September 1918: Im Dresdner Palmengarten tagt zum 12. Male der Verband Sächsischer Mittlerer Eisenbahnbeamter. Zu den Ehrengästen gehört der Präsident der Königlich Sächsischen Staatseisenbahnen Dr.-Ing. Ferdinand Ulbricht. Gerade wird in einem Appell die Erwartung ausgesprochen, »daß die Königliche Staatsregierung angesichts der durch den Krieg und seiner Dauer herbeigeführten Notlage der Beamtenschaft baldigst Maßnahmen trifft, um drohendem wirtschaftlichen Verfall ... wirksam und ausreichend zu begegnen«, da wird Präsident Ulbricht aus dem Saal gerufen. Ein Unfall!

Wie sich bald herausstellt, ist der Unfall von einem Ausmaße, wie es die Sächsischen Staatseisenbahnen bislang nicht kannten:

Bild 64 Die Eisenbahnkatastrophe von Dresden-Neustadt.
Foto: Sammlung E. Preuß

Um 21.58 Uhr soll D 196 von Berlin in Dresden-Neustadt ankommen, der an diesem Tag wegen der unterlassenen Rückblockung von Dresden-Neustadt vor dem Halt zeigenden Signal der Blockstelle 30 halten muß. Um 22.07 Uhr durchfährt D 13 von Leipzig den Bahnhof Radebeul. Was danach geschieht, entnehmen wir dem Urteil, das »Im Namen des Königs« gegen den Hilfsheizer Gustav Albin Becher und den Lokomotivführer Ferdinand Ernst Schneider am 11. November 1918 vor der 2. Strafkammer des Königlichen Landgerichts Dresden ergeht /27/:

»Als D 13 sich der Station Radebeul näherte, bemerkten beide Angeklagte, daß das Vorsignal Radebeul gesperrt war. Schneider, der mit 85 km/h Geschwindigkeit fuhr, sperrte deshalb den Dampf ab. Vor- und Hauptsignal der Einfahrt Radebeul wurden jedoch frei, noch bevor D 13 an das Vorsignal herange-

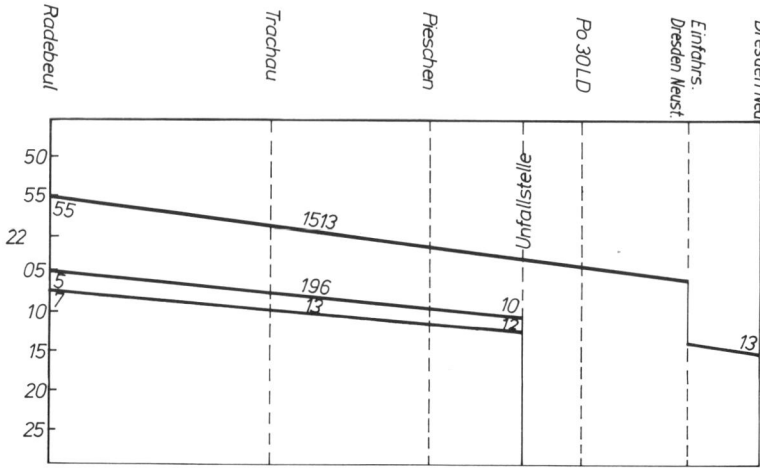

Bild 65 Zugverlauf nach den Angaben der Fahrtberichte.
Zeichnung: E. Preuß

kommen war. Ebenso wurde, wie beide Angeklagte bemerkten, das zunächst gesperrte Ausfahrtsignal in Radebeul bei Annäherung an dieses frei. Als der Zug sich dann der Station Trachau näherte, war das Vorsignal Trachau ebenfalls gesperrt. Da es auch trotz des von Schneider abgegebenen Pfiffes nicht frei wurde, ermäßigte dieser durch Bremsen seine Geschwindigkeit bis auf 50 km, erhöhte diese dann aber wieder auf 80 km, da Vor- und Hauptsignal Trachau frei wurden. Aus diesen wiederholten zögernden Freiwerden der Blockstellen zogen beide Angeklagte den richtigen Schluß, daß unmittelbar vor ihnen ein anderer Zug vorausfahren müsse, in dem sie zutreffenderweise den Berliner D-Zug 196 vermuteten.

Als die Angeklagten sich nunmehr der Station Pieschen näherten, zeigte das dortige Vorsignal durch zwei orangegelbe Lichter, das dazu gehörige Hauptsignal durch rotes Licht Haltstellung an. Das daneben befindliche, für das rechts in der Fahrtrichtung der Angeklagten gelegene Vorortsgleis bestimmte Hauptsignal zeigte ebenfalls rotes Licht. Alle diese Lichter brannten hell und deutlich. Es war ein klarer ruhiger Abend, der Mond nur ab und zu durch Wolken verdeckt. Die Signallichter waren infolgedessen auf weite Entfernungen sichtbar. Das Vorsignal Pieschen war für den links auf der Lokomotive stehenden Angeklagten Becher allerdings überhaupt nicht sichtbar, für den rechtsstehenden Angeklagten Schneider dagegen auf 890 m, die er in etwa 43 Sekunden durchfuhr. Das Hauptsignal Pieschen war für Becher auf 540 m, für Schneider auf 855 m sichtbar. Das Durchfah-

ren der ersteren Entfernung dauerte 26 Sekunden, das der letzteren 41 Sekunden.

Obwohl sowohl Vorsignal wie Hauptsignal Pieschen auf Halt zeigten, ermäßigte Schneider die Geschwindigkeit seines Zuges nicht. Erst als ihn Becher, etwa in Höhe der Haltestelle Pieschen darauf aufmerksam machte, daß das Vorsignal zu dem zwischen Pieschen und Dresden-Neustadt gelegenen Block 30 gesperrt sei, ermäßigte er, nachdem er sich seinerseits ebenfalls hiervon überzeugt hatte, seine Geschwindigkeit auf 60 km. Dieses Vorsignal zu Block 30 war für beide Angeklagten auf 998 m sichtbar ...«

Der Aufprall verschiebt den haltenden Berliner Zug um 10 Meter. Während die Lokomotive VIII H 1, Nummer 88, des D 13 nur leicht beschädigt wird, verkeilten sich die letzten drei Reisezugwagen ineinander und werden gänzlich zerstört.

38 Tote und 118 Verletzte sind, abgesehen von einem Unfall bei Syrau, ein unrühmlicher Schlußpunkt in der Geschichte der Königlich-Sächsischen Staatseisenbahn vor ihrem Eingang in die Deutsche Reichsbahn-Gesellschaft, da sie ja von großen Unfällen verschont geblieben war.

Lokomotivführer Schneider, 12½ Stunden im Dienst bei 37 Stunden vorausgegangener Ruhe, erklärt: »Ich sehe deutlich die beiden grünen Vorsignallampen und das grüne Hauptsignal vor mir. Außerdem das rote Licht für den Vorortverkehr.«

Drängen sich hier nicht gewisse Parallelen zum Genthiner Unfall auf, was den Wahrheitsgehalt solcher Aussagen betrifft?

Der angeklagte Lokführer bittet schließlich

Bild 66 Skizze der Zugbildung des D 196 von Berlin. Zeichnung: E. Preuß

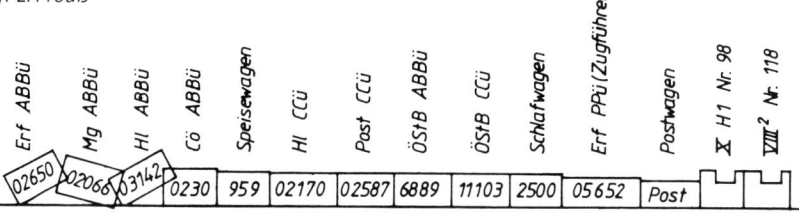

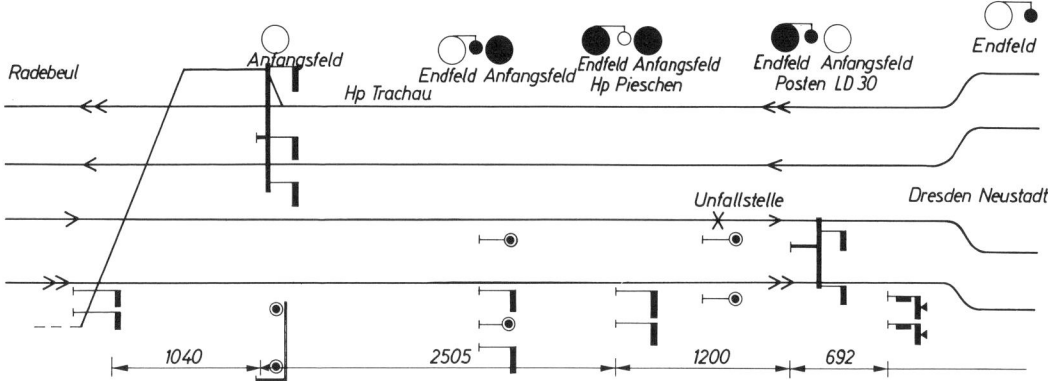

Bild 67   Lage der Betriebsstellen und Standorte der Signale zwischen Radebeul und Dresden-Neustadt 1918.
Quelle: StA Dresden

um die Untersuchung auf Farbentüchtigkeit. Schneider, der sich früher bereits derartigen Untersuchungen unterziehen mußte und nach den Methoden Holmgreen, Stilling sowie am 2. Juni 1910 nach Nagel auf Farbentüchtigkeit geprüft wurde, wird jetzt auf 14 Seiten von Prof. Dr. Köllner, Königlicher Universitäts-Professor in Würzburg, attestiert, daß eine »angeborene Untüchtigkeit im Wahrnehmungsvermögen für Rot und Grün festgestellt worden ist.«

Am Rande der Unfallakte ist lakonisch vermerkt: »Das ist allerdings fatal für die Verwaltung. Da müssen doch die bisherigen Untersuchungsmethoden ganz unzuverlässig gewesen sein.«

Der Staatsanwalt hegt Mißtrauen. Simuliert Schneider die Farbenblindheit, um der Strafe zu entgehen? Auf entsprechende Fragen antwortet Gutachter Prof. Dr. Köllner: »Diese Untüchtigkeit ist aber nicht derart, daß er im vorliegenden Falle bei hinreichender Aufmerksamkeit die Warn- und Haltsignale der Station Pieschen, die er überfahren hat, für Frei-Signale halten konnte ...« /27/ Nun konnten die königlichen Richter grübeln.

Lokomotivführer Schneider und Lokomotivheizer Becher werden zu einer Gefängnisstrafe von 8 Monaten verurteilt, denn laut Urteil /27/ sind sie überführt:
»Der letzte Wagen des Berliner D-Zuges 196 führte die vorschriftsmäßigen drei rot abgeblendeten Schlußlichter, die deutlich sichtbar brannten. Diese Schlußlichter waren für Becher auf 1238 m, für Schneider auf 150 m

sichtbar. Zum Durchfahren der ersteren Strecke brauchte D 13 59 1/2 Sekunden, zum Durchfahren der letzteren 9 Sekunden. Hierbei war für Schneider auf wenigstens 130 m, für Becher auf mehr als 150 m erkennbar, daß sich die Schlußlichter auf dem von ihnen befahrenen Ferngleis befanden.

Als die Lokomotive von D 13 auf etwa 40 m an den Schluß von D 196 herangekommen war, rief Becher dem Angeklagten Schneider zu: ›Hier ist etwas, seht!‹, worauf dieser sofort die Schnellbremse einsetzte und Sand streute. Auf die kurze Entfernung war indessen der Zusammenstoß mit D 196 nicht mehr zu verhindern ... Einem solchen Farbenblinden erscheinen die für das normale Auge roten Signallichter dunkelgelb, die grünen aber heller und mehr oder weniger weißlich gelb. Im allgemeinen sind diese Verschiedenheiten zwischen den beiden Signalfarben groß genug, um den Rotgrünblinden vor Verwechslungen zwischen ihnen zu schützen. So ist es auch zu erklären, daß Schneider eine lange Reihe von Jahren hindurch die Signallichter richtig erkannt hat und daß er insbesondere auch am Abend des 22. September 1918 die zunächst gesperrten roten Signallichter von Radebeul und Trachau als solche wahrgenommen hat ... Da nach dem Gutachten des Sachverständigen von Heß /28/ aber immerhin mit der Möglichkeit zu rechnen ist, daß Schneider infolge seiner Farbenblindheit bei der Deutung der Pieschener Signale durch eine Verkettung unglücklicher Umstände ohne Verschulden seinerseits das Opfer eines Irrtums geworden ist, hat das Gericht ihm die Verkennung dieser Signale nicht zur Schuld angerechnet. Seine Fähigkeit, die Schlußlichter des Berliner Zuges als Lichter zu erkennen, war dagegen, wie insbesondere auch der Sachverständige von Heß ausdrücklich anerkannt hat, durch seine Farbenblindheit in keiner Weise beeinträchtigt ...

Nach § 28 der genannten Dienstvorschriften (gemeint sind die Dienstvorschriften für Lokomotivführer und Feuermänner – E. P.) wäre er dann verpflichtet gewesen, den Zug sofort anzuhalten, gleichviel in welcher Farbe ihm die Schlußlichter erschienen. Auf die kurze Entfernung von 100 m wäre nun allerdings der Zusammenstoß nicht mehr vermeidbar gewesen. Immerhin wäre, wenn Schneider statt aus 40 m Entfernung bereits aus 100 m Entfernung gebremst hätte, die Gewalt des Zusammenstoßes erheblich geringer gewesen, so daß mit einem hohen Grad von Wahrscheinlichkeit anzunehmen ist, daß in diesem Fall die Zahl der Getöteten und Verletzten geringer gewesen wäre. Eine zweifelsfreie Feststellung in dieser Richtung erschien dem Gericht jedoch bedenklich. Es hat deshalb den Angeklagten Schneider weder der fahrlässigen Tötung noch der fahrlässigen Körperverletzung schuldig befunden, weil der ursächliche Zusammenhang zwischen dem schuldhaften Verhalten des Angeklagten und der eingetretenen Tötung und Körperverletzung unter diesen Umständen nicht zweifelsfrei festzustellen war.« Das schützte Schneider nicht vor der Bestrafung. Denn: »Wohl aber hat sich der Angeklagte Schneider einer fahrlässigen Transportgefährdung schuldig gemacht. Als Lokomotivführer ist er, wie er sich auch bewußt war, zur Leitung der Eisenbahnfahrten angestellt. Durch die bereits oben dargelegte Vernachlässigung der ihm obliegenden Pflicht, die Strecke aufmerksam zu beobachten und bei gefahrdrohendem Hindernis den Zug sofort anzuhalten, hat er den Transport seines eigenen wie des Berliner Schnellzuges in Gefahr gesetzt ...«

Daß einige Lokomotivführer erst einmal bestreiten, sie seien am Halt zeigenden Signal vorbeigefahren, vielmehr habe es ganz sicher »Fahrt frei« gezeigt, läßt sich erklären. Die unzulässige Vorbeifahrt an einem Halt zeigenden Signal (zulässig ist sie nur unter bestimmten Bedingungen, zum Beispiel mit schriftlichem Befehl oder auf Ersatzsignal) gehört zu den schwersten Pflichtverletzungen, die einem Lokomotivführer vorgeworfen werden können. Die Folgen für ihn und den Zug sind, wie bereits an Beispielen dargestellt, oft tragisch. Einschneidend sind aber auch für den Lokomotivführer die Folgen in »nur« disziplinarischer Hinsicht, was unter Umständen bedeutet: Er wird nicht mehr als Lokomotivführer eingesetzt oder muß vom Schnellzugdienst auf die Rangierlokomotive wechseln, selbst dann, wenn die unzulässige Vorbeifahrt nicht zum Unfall führte (Zuggefährdung).

Die Tätigkeit des Lokomotivführers gehört zu den verantwortungsvollsten Berufen, die wir überhaupt kennen. Von seinem guten Auge und wachen Verstand hängt das Schicksal meist vieler Menschen ab. Von jeher sind

Bild 68
Da soll sich der Lokomotivführer noch zurechtfinden! – Signalanordnung auf dem Stellwerk in Cannon Street in London um die Jahrhundertwende.
Foto: Sammlung E. Preuß

*Bild 69   Bis in die zwanziger Jahre wichen in Bayern die Signale von den übrigen der DRG ab, zum Beispiel wurde bei »Fahrt frei erwarten« die Vorsignalscheibe zusammengeklappt; weißes Licht bedeutete »Fahrt frei«. Hinter diesem bayerischen Signal ist bereits das DRG-Einheitssignal aufgestellt, aber noch nicht in Betrieb. Deshalb sind die Hauptsignalflügel abgeklappt und verdeckt.
Foto: Sammlung E. Preuß*

hohe Verhaltensanforderungen an ihn gestellt, und jede Bahnverwaltung legt Wert auf seine umfassende Ausbildung.

Die Königlich Bayerische privilegierte Ostbahn erließ 1859 folgende Instruktion: »Die Wichtigkeit der Stellung eines Locomotivführers erfordert ganz besonders einen ordentlichen, nüchternen Lebenswandel. Ernst, Fleiß und Treue in allen Handlungen ...«

In einem Lehrbuch von Brosius und Koch wird dem Lokomotivführer eingeschärft: »Der

*Bild 70   Auf der schwedischen Museumsbahn Mariefred–Läggesta ist noch ein Hauptsignal mit zwei Flügeln für zwei Fahrtrichtungen in Betrieb. Derartige Signale waren bis zur Jahrhundertwende auch auf deutschen Hauptbahnen in Betrieb; sie zeigten Signalstellungen für bis zu drei verschiedene Fahrtrichtungen an.
Foto: Sammlung E. Preuß*

Locomotivführer thut am besten, stets anzunehmen, daß irgendeine Persönlichkeit das Signal überhört hat, nicht zuverlässig unterrichtet ist oder sich sonst in einem Irrthum befindet … So lange die Grenze des Bahnhofes nicht überfahren ist, müssen Führer und Heizer ihre ganze Aufmerksamkeit auf die vorliegende Strecke – auf die Weichen, Signale, Wegübergänge, Wegeschranken u. a. – richten –, und haben sie alle Arbeiten, welche sie daran hindern können, zu unterlassen. Unter allen Umständen ist es ganz unzulässig, daß beim Ausfahren aus den Bahnhöfen und auch beim Einfahren Führer und Heizer sich gegenseitig mit der Feuerung beschäftigen und in das Feuer sehen …« /29/

Der Grad der Verantwortung verringerte sich in den Jahrzehnten nicht, ganz im Gegenteil; selbst wenn das Feuern der Lokomotiven entfiel und technische Vorrichtungen wie die Zugbeeinflussung das Niveau der Sicherheit von den menschlichen Unzulänglichkeiten weitgehend unabhängig machen. Die Bahnverwaltungen sind sogar gehalten, die Anforderungen an die Ausbildung ständig zu erhöhen.

Auch wenn das Führen einer modernen und nach ergonomischen Grundsätzen gestalteten

Bedingungen für das Ablegen der Lokomotivführerprüfung nach /62/ /63/

Zeitraum	Voraussetzungen	Prüfungen
bis etwa 1870	Nachweis einjähriger Tätigkeit als Lokomotivführer Unbescholtenheit	Probefahrten
von 1894 an	erfolgreiche Ausbildung im Schlosser- oder Schmiedehandwerk, 1 1/2jährige Tätigkeit als Lokomotivheizer sowie Dienst im Rangierdienst exakte Kenntnis der zu befahrenden Strecke	Nachweis der technischen Kenntnis Probefahrten mit Personen- und Güterzügen
von 1904 an	weitere Verschärfung der Prüfungsbedingungen und Zulassungsbedingungen	
von 1911 an in Sachsen	nicht unter 25 Jahre, nicht über 31 Jahre Ausbildung im Schlosserhandwerk, mindestens einjährige Tätigkeit als Maschinenschlosser in Lokomotivwerkstatt, spezielle medizinische Untersuchung zur Feststellung der körperlichen und geistigen Befähigung Ausbildungszeit zwei Jahre	theoretisch, fahrpraktisch und technisch
von 1984 an bei der DR	Facharbeiter und sechsmonatige Berufserfahrung im Betriebsdienst der DR oder Beimann/Heizer mit gleicher Facharbeiterqualifikation und mindestens sechsmonatige Berufserfahrung im Lokomotivfahrdienst der DR Lehrgang, bis zu 40 Dienstschichten oder Lehrfahrten im Rangierdienst und 15 Dienstschichten oder 30 Lehrfahrten im Zugdienst	Erwerb von Lizenzen durch theoretische und praktische Prüfungen

Bild 71
Wie der Lokomotivführer die Signale sieht: Blick vom Führerstand der Baureihe 243 (DR) auf den Vorsignalwiederholer zum Blocksignal Elbbrücke (Strecke Berlin–Halle).
Foto: E. Preuß

elektrischen Lokomotive, wie die der DR-Baureihe 243, gegenüber ihren Vorgängern oder gar erst die Dampflok weitaus bequemer ist, so hat der Lokomotivführer beispielsweise auf 19 km Strecke 1 Vorsignal-, 16 Haupt-, 3 Langsamfahrsignale und 1 Pfeifsignal zu beachten. /30/

In rascher Folge werden ihm zahlreiche verschiedenartige Handlungen abverlangt, wie Selbstzuruf der Signalstellungen, Fahrweise so einrichten, daß die punktförmige Zugbeeinflussung nicht anspricht, El-Signale beachten: Stromabnehmer vor Kuppelstellen der Fahrleitung senken und anlegen, beim Befahren der Langsamfahrstellen genau die Länge des Zuges berücksichtigen, Warnung von Baueisenbahnern im Gleis mit Typhon, Bedienen der Sicherheitsfahrschaltung und anderes mehr.

In den Anfangsjahren der Eisenbahnen, bereits bei der Liverpool-Manchester Eisenbahn, gab es eine Reihe von Vorschriften, die die persönliche Sicherheit der Reisenden, der Eisenbahner und den Schutz der Güter garantieren sollte. An ein solch umfangreiches Regelwerk, wie es heute besteht, um den oft sehr dichten Zug- und regen Rangierbetrieb zu sichern, war damals nicht zu denken. Die Züge verkehrten noch im Zeitabstand: »Wenn ein anderer Zug oder eine Maschine vorausfährt, so muß der Lokomotivführer immer bei Tage mindestens 5 Minuten, bei Nacht 10 Minuten dahinter zurückbleiben und den Lauf seiner Maschine augenblicklich mäßigen oder ganz hemmen, sobald er bemerkt, daß dies bei dem vorausgehenden Zuge geschieht, oder irgendein Unfall diesem zustößt ... Kein Zug darf aus seiner Station oder Haltestelle abfah-

ren, wenn nicht der nach derselben Richtung vorher bereits 6000 Fuß (= 1752 m, E. P.) davon enfernt ist«, hieß es in den Dienstinstruktionen der bereits genannten bayerischen Ostbahn 1858.

Das Fahren nach Fahrplan war gewissermaßen ein kombiniertes Zeit-Raum-Abstandprinzip, das funktionierte, solange nur wenige Züge am Tage verkehrten.

In den Signalvorschriften der 1840 von Frankfurt am Main nach Höchst eröffneten Taunusbahn hieß es »... Schadhaftigkeiten an dem Zuge, welche ein Halt desselben nötig machen, werden den Konducteuren dadurch angezeigt, daß mehrmals von den Bahnwärtern mit dem Fähnchen auf den Boden geschlagen wird.«

Die Bahnwärter, recht dicht auf der Strecke verteilt, hatten darauf zu achten, daß ein folgender Zug nicht auf einen etwa liegengebliebenen Zug auffuhr. In solchen Fällen wurden Körbe am Mast neben dem Bahnwärterhaus aufgezogen oder mit Fähnchen Haltesignale gegeben. Im übrigen galt der Fahrplan. An ein Zugmeldeverfahren, wie wir es heute auf dem europäischen Kontinent kennen (siehe 6. Kapitel), dachte anfangs niemand, ebensowenig an telegrafische oder fernmündliche Verständigung der Bahnwärter (der Fernsprecher war bis 1890 noch nicht durchgehend auf allen Betriebsdienstposten aufgestellt).

Bei wenigen Zügen und geringen Geschwindigkeiten mag das Ablassen der Züge im Zeitabstand noch hinzunehmen sein, wenn dafür auch die besondere Aufmerksamkeit des Lokomotivführers beansprucht wurde. Fehlte es jedoch an dieser, blieb der Unfall meist nicht aus.

Am 7. Juli 1839 zur festlichen Eröffnung der Strecke Lundenburg–Brünn: Die Festzüge Wien–Brünn fahren in einem bestimmten Zeitabstand. Auf der Rückfahrt macht sich eine Reparatur an der Lokomotive des zweiten Zuges notwendig. Der Lokomotivführer hält seinen Zug an. Beim dritten Zug hat der Lokomotivführer John Williams ebenfalls Schwierigkeiten mit seiner Maschine »Gigant«, sie bringt nicht ihre volle Leistung, unterwegs muß er außerdem noch ein paar Schrauben nachziehen. Die Verspätung ist nicht zu vermeiden, beim Eröffnungszug ist sie aber blamabel. Zu allem Überfluß stehen immer wieder Schaulustige auf den Bahnübergängen, um die Züge zu bejubeln. Williams muß wiederholt bremsen, versucht dann aber die Zeit aufzuholen, wenn sich die Gelegenheit dazu bietet. In Vranovice achtet er nicht mehr auf den Sicherheitsabstand zum vorausfahrenden Zug und fährt auf ihn auf. Zwei Personenwagen werden zertrümmert, die Lokomotive »Gigant« und der erste Wagen des dritten Zuges leicht beschädigt, 60 Reisende verletzt. Glücklicherweise wird niemand getötet.

Das Fahren im Zeitabstand wurde ungeachtet vieler Zusammenstöße (siehe auch Hořovice) einige Jahrzehnte beibehalten. Eine Kette von Bahnwärtern säumte die Strecken, im Flachland etwa im Sichtabstand von etwa 1000 Metern. Einen geringen Fortschritt bedeuten die optischen Telegrafen, wie sie die Leipzig-Dresdner Eisenbahn seit 1840 anwandte.

1854 standen sie im durchschnittlichen Abstand von 1,07 km an deutschen Strecken, waren jedoch wegen der Beteiligung zahlreichen Personals und ihrer geringen Sichtbarkeit für die Sicherheit nicht entscheidend. Zehn Jahre später hatte bei den deutschen Bahnen dieser Sichtkontakt nur noch einen Anteil von etwa einem Sechstel. Elektrische Läutewerke waren aufgestellt worden, mit denen aber nur wenig unterschiedliche Signale gegeben werden konnten. Was die Einführung des Raumabstandprinzips an Ersparnis brachte, zeigt der Vergleich: 1853 standen zwischen Lindau und Hof am optischen Telegrafen 650 Bahnwärter. 1983 gab es hier nur noch 23 Schrankenposten.

Die erste »Techniker-Versammlung« des Vereins Deutscher Eisenbahn-Verwaltungen, die vom 18. bis 27. Februar 1850 in Berlin tagte, beschloß »Einheitliche Vorschriften für den durchgehenden Verkehr auf den bestehenden Vereinsbahnen«. Für die Sicherung der Zugfahrten auf der freien Strecke wurde noch allgemein das Zeitabstandprinzip empfohlen. Damals betrug die zugelassene Höchstgeschwindigkeit 50 km/h, 1875 bereits 75 km/h. Das »Bahnpolizei-Reglement für die Eisenbahnen Deutschlands« vom 29. Dezember 1871, Vorläufer der Eisenbahn-Bau- und Betriebsordnung, empfahl erstmals die Raumfolge anstelle des bisher angewandten Prinzips der Zeitfolge.

Schon 1853 wurde in Großbritannien das Fahren im Raumabstand, das sogenannte Blocksystem, eingeführt. In Deutschland war es Karl Frischen (1830–1890), der 1870 das prinzipiell noch heute bestehende Blocksystem ausarbeitete und zuerst bei der Berlin-Magdeburger Eisenbahn einführte. Es wurde in Deutschland seitdem allgemein angewendet. Man kann im übrigen davon ausgehen, daß auf stark frequentierten Strecken bereits früher im Raumabstand gefahren wurde, wenn auch ohne die technische Einrichtung des Streckenblocks. Verbindlich wurde dieses Prinzip aber erst 1905 mit der für das gesamte Deutsche Reich geltenden Eisenbahn-Bau- und Betriebsordnung, in der es heißt: »Kein Zug darf vor einer Zugfolgestelle abgelassen oder durchgelassen werden, bevor festgestellt ist, daß der vorausfahrende Zug sich unter der Deckung der nächsten Zugfolgestelle befindet.«

In dem Zusammenhang sei erwähnt, daß beim Fahren auf Sicht (wenn zwischen den Zugmeldestellen keinerlei Verständigung möglich ist) oder beim Permissiven Fahren (auf Strecken mit automatischem Streckenblock) heute noch erhöhte Anforderungen an die Aufmerksamkeit des Lokomotivführers gestellt werden, weil in diesen Fällen vom Prinzip des Raumabstandes abgewichen wird. Der vorausfahrende oder der im Gleis haltende Zug zeigt wohl Schluß-, aber keine Bremssignale wie etwa beim PKW.

Die Bremsverzögerung ist mit der im Straßenverkehr ohnehin nicht zu vergleichen, ebensowenig das Gefühl für Geschwindigkeit.

In solch einer Situation vom Lokführer unaufmerksam und noch dazu mit unzulässiger Geschwindigkeit gefahren, stößt am 31. Oktober 1982 bei Nebel ein Güterzug auf den nahe

Bild 72 Unaufmerksamer Lokomotivführer: In der Nacht vom 10. zum 11. September 1877 hielt der Lokomotivführer auf dem Bahnhof Minning (Strecke Neuenmarkt–Simbach) nicht rechtzeitig vor der »Sicherheitsmarke«
an und fuhr dem ausfahrenden Güterzug in die Flanke. Die Lokomotive des einfahrenden Zuges wurde über die
Böschung gedrückt.
Foto: Sammlung E. Preuß

Bild 73
Die vom Unfall in Gensha-
gener Heide betroffene Lokomotive.
Foto: Schütze

dem Bahnhof Genshagener Heide (Strecke Potsdam Hbf—Berlin) haltenden Ps 11485 Werder—Berlin zusammen. 7 Reisende und der Lokomotivführer des Güterzuges werden getötet, 55 Reisende verletzt.

In der Nacht vom 22. zum 23. Februar 1984 fährt wiederum, weil die Vorschriften des Permissiven Fahrens nicht beachtet werden, zwischen Saarmund und Ahrensdorf (Strecke Potsdam Hbf—Berlin) ein Güterzug auf einen anderen Güterzug auf. Personen werden nicht verletzt, aber fünf Wagen entgleisen. Sie stürzen um und versperren das zweite Gleis, auf dem ein Güterzug naht, dessen Lokomotivführer die Geschwindigkeit glücklicherweise noch soweit ermäßigen kann, daß die Lokomotive nur leicht beschädigt wird.

Beim Fahren im Raumabstand werden die »Räume«, die Blockabschnitte, von Signalen (vorerst Distanzsignale genannt) begrenzt, und der Lokomotivführer ist jetzt von der Sorge entbunden, daß er einen vorausfahrenden oder im Streckengleis haltenden Zug übersieht, er hat dafür die Stellung dieser Signale in »Halt« oder in »Fahrt frei« genau zu beachten. Die Signale haben nur dann einen Sinn, wenn sie beachtet werden. Das liest sich sehr simpel, aber die Nichtbeachtung Halt zeigender Signale war und ist oft die Ursache von Zusammenstößen mit katastrophalem Ausgang.

Mitunter waren die Signale, auf die eine ununterbrochene Sicht von 400 m bestehen soll, so ungünstig aufgestellt, befanden sich die Flügel für verschiedene Fahrtrichtungen an einem Mast, daß es schon besonderer Beobachtungsgabe und guter Streckenkenntnis bedurfte, um entsprechend zu reagieren.

Nicht allein wegen der Gefahr, in einen besetzten Blockabschnitt zu gelangen, muß das Halt zeigende Signal respektiert werden; bei der Einfahrt in Bahnhöfen oder bei Abzweigstellen kann bei unberechtigter Vorbeifahrt ein Zusammenstoß mit einem anderen Zug oder einer Rangierfahrt (Flankenfahrt) folgen. Vom Lokomotivführer muß deshalb verlangt werden, daß er das Halt zeigende Signal bedingungslos beachtet und seine Fahrweise vorher entsprechend einrichtet bzw. rechtzeitig die technischen Voraussetzungen prüft. Trotzdem ereignete sich z. B. der Unfall am 29. Januar 1914, gegen 5.30 Uhr, im ostböhmischen Třebechovice:

Bild 74   Zusammenstoß in Třebechovice.
Foto: Sammlung Hendrych

Der Lokomotivführer eines Personenzuges meldet bereits in Tinischt dem Fahrdienstleiter die schlechte Bremswirkung des Zuges. Er fährt dann doch weiter. Angeblich fürchtet er, bestraft zu werden, wenn seine Beanstandung zur Zugverspätung führt. Vor dem Einfahrsignal von Třebechovice muß er bremsen, weil aus der Gegenrichtung ein Güterzug einfährt, der den Fahrweg des Personenzuges kreuzt und deshalb die Fahrtstellung des Einfahrsignals nicht zuläßt. Die Bremswirkung bleibt, wie befürchtet, aus. Der Lokomotivführer bemüht sich, mit der Handbremse den Zug anzuhalten, verschätzt sich aber im dichten Nebel in der Entfernung bis zum Einfahrsignal. Mit einer Geschwindigkeit von etwa 40 km/h stößt er im Bahnhof mit dem Güterzug zusammen. Beide Lokomotiven entgleisen, außerdem 14 Wagen. 59 Reisende werden verletzt.

Bei aller Tragik einer Katastrophe – der Lokomotivführer konnte von Glück sprechen, wenn seine Vorbeifahrt am Halt zeigenden Signal der Technik geschuldet wurde und damit ihn entlastete.

Am 22. November 1914 stößt D 6 im Bahnhof Schönhauser Damm (Strecke Berlin—Stendal) mit dem im Überholungsgleis stehenden Güterzug 5130 zusammen. 5 Tote, 14 Verletzte sind zu beklagen; das Betriebsamt Stendal meldet an das Ministerium der öffentlichen Arbeiten: »Ursache vermutlich Überfahren des Haltsignals«.

Der 55jährige Lokomotivführer Perl, der seit Jahren die Strecke Berlin—Hannover mit Schnellzügen befährt, weiß, wie es um die Sicht der Signale vor dem Bahnhof Schönhauser Damm bestellt ist. Das Vorsignal A 1/2 kann man bei klarem Wetter einigermaßen gut sehen, das Hauptsignal hingegen erscheint als ein sehr schwacher, undeutlicher Lichtschein.

Am Unfalltag ist die Geschwindigkeit des D 6 nicht hoch, da der Lokomotivführer an der Blockstelle 29 einen Befehl A erhält und deshalb anhalten muß. Güterzug 5130 ist in Schönhauser Damm nach Gleis 3 eingefahren, die Kurbel des Einfahrsignals wird in die Haltlage gebracht; Haupt- und Vorsignal kommen aber *nicht* in die Halt- bzw. Warnstellung.

Der Fahrdienstleiter versucht zurückzublocken, der Stromkreis ist unterbrochen, denn der Flügel des Einfahrsignals ist ja nicht vollständig in die Haltlage gekommen. Demzufolge kann die in das Gleis 3 führende Weiche nicht nach Gleis 2 gelegt werden, sie bleibt durch die in die Signalleitung eingebundene Riegelrolle verriegelt.

Wie 1 3/4 Stunden nach dem Unfall festgestellt wird, zeigt nur die obere Blende des Vorsignals grünes Licht, die untere dagegen einen gelben Streifen. Das Hauptsignal soll ganz dunkel geblieben sein, da die Blenden nicht ganz hochgezogen wurden. Der untere Flügel legt sich unmittelbar vor seinem Übergang in die der Haltstellung entsprechenden Endlage vor das rote Licht. Das war um diese Zeit eine in Preußen bereits überholte Signalkonstruktion der Berliner Firma Gast aus dem Jahre 1894.

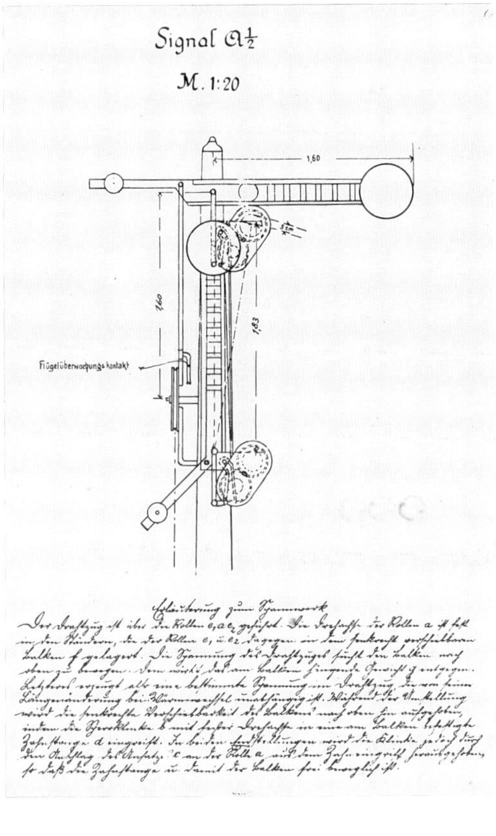

Nun mag der Wärter (Fahrdienstleiter) am Draht gezerrt und den unteren Signalflügel in die Endlage gebracht haben. Dem Lokomotivführer blieb der Vorwurf nicht erspart, daß er den Zug anhalten mußte, wenn er kein Signallicht sah. Das Bemühen des Fahrdienstleiters, das Signal auf »Halt« zu stellen, nahm der Lokomotivführer offenbar wahr, denn er sagte aus, etwa 20 m bevor seine Lokomotive den Standort des Einfahrsignals erreichte, sei es auf »Halt« gestellt worden. Wenn das stimmte, war der Lokomotivführer zum Bremsen gezwungen. Dem D 6 stand dann ein Bremsweg von 140 m bis zum Schluß des Güterzuges zur Verfügung.

Vom Halt an der Blockstelle 29 bis zum Einfahrsignal kann D 6 höchstens 50...55 km/h Geschwindigkeit erreicht haben. Wäre mit der Druckluftbremse gebremst worden, so wurde errechnet, durfte die Geschwindigkeit beim Zusammenstoß höchstens 15...20 km/h betragen. Da sich die drei hinter der Lokomotive geführten Wagen ineinanderschachtelten, muß die Geschwindigkeit zur Zeit des Zusammenstoßes wesentlich höher gewesen

*Bild 75 Das den Zusammenstoß in Schönhauser Damm auslösende Einfahrsignal A 1/2. Der Text lautet: »Erläuterung zum Spannwerk/Der Drahtzug ist über die Rollen c_1, a, c_2 geführt. Die Drehachse der Rollen a ist fest in den Ständern, die der Rollen c_1 und c_2 dagegen in dem senkrecht verschiebbaren Balken f gelagert. Die Spannung des Drahtzuges sucht den Balken nach oben zu bewegen. Dem wirkt das am Balken hängende Gewicht g entgegen. Letzteres erzeugt also eine bestimmte Spannung im Drahtzug, die von seiner Längenänderung bei Wärmewechsel unabhängig ist. Während der Umstellung wird die senkrechte Verschiebbarkeit des Balkens nach oben hin aufgehoben, indem die Sperrklinke b mit fester Drehachse in eine vom Balken befestigte Zahnstange d eingreift. In beiden **End**stellungen wird die Klinke jedoch durch den Anschlag des Ansatzes c an der Rolle a aus dem Zahneingriff herausgehoben, so daß die Zahnstange und damit der Balken frei beweglich ist.«*

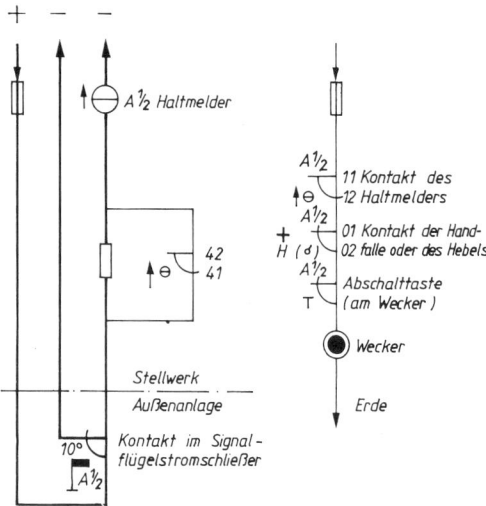

+ Kontakt unterbricht erst, wenn der Hebel mindestens zu $\frac{2}{3}$ umgelegt ist.

Bild 76   Schaltung einer Signal-Haltmelderanlage.

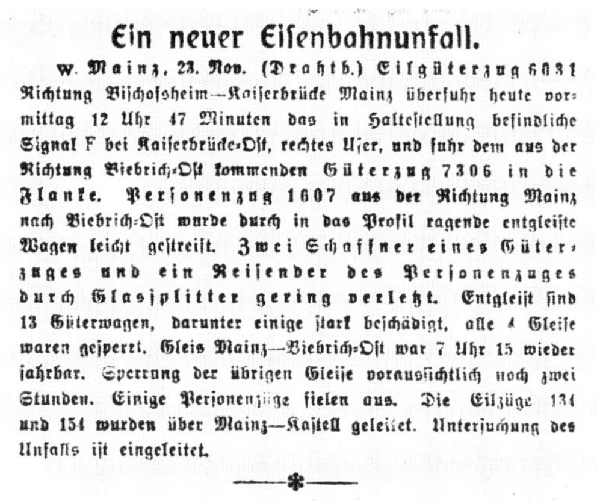

sein; die Reaktion des Lokomotivführers war demnach in dieser Situation unangemessen.

Wie aber konnte es zu der fehlenden Übereinstimmung zwischen der Stellung des Hebels bzw. der Kurbel und dem Signalbild kommen?

Der Signaldraht war im Durchmesser durch Rost bis auf 3 mm geschwächt. Der Fahrdienstleiter benötigte daher nur etwa 2/5 der Zugkraft, um die Leitung um dasselbe Maß zu verlängern, wie bei einem 5 mm starken Draht (die Drahtzugleitung sollte ohnehin bald erneuert werden). Außerdem war die Stellkurve am Vorsignal nicht genau symmetrisch eingestellt. Wurde die Signalscheibe in die Warnstellung gekippt, war der Leergang nach der Seite des zweiflügeligen Hauptsignals geringer als nach der Seite des einflügeligen Signals. Die Flügel des Hauptsignals konnten eine solche Stellung einnehmen, daß für den Lokomotivführer ein Signallicht sichtbar wurde, wenn er sich mit dem Zug dem Signal

Ein neuer Eisenbahnunfall.

w. Mainz, 23. Nov. (Drahtb.) Eilgüterzug 6031 Richtung Bischofsheim–Kaiserbrücke Mainz überfuhr heute vormittag 12 Uhr 47 Minuten das in Haltestellung befindliche Signal F bei Kaiserbrücke-Ost, rechtes Ufer, und fuhr dem aus der Richtung Biebrich-Ost kommenden Güterzug 7306 in die Flanke. Personenzug 1607 aus der Richtung Mainz nach Biebrich-Ost wurde durch in das Profil ragende entgleiste Wagen leicht gestreift. Zwei Schaffner eines Güterzuges und ein Reisender des Personenzuges durch Glassplitter gering verletzt. Entgleist sind 13 Güterwagen, darunter einige stark beschädigt, alle 4 Gleise waren gesperrt. Gleis Mainz–Biebrich-Ost war 7 Uhr 15 wieder fahrbar. Sperrung der übrigen Gleise voraussichtlich noch zwei Stunden. Einige Personenzüge fielen aus. Die Eilzüge 131 und 151 wurden über Mainz–Kastel geleitet. Untersuchung des Unfalls ist eingeleitet.

Bild 77   Ausschnitt aus der Zeitung »Post« vom 24. November 1914.

näherte. Bei solch zweifelhaftem Signalbild hätte er den Zug anhalten müssen. Allerdings zeigte das weithin sichtbare Ausfahrsignal aus Gleis 2 bereits »Fahrt frei«, und es ist denkbar, daß sich der Lokomotivführer in der Entfernung verschätzte und anfangs das Ausfahrsignal für das Einfahrsignal hielt.

Im Jahre 1914 begannen die Versuche, mit einer Schaltung die Haltstellung des Signalflügels zu prüfen. Der Signal-Haltmelder wurde bei allen Streckenblockanlagen zur Haltüberwachung der Einfahr- und Blocksignale eingeführt, die anderen Signale erhielten den Haltmelder nur in den Fällen, wenn das Hauptsignal von der Bedienungsstelle nicht gesehen werden konnte. Der Haltmelder ist ein Magnetschalter, dessen Anker außer den Kontakten für die Blockstromkreise noch eine Anzeigevorrichtung betätigt. Er zeigt einen waagerechten roten Balken auf weißem Grund oder einen Signalflügel. Dieser Haltmelder, wäre er damals in Schönhauser Damm vorhanden gewesen, hätte den Fahrdienstleiter veranlaßt, den vorausgefahrenen Zug erst dann zurückzumelden und den D 6 in den Blockabschnitt einzulassen, wenn D 6 von der Signalstörung verständigt wurde.

Bild 78   Skizze der Betriebsanlagen der Abzweigstelle Kaiserbrücke 1914.
Quelle: StA Merseburg

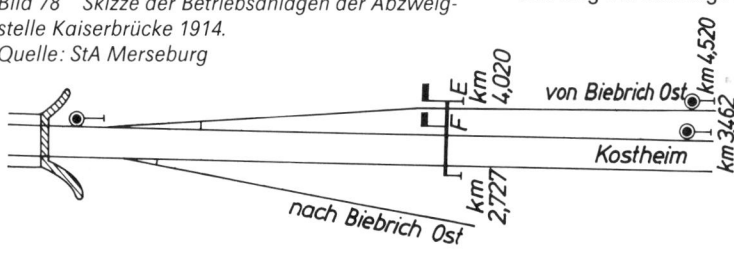

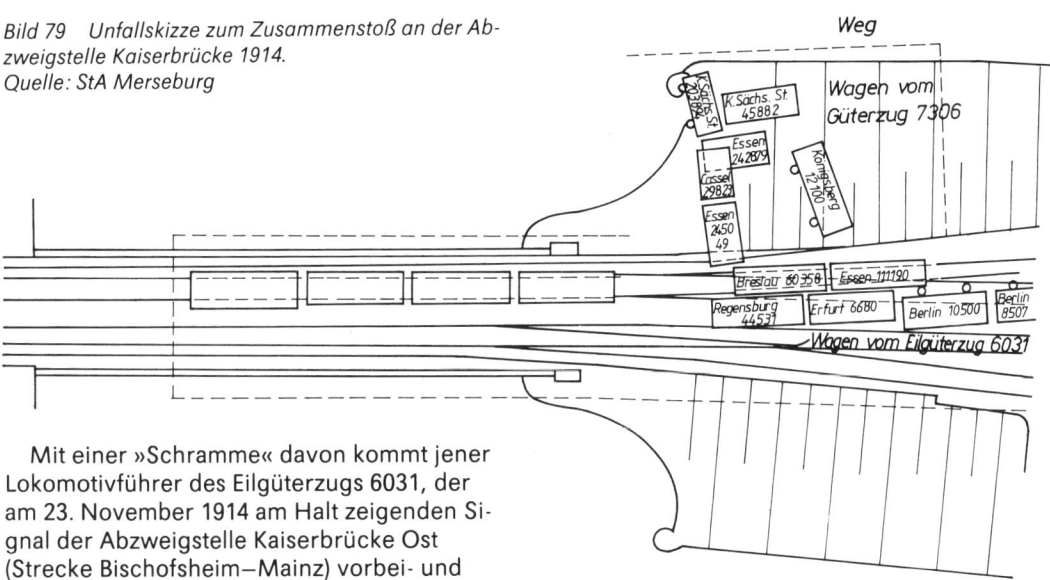

Bild 79 Unfallskizze zum Zusammenstoß an der Abzweigstelle Kaiserbrücke 1914.
Quelle: StA Merseburg

Mit einer »Schramme« davon kommt jener Lokomotivführer des Eilgüterzugs 6031, der am 23. November 1914 am Halt zeigenden Signal der Abzweigstelle Kaiserbrücke Ost (Strecke Bischofsheim–Mainz) vorbei- und dem von Biebrich Ost kommenden Güterzug 7306 in die Flanke fährt. 13 Güterwagen entgleisen, einer ragt in das Profil des Nachbargleises und streift den P 1607, der von Mainz kommt. »Im Namen des Großherzogs« wird der angeklagte Lokomotivführer des Eilgüterzugs freigesprochen. Denn: Er wird in Frankfurt (Main) zum Dienst bestellt, um den Zug nach Mainz auf der Umgehungsbahn über die Kaiserbrücke zu fahren, eine Strecke, auf der ihm die Streckenkenntnis fehlt. Mehrmals sucht er die Aufsicht, die ihm einen streckenkundigen Begleiter stellen soll. Er findet sie nicht, fügt sich in den Umstand und fährt um 23.30 Uhr mit 25 Minuten Verspätung ab. Um 0.45 Uhr erreicht er die Kaiserbrücke, sieht das Vorsignal in Warnstellung, schließt den Regler und fährt in langsamer werdender Fahrt zum Hauptsignal. Die Hauptsignale der Strecken von Biebrich Ost und von Kostheim stehen auf einer Signalbrücke, was der Lokomotivführer nicht bemerkt. Er sieht als nächstes das Signal E in Fahrtstellung, nicht aber das ihm geltende Signal. Ein streckenkundiger Lokomotivführer weiß, daß er hier nicht auf das rechts erscheinende Signal zu achten hat, sondern auf das links daneben stehende. Infolge eines Gleisbogens entgeht dem Lokomotivführer des Eilgüterzugs, daß es »Halt« zeigt. Erst als er neben sich den Güterzug sieht, bremst er seinen Zug. Da ist es zu spät.

Die Verantwortung für den Unfall trägt nicht er, sondern tragen die, die ihn ohne Streckenkenntnis einsetzten.

Das so häufig zitierte menschliche Versagen findet naturgemäß auch menschliches Verständnis. Aber was ist das eigentlich, wie läßt sich dieses »geistige Wegtreten« erklären?

Momentanes menschliches Versagen, der sogenannte Blackout für Sekunden, hat vielerlei Hintergründe: Ermüdung, monotone Arbeits- und Kontrollabläufe, innere Erregung über nichtausgestandene Konflikte oder Kummer.

All diese Zustände können die Fähigkeit zur Konzentration schwächen. Menschliches Versagen ist andererseits um so eher zu befürchten, je komplizierter und umfangreicher die Technik wird. Es braucht meist aber nur wenige Augenblicke solcher Unaufmerksamkeit bis zur Katastrophe, und so fällt es hinterher meist schwer, den Vorgang zu rekonstruieren, die genaue Ursache zu ermitteln. Im Alltag kennt jeder die Zerstreutheit. Man findet einen Gegenstand nicht, den man eben in der Hand hatte, nimmt die Nachricht vom Bildschirm nicht auf, obwohl eigentlich nichts von ihr ablenkte, überhörte einen wichtigen Satz, obwohl man – scheinbar – dem Sprecher aufmerksam zuhörte.

Bei einem Lokomotivführer im Dienst führt die geistige Absenz (vorübergehende, Sekunden dauernde Bewußtseinstrübung) aber unter Umständen tatsächlich zur Katastrophe.

Gleisdreieck der Untergrundbahnstrecke Leipziger Platz–Spittelmarkt in Berlin: Am 26. September 1908 verläßt ein Zug nach Warschauer Brücke um 13.42 Uhr die Haltestelle Leipziger Platz. Um 13.39 Uhr, drei Minuten vorher, fährt ein Zug in die gleiche Richtung von Bülowstraße ab. Er hat freie Fahrt und fährt über Weiche 3, in die hier die Gleise von Bülowstraße und vom Leipziger Platz münden. Für Züge vom Leipziger Platz ist die Strecke

gesperrt, Vor- und Hauptsignal L stehen auf »Halt«. Der Führer des zuerst genannten Zuges fährt aber an beiden Signalen vorbei und erreicht noch vor dem Zug von Bülowstraße die Weiche 3. Der erste Wagen (Nummer 3) stößt mit dem ersten Wagen des Zuges vom Leipziger Platz (Nummer 50) zusammen. Nummer 50 wird mit dem hinteren Drehgestell aus dem Gleis geschoben, behält aber seine Richtung bei, so daß Wagen Nummer 3, nach der Außenseite gedrängt, vom Viadukt abstürzt. Ein aufsehenerregender Unfall; zu beklagen sind 21 Tote, und mehr als 20 Verletzte.

Behauptet wird, das Gleisdreieck sei so gebaut, daß es jede Kreuzung in Schienenhöhe meidet, »um dadurch eine hohe Betriebssicherheit herbeizuführen und Unglücksfälle zu verhindern«. /31/ Die Berliner Presse zieht jetzt die Zweckmäßigkeit der Gleisanlage in Zweifel und greift die Aufsichtsbehörden und die Verwaltung der Hochbahn an. Es wird sogar gefordert, das Bauwerk zu beseitigen, und gefragt: Sind die Sicherungsanlagen zulänglich und dem Stande der Technik entsprechend?

Eine berechtigte Frage.

Die Firma Siemens & Halske hatte für das Gleisdreieck lediglich ein Stellwerk vorgesehen, die Anlage kam ja mit nur wenigen Signalen und Weichen aus.

Auf Bild 82 fallen die »Kreuzungspunkte« I, II und III ins Auge, deren Gleise jedoch in verschiedenen Höhen übereinander hinweggeführt werden. Das berechtigt zu der erwähnten Erklärung, jede Kreuzung in Schienenhöhe sei gemieden worden. Allerdings gibt es die Punkte A, B und C, die zu Gefahrenpunk-

Bild 80, Bild 81
Ein Wagen stürzte beim Zusammenstoß am Gleisdreieck der Berliner Hochbahn herab.
Foto: Sammlung E. Preuß

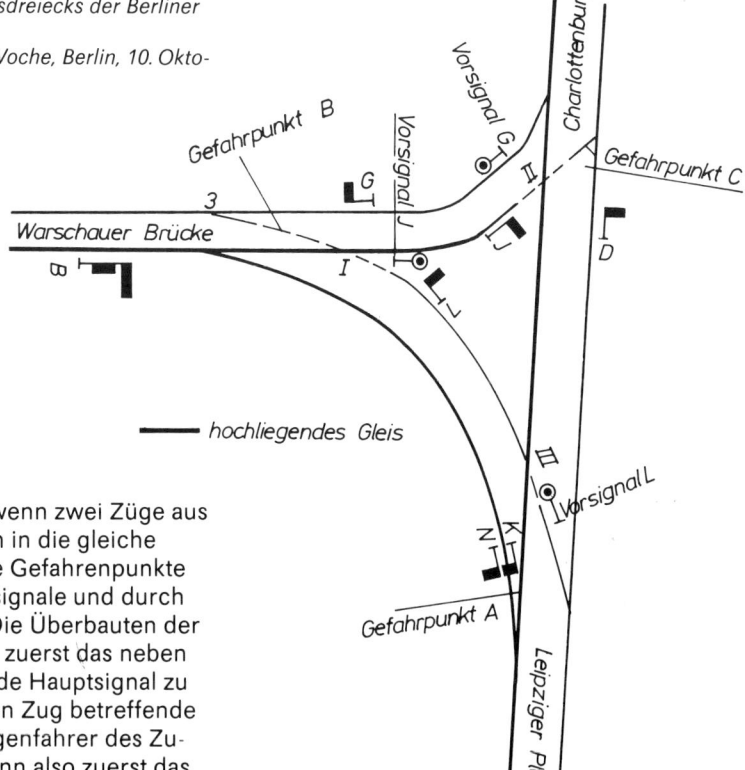

Bild 82   Gleisskizze des Gleisdreiecks der Berliner Hochbahn.
Quelle: Verkehrstechnische Woche, Berlin, 10. Oktober 1908

ten immer dann werden, wenn zwei Züge aus verschiedenen Richtungen in die gleiche Richtung verkehren. Diese Gefahrenpunkte werden durch Formhauptsignale und durch Lichtvorsignale gedeckt. Die Überbauten der Viadukte führen dazu, daß zuerst das neben der anderen Kurve stehende Hauptsignal zu sehen ist, dann erst das den Zug betreffende Hauptsignal. Der Triebwagenfahrer des Zuges vom Leipziger Platz kann also zuerst das Licht des Vorsignals (Warnstellung), dann das

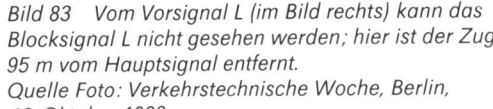

Bild 83   Vom Vorsignal L (im Bild rechts) kann das Blocksignal L nicht gesehen werden; hier ist der Zug 95 m vom Hauptsignal entfernt.
Quelle Foto: Verkehrstechnische Woche, Berlin, 10. Oktober 1908

Bild 84   79 m vor dem Signal L erblickt der Triebwagenführer das für ihn nicht zutreffende Signal G (rechts) und das Signal L (links)
Foto: Verkehrstechnische Woche, Berlin, 10. Oktober 1908

Bild 85
Zug nach Warschauer
Brücke auf dem Gleisdrei-
eck. Mit dieser Aufnahme
sollte bewiesen werden, wie
hoch der Zugfahrer über der
»Gegenstrecke A« steht und
diese weit entfernt genug
beobachten kann.

Bild 86
Blick auf die Signale K
(links = 1), und H
(rechts = 2); beide Signale
stehen mehr als 60 m vor
dem Gefahrpunkt.

Signal G aus Richtung Bülowstraße (»Fahrt frei«) und danach, neun Meter hinter dem Vorsignal L, das Hauptsignal L (»Halt«) sehen, die Zugspitze befindet sich 79 m vor dem Hauptsignal L.

Weil die Signale so gut zu erkennen sind (bei den Gefahrenpunkten B und C ebenfalls) versteigt sich der Regierungsbaumeister a. D. Gustav Braun zu der Feststellung: »Die Anordnung des Gleisdreieckes mit Rücksicht auf seine Übersichtlichkeit sowie mit Bezug auf seine Signalanlage ist somit in jeder Hinsicht als wohlgelungen zu bezeichnen ...«. /31/

Und doch kommt es zum Unfall! Braun vergleicht die geistige Tätigkeit des U-Bahnfahrers mit der des Straßenbahnfahrers, der ein besonderes Maß von Geistesgegenwart besitzen müsse und mit den Händen fortwährend

arbeite, während der Zugfahrer dann und wann eine Achtungsglocke bedienen und nur wenige Signale zu beachten habe.

Liegt in solcher Unterforderung nicht gerade die Wurzel der Unaufmerksamkeit? Braun bedenkt das und warnt: »... soll keineswegs der Gedanke erweckt werden, daß es ungefährlich ist, wenn der Zugfahrer das Haltesignal überfährt, die Signale sind eben dazu hingestellt, daß der Zugfahrer sie zu beachten und sozusagen ihren Befehlen hinsichtlich ›freier Fahrt‹ oder ›Halt‹ zu gehorchen hat. Wenn dies vernachlässigt wird, hört eben jeder Eisenbahnbetrieb auf, betriebssicher zu sein.« /31/ Eben.

Der schuldige Triebwagenführer wurde übrigens zu einer Gefängnisstrafe von einem Jahr und neun Monaten verurteilt.

Bild 87   Der Zugbegleiter konnte durch ein Loch in der Wand die Strecke mitbeobachten und, falls der Triebwagenführer dienstunfähig wird, mit der Notbremse den Zug anhalten. Was aber, wenn der Zugbegleiter Fahrausweise kontrolliert? Nach dem Unfall am Gleisdreieck mußte der Zugbegleiter ständig die Strecke mitbeobachten.

Die U-Bahn verließ sich nicht allein auf die Aufmerksamkeit ihres Fahrpersonals. Als erste vom Menschenwillen unabhängige »Brücke zwischen Signal und Zug« wurden kurz nach diesem Unfall in Berlin und in Hamburg die Fahrsperren eingeführt, die den Zug zwangsweise anhalten, wenn ein Haltsignal mißachtet wird. Allerdings sind sie nur für Geschwindigkeiten bis 80 km/h und nur einen Zugtyp geeignet und konnten auf dem übrigen Eisenbahnnetz nicht angewendet werden. Bei der Berliner Hoch- und Untergrundbahn wurde fortan dem Fahrer ein ständiger Begleiter beigegeben.

Am 30. März 1910 verkehrt zur Entlastung der fahrplanmäßigen Züge für die im Osterurlaub befindlichen Soldaten ein Sonderzug (Nummer 40) von Düsseldorf nach Metz. Der Zug muß vor dem zweiten Zwischensignal des Bahnhofs Mülheim am Rhein (Strecke

Düsseldorf–Köln) halten, weil das für den Zug vorgesehene Gleis 5 noch besetzt ist. Gedeckt ist er vom ersten Halt zeigenden Zwischensignal. Als das Signal auf »Fahrt« gestellt wird, verzögert sich die Anfahrt, denn der Zug hält in einer Steigung. In diesem Augenblick nähert sich auf dem gleichen Streckengleis der Lloydzug 174 Hamburg–Genua.

Die Lloydzüge bestanden aus bestem Wagenmaterial, hatten gegenüber anderen Zügen Vorrang und brachten »besseres Publikum« von Bremen oder Hamburg nach Genua. Mit diesen Lloydzügen sparte man die etwas längere Zeit, die eine Schiffspassage von britischen Häfen über den Atlantik bis zum Mittelmeer gekostet hätte. Man fuhr mit dem Schiff zu einem der Nordseehäfen und von hier weiter mit der Bahn gen Süden. In der Regel wurden die Lloydzüge außerplanmäßig nicht aufgehalten, hatten sie doch unbedingt die Schiffsabfahrt zu erreichen. – Ist das vielleicht schon eine Erklärung für die unzureichende Signalbeobachtung durch den Lokomotivführer?

D 174 erhält in Mülheim Einfahrt, aber nur bis zum ersten Zwischensignal. Doch der Lokomotivführer beachtet bei hellem klaren

Bild 88   Blick von der Endhaltestelle Warschauer Brücke nach der Haltestelle Strahlauer Tor.

Bild 89
Die Lokomotive des Lloydzuges im Militär-Urlauberzug auf dem Bahnhof Mülheim (Rhein). Die hölzernen Abteilwagen boten wenig Widerstand.
Foto: Sammlung E. Preuß

Bild 90
Gleiches läßt sich beim Unfall auf dem Bahnhof Kreiensen feststellen; die Wagen wurden regelrecht übereinandergeschoben und rasierten den Wagenkasten ab.
Foto: Sammlung E. Preuß

Wetter weder dessen Vorsignal noch dessen Haltbegriff. Der Fahrdienstleiter auf Stellwerk »Mnt« erkennt die Gefahr, winkt mit der roten Signalfahne, ein Weichensteller bläst »Halt« mit dem Horn, der zweite Weichensteller versucht mit seinen Armen, auf sich und die Gefahr aufmerksam zu machen – vergebens, all das wird vom Lokomotivführer des D 174 nicht beachtet. Jetzt fährt er am Vorsignal des zweiten Zwischensignals vorbei, das soeben Fahrtstellung – jedoch für den Zug 40 – einnimmt. Nichts hält den D 174 auf. Dessen Lokomotivführer sieht das auf »Fahrt« stehende zweite Zwischensignal, nicht aber den im glei-

chen Gleis stehenden Urlauberzug. Um 13.55 Uhr fährt er auf ihn auf (vergleiche Genthin, Hohenthurm), sieben Wagen entgleisen und werden stark beschädigt, der drittletzte schiebt sich in den viertletzten, von dessen Wagenkasten nicht viel übrigbleibt.

Die hölzernen Abteilwagen bieten kaum Widerstand. Von den Soldaten werden 19 getötet, 39 schwer (drei sterben im Krankenhaus) und 17 leicht verletzt. Verletzt werden weiter zwei Schaffner des Urlauberzuges, ein Reisender und der Kellner des Lloydzuges.

Lokomotivführer und -heizer des D 174 behaupten, sämtliche Signale hätten »Fahrt frei«

gezeigt. Technisch ist das wegen des auf der Strecke Düsseldorf–Köln vorhandenen Streckenblocks nicht möglich. Solange das zweite Zwischensignal für den Urlauberzug auf »Fahrt« steht, kann das erste Zwischensignal nicht »Fahrt« zeigen. /32/

Die Mülheimer Katastrophe sorgt für besondere Aufregung in der Öffentlichkeit. Im preußischen Abgeordnetenhaus muß Minister von Breitenbach am 7. April 1910 zu ihr Stellung nehmen. Nach einer detaillierten Schilderung des Hergangs geht er auf die Möglichkeiten ein, solche Katastrophen zu verhindern: »... ob nicht die Sicherung der Züge von dem Individuum, seinen Mängeln und Schwächen unabhängig gemacht, ob sie nicht auf automatischem Wege herbeigeführt werden kann. Leider muß ich bekennen, daß alle in dieser Richtung bisher angestellten Versuche ein nicht befriedigendes Ergebnis geliefert haben, und zwar nicht nur bei den preußischen Staatseisenbahnen, sondern ich glaube, bei fast allen Eisenabahnverwaltungen. Die automatische Bremsung des Zuges, um ihn vor dem Einlaufen in die Gefahrenstrecke zu bewahren, lehnen wir zur Zeit ab ... So wird es nach dem heutigen Stande der Technik voraussichtlich nur möglich sein, dem Führer eine weitere Hilfe zu geben, ... daß noch ein akustisches Signal hinzutritt.« Und weiter, es werde großer Wert »auf die Auswahl und die Heranbildung des im Betriebe tätigen, insbesondere des Lokomotivpersonals, /gelegt/.«

In heute kaum vorstellbarer Form beteiligen sich sofort nach dem Mülheimer Unglück die Tageszeitungen mit Vorschlägen, wie man die Sicherheit der Eisenbahn verbessern könnte oder sollte. Unsachliches bleibt nicht aus, so im Kommentar »Der voll bewährte Luxuszug«: »Ein Wunder der Technik, dieser für die Eilfahrten zwischen Hamburg–Bremen und Genua eigens konstruierte Expreßzug ... Nicht nur darauf konstruiert, daß er in rasender Geschwindigkeit die normale Dauer der Fahrt um einige Stunden kürzen kann, sondern auch daraufhin, daß er alles über den Haufen rennt, was ihm ein unglücklicher Zufall, Versehen oder Nachlässigkeit in den Weg führen. Wer sich ihm anvertraut, ist seines Lebens sicher. Nur die Puffer sind verbogen, trotzdem er einen ganzen Personenzug überrast hat. Vielleicht erwägt man im Kriegsministerium, ob sich nicht solche Luxuszüge als Rammfahrzeuge praktisch verwenden lassen. Wenn man sie mit Volldampf in Feindesland losläßt, müssen sie Wunder der Tapferkeit verrichten.« /33/

Einmal begangene Fehler bringen Erfahrungen mit sich. Auf diesem Weg der Erkenntnis mußten Jahrzehnte vergehen, bis schließlich geeignete Einrichtungen gefunden und installiert wurden, die den Zug zwangsweise anhalten, wenn der Lokomotivführer doch am Halt zeigenden Signal vorbeifährt. In Deutschland wurden solcherart Versuche erst nach dem Unglück in Herne beschleunigt. Dem gingen in den zwanziger Jahren noch einige spektakuläre Unfälle voraus:

Einigermaßen bekannt geblieben ist bis heute der von Kreiensen, wo am 31. Juli 1923 D 88 Hamburg–München auf den wegen Lokomotivschadens liegengebliebenen Vorzug zum D 88 auffuhr. 48 Tote und 39 Verletzte – das war nach Hugstetten bis 1939 der schwerste Unfall auf deutschen Strecken. /34/ Der Lokomotivführer des D 88 wurde, weil er ein Signal mißachtet hatte, zu einem Jahr und sechs Monaten Gefängnis verurteilt. Es handelte sich übrigens um den Sohn des Lokomotivführers, der den Vorzug fuhr ...

Nun ein Sprung in die Schweiz der achtziger Jahre: Zwischen Othmarsingen und Mägenwil (Strecke Aarau–Wettingen der SBB) stoßen am 18. Juli 1982 der Schnellzug Dortmund–Rimini und ein Güterzug zusammen. 6 Tote, 6 Schwer- und 50 Leichtverletzte sind neben hohem Sachschaden die Folgen.

Die Untersuchung ergibt: Die Signaltechnik des von Lenzburg ferngesteuerten Bahnhofs Othmarsingen arbeitet, wie der Kontrolldrucker ausweist, einwandfrei; er bringt noch keine Erklärung für die Katastrophe. Der Fahrtschreiber der Güterzuglokomotive ist da schon eher aufschlußreich. Der Lokomotivführer übersah nämlich ein Signal.

Der Ablauf wird so rekonstruiert: D 295 erhält Einfahrt nach Gleis 4 (gestrichelte Linie). Der Güterzug von Hendschiken nähert sich mit etwa 90 km/h Geschwindigkeit, wie vom Einfahrvorsignal angewiesen, dem Einfahrsignal B. Dort steht auch das Vorsignal C, und jetzt muß die Geschwindigkeit auf 40 km/h vermindert werden. Der Lokomotivführer bedient die Sicherheitsfahrschaltung, die seine

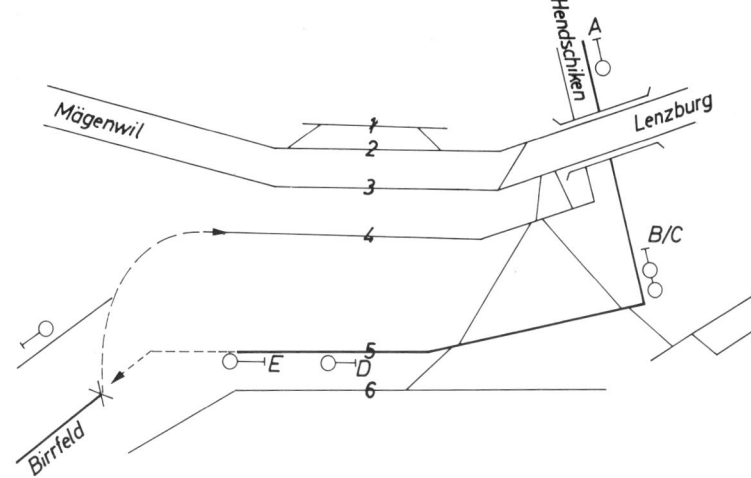

Bild 91 Gleisskizze zum Bahnhof Othmarsingen. Die stark ausgezeichnete Linie von Hendschiken über Gleis 5 zeigt den Lauf des Güterzuges 1 die punktierte die »Absenzstrecke«. Die gestrichelte Linie zeigt, welchen Weg der Schnellzug Dortmund–Rimini nehmen sollte.
Quelle: Neue Zürcher Zeitung

Dienstfähigkeit überwacht. Dann muß die »geistige Absenz« einsetzen, denn die Fahrgeschwindigkeit wird nicht ermäßigt. Nun weist das Zwischensignal D an, die Geschwindigkeit von 40 km/h auf »Halt« am Signal E zu senken. Der Lokomotivführer hält nicht an, die Signum-Zwangsbremsung setzt ein. Doch der 975 t schwere Güterzug und die elektrische Lokomotive Re 6/6 benötigen 350 m Bremsweg, als Durchrutschweg stehen aber nur 200 m zur Verfügung. Der Zusammenstoß läßt sich nicht aufhalten.

Die Rekonstruktion ergibt außerdem: Die »Absenzstrecke« betrug 1310 m. Bei einer Geschwindigkeit von 90 km/h genügten die wenig mehr als 5 Sekunden der »geistigen Abwesenheit«, um die Sicherungsanlagen zu unterlaufen. Die »Sifa-Strecke« maß insgesamt 1600 m. Vom Signal B/C an reichte sie bis zum 1000 m entfernten Signal D, weitere 310 m bis zum Signal E und bis in die Flanke des Schnellzuges. Und für die Zugbeeinflussung »Signum« reichte, wie schon gesagt, der Durchrutschweg vom Zeitpunkt der Zwangsbremsung an nicht aus. – Die »Neue Zürcher Zeitung« meldete Zweifel ob der Tauglichkeit der SBB-Sicherungseinrichtungen an. /35/

Das Hauptproblem der induktiven Zugbeeinflussung, ob nun »Indusi« (DB, ÖBB), »PZB 80« (DR) oder »Signum« (SBB), besteht darin, daß nach der Zwangsbremsung nur eine begrenzte Wegstrecke bis zum Gefahrenpunkt zur Verfügung steht, die aber bei einer bestimmten Geschwindigkeit nicht genügt, um den Zug rechtzeitig anzuhalten.

Gegenüber den Systemen »Indusi« (Wirkprinzip siehe Seite 106) und »PZB 80« weist das System »Signum« in der Tat einen entscheidenden Mangel auf. Zeigt das Vorsignal die Stellung »Halt erwarten«, ertönt auf dem Führerstand der Lokomotive lediglich ein akustisches Warnsignal. Der Lokomotivführer quittiert es und schaltet damit die Einrichtung ab. Wird die Taste nicht betätigt, kommt es zur Zugbremsung. Bremst der Lokomotivführer nicht, betätigt jedoch die Wachsamkeitstaste, bleibt die Fahrweise des Zuges unbeeinflußt. /36/

Die »Indusi«-Systeme der DB, DR und ÖBB arbeiten differenzierter, weil der nach der Zwangsbremsung noch verfügbare Weg ins Verhältnis zur Geschwindigkeit gesetzt wird. Bedient der Lokomotivführer die Taste beim Passieren des Vorsignals in Warnstellung, wird die Beeinflussung nicht aufgehoben, sondern die Tastenbedienung führt zur »angehängten Geschwindigkeitsprüfung«; nach 20 Sekunden muß der Zug unter einen von der Zuggattung abhängigen Geschwindigkeitswert abgebremst sein. Liegt die Geschwindigkeit höher als der vorgesehene Geschwindigkeitswert, setzt die Zwangsbremsung ein. Durch induktive Beeinflussung auf einer anderen Frequenz kann 150 bis 250 Meter vor dem Haltesignal die Geschwindigkeit erneut geprüft werden. Überschreitet der Zug jetzt noch den zulässigen Geschwindigkeitswert, wird der Zug bereits an dieser Stelle zwangsgebremst. Damit soll erreicht werden, daß entweder die Zwangsbremsung früh genug eintritt oder die Geschwindigkeit des Zuges bis zum Haltsignal so gering wurde, daß

er bei einer erst dort ausgelösten Zwangsbremsung noch innerhalb des Durchrutsch-
weges vor dem Gefahrenpunkt anhält. Dennoch blieben Unfälle nicht aus, weil die
Durchrutschwege »zu kurz« waren.

In einem analogen Fall stoßen am 23. März
1985 auf dem Bahnhof Altenbeken (Strecke
Hannover–Paderborn der DB) ein Rangierzug
und ein Durchgangsgüterzug zusammen; der
Lokomotivführer des Dg wird getötet, ein mit-
fahrender Eisenbahner verletzt. Der Lokomotivführer des Rangierzuges hatte die Haltstellung des Signals nicht beachtet. Für den daraufhin zwangsweise gebremsten Zug reichte
der Durchrutschweg hinter dem Signal nicht
aus, so daß dieser in die Flanke des Dg geschoben wurde.

Solche Fälle unaufmerksamer Lokomotivführer sind allen Bahnverwaltungen und aus
allen Epochen bekannt. Am 9. Januar 1928
fährt P 809 in Kostomlat (Strecke Kolin–Prag
der ČSD) pünktlich ab. Vor ihm auf der
Strecke der stark verspätete Güterzug 2087,
der am Einfahrsignal des Bahnhofs Lissa halten muß, weil die Bahnhofsgleise besetzt sind.
Nach einigen Minuten erhält der Güterzug
Einfahrt. Kaum setzt er sich in Bewegung, da
stößt der nachfolgende Personenzug mit ihm
zusammen. Dessen Lokführer hat bei der Vorbeifahrt an der zwischen Kostomlat und Lissa
gelegenen Blockstelle das Halt zeigende Signal übersehen; das Einfahrvorsignal von
Lissa zeigt »Fahrt frei erwarten«, jedoch für
den Güterzug (Parallele: Genthin, Hohenthurm, Mülheim am Rhein).

Vier Wagen des Güterzuges werden zertrümmert, die Lokomotive des Personenzuges
entgleist, der erste Wagen 3. Klasse wird
schwer beschädigt. Dabei finden 3 Reisende
den Tod, 23 werden verletzt.

Am 14. November 1960 hält der Personenzug Os 608 auf Bahnhof Steblova (Strecke Hra-
dec Kralové–Pardubice der ČSD). Normalerweise hat er die Kreuzung mit einem Triebwagen abzuwarten. Der Lokomotivheizer schaut
vom Führerstand zum Bahnsteig und glaubt,
das Nachtzeichen des Abfahrsignals vom
Fahrdienstleiter (grünes Licht) gesehen zu haben, übermittelt dies dem Lokomotivführer,
und der fährt ab, ohne auf das Halt zeigende
Ausfahrsignal auf seiner Führerstandseite zu
achten. In einem Einschnitt stoßen die Fahrzeuge mit solcher Wucht zusammen, daß es
den Triebwagen regelrecht auf die Dampflokomotive schleudert und dieser in Brand gerät. 60 Todesopfer sind zu beklagen.

Am 7. Oktober 1965 fährt bei dichtem Nebel
der D 24 Malmö–Berlin am Halt zeigenden
Ausfahrsignal des Bahnhofs Sandförde vorbei
und stößt mit dem P 689 zusammen. Das Lokomotivpersonal des D 24 wird getötet, der Zugführer des Personenzuges und zwei Reisende
des Schnellzuges werden verletzt.

Am 18. Februar 1970 fährt in Berlin ein S-
Bahnzug aus Richtung Leninallee auf einen anderen auf, der vor dem Einfahrsignal des
Bahnhofs Greifswalder Straße hält. 37 Reisende werden verletzt. Warum die Fahrsperre
nicht wirkte, wurde nicht bekannt.

Bild 92
Unfallstelle nahe dem Bahn-
hof Alexanderplatz der Ber-
liner S-Bahn am 6. Oktober
1980. Der Triebwagenführer
ließ sich ablenken und fuhr
auf einen haltenden Zug.
Foto: Reimer

Am 29. Mai 1970 fährt der aus Kufstein kommende Dg 6884 am Halt zeigenden Einfahrsignal des Bahnhofs Rosenheim (DB) vorbei und stößt mit dem nach Salzburg fahrenden Dg 11927 zusammen. Hier bleibt es jedoch nicht bei ein paar beschädigten Güterwagen. Die Folgen sind vielmehr katastrophal, denn die an 11. bis 15. Stelle laufenden Wagen des Dg 11927 werden zerstört, die ÖBB-Lokomotive 1020.17 des Dg 6884 stürzt um, die folgenden Wagen türmen sich auf und schieben sich ineinander. Ein mit Vinylchlorid beladener Kesselwagen platzt, der Inhalt ergießt sich über die Gleise. Gasschwaden der hochexplosiven Verdampfungswolke verbreiten sich, dringen in die Kellerräume eines Stellwerks und gelangen zu einem Raumheizer. Die darauf folgende Explosion verwandelt die Unfallstelle in ein Flammenmeer. Weitere Wagen explodieren, die Lokomotive 1020.17 brennt aus. 20 Feuerwehren bemühen sich, das Feuer einzudämmen. Ein mit Butan gefüllter Wagen kann bei ständigem Besprühen mit kaltem Wasser nur etappenweise entladen werden.

Schwer verletzt wird der Stellwerkswärter, mittelschwer der Lokomotivführer des Dg 6884. Infolge der aufwendigen Löscharbeiten und der Zerstörung, die durch das Feuer verursacht wurde, muß die wichtigste Stelle des Bahnhofs Rosenheim für lange Zeit gesperrt werden.

Die mangelhafte Aufmerksamkeit gegenüber Signalen kann durchaus ihre Ursache in Ermüdung des Lokomotivführers haben, denn mit der Dauer der Dienstschicht nimmt dessen Leistungsbereitschaft ab, und es ist schon entscheidend, ob er vor Dienstantritt geruht hat bzw. in welcher körperlichen Verfassung er sich zum Dienstantritt befindet. Und besonders für die Zeit zwischen 1 Uhr und 6 Uhr sind Übermüdungserscheinungen bekannt. Ganz gleich zu welcher Stunde aber – derartigen potentiellen Unfallursachen soll die Sicherheitfahrschaltung entgegenwirken, die im Laufe der Zeit vom sogenannten Totmannknopf bis zur Zeit-Zeit-abhängigen elektronischen Sicherheitsfahrschaltung entwickelt wurde. Der Lokomotivführer hat durch Drücken eines Fuß- oder Handtasters seine dienstfähige Anwesenheit im Führerstand zu quittieren. Erst die Sicherheitsfahrschaltung ermöglichte ein Einmannbesetzung bei Diesel- und elektrischen Triebfahrzeugen.

Entgegen landläufiger Meinung schützt die Sicherheitsfahrschaltung bei Ermüdungserscheinungen nicht vor dem Nichtbeachten des Signals – das kann sie nur in Verbindung mit der induktiven Zugbeeinflussung –, denn es kam auch wiederholt vor, daß Lokomotivführer sogar in einer Schlafphase quittierten. Eine Reflexhandlung, denn der betreffende Lokomotivführer nahm die Signale gar nicht mehr wahr.

Bild 93   Flankenfahrt an der Abzweigstelle Glasower Damm.   Foto: ADN-ZB/Schneider

Bild 94 Beseitigung der Unfalltrümmer nach dem Zusammenstoß des Expreßtriebwagens Ext 69 »Karola« mit D 273 Aue–Berlin am 30. Oktober 1972, nachdem bei dichtem Nebel der Triebwagenführer auf dem Bahnhof Schweinsburg-Culten das Ausfahrvorsignal in Warnstellung und das Ausfahrsignal in Haltstellung nicht beachtet hatte. 25 Tote, 70 Verletzte.
Foto: ADN-ZB/Ahnert

So ist die Sicherheitsfahrschaltung eine Anlage, die die bewußte Anwesenheit im Führerstand kontrolliert. Sie unterstützt den Lokomotivführer bei der Erhaltung und Kontrolle seiner Leistungsbereitschaft; sie macht ihn auf genannte Ermüdungserscheinungen bzw. andere Anzeichen ungenügender körperlicher Verfassung aufmerksam, indem sie ein akustisches und optisches Signal aussendet und, so-

fern der Lokomotivführer nicht darauf reagiert, die Schnellbremsung und das Abschalten der Fahrmotoren auslöst. Die Sicherheitsfahrschaltung hat den psychologischen Effekt, den Lokomotivführer ständig zu kontrollieren. Er ist gezwungen, sie ständig zu bedienen, woraus allerdings mitunter voreilig der Schluß gezogen wird, er werde dann auch bewußt die Strecke beobachten. Und wo die punktförmige Zugbeeinflussung fehlt, kann es durchaus vorkommen, daß auch bei bedienter Sicherheitsfahrschaltung Unfälle eintreten, wie die folgenden Beispiele zeigen:

Schläfrig, weil vor der Nachtschicht wenig geruht, beachtet am frühen Morgen des 5. Juli 1983 der Lokomotivführer des Personenzuges Falkenhagen–Berlin Ostbahnhof an der Abzweigstelle Glasower Damm des südlichen Berliner Außenrings nicht die einwandfreie Signalisierung durch Lichtsignale. Sie zeigen in der Folge: »Von V_{max} (= Höchstgeschwindigkeit, E. P.) auf 40« und »Von 40 auf Halt« an. Der Zug fährt dem die zweigleisige Strecke kreuzenden und ins Dresdner Streckengleis abzweigenden D 571 Berlin–Karl-Marx-Stadt in die Flanke, wobei drei Personen ums Leben kommen, zehn Reisende schwer, 31 leicht verletzt werden.

Am 24. Dezember 1953 wartet ein Personenzug auf die Einfahrt in den Bahnhof Šakvice (Strecke Brno–Břeclav der ČSD). Der Schnellzug Praha–Bratislava fährt an drei Halt zeigenden Blocksignalen vorbei und stößt bei einer Geschwindigkeit von mehr als 90 km/h mit dem Personenzug zusammen, bei dem sämtliche Wagen zerstört werden. 103 Reisende sind sofort tot, 30 erliegen im Kranken-

Bild 95
Bahnhof Bad Köstritz am 4. Juli 1983: Der Lokomotivführer mißachtete das Halt zeigende Einfahrsignal, worauf er mit dem im Bahnhof haltenden Güterzug zusammenstieß.
Foto: ADN-ZB

Bild 97   Bei den Rettungsarbeiten in Divača.
Foto: Sammlung E. Preuß

haus ihren Verletzungen. – Das Lokomotivpersonal soll eingeschlafen sein.

31 Menschen kommen ums Leben, 33 werden zum Teil schwer verletzt, als am 14. Juli
1984 auf dem Bahnhof Divača (Strecke Beograd–Triest der JŽ) ein Güterzug in den über-
wiegend mit Urlaubern besetzten Schnellzug
Zagreb–Pula fährt, von dem 14 Wagen völlig
zertrümmert werden. Der Lokomotivführer

des Güterzuges erklärt bei der Vernehmung,
er könne sich nicht erinnern, welche Signale
bei der Einfahrt in den Bahnhof zu sehen waren. 14 Stunden ist er im Dienst, eine Stunde
vor dem Unglück sollte er abgelöst werden,
doch die Ablösung erschien nicht ... Die Jugo-
slawischen Eisenbahnen hatten zu diesem
Zeitpunkt schon eine größere Zahl schwerer
Eisenbahnunfälle hinnehmen müssen, darunter die Entgleisung eines Schnellzuges bei der
Einfahrt in den Bahnhof Zagreb am 30. August
1974. Auch hier war der Lokomotivführer eingeschlafen und verschuldete den Tod von 153
Reisenden sowie Verletzungen bei 90 Reisenden. Ihm brachte das Gerichtsurteil die wohl
höchste Freiheitsstrafe, die ein Eisenbahner
für eine fahrlässig begangene Verkehrsstraftat
erhielt: 15 Jahre Zuchthaus.

Wachsamkeitseinrichtungen erweisen sich,
wie bereits angeführt, nicht als Allheilmittel
gegen dienstuntaugliche Lokomotivführer, zu
denen ja die Übermüdeten zählen. Auch der
Beimann, der bei Diesel- oder elektrischen Lokomotiven sich fast ausschließlich der Strek-
ken- und Signalbeobachtung widmet und ge-
gebenenfalls in die Führung des Zuges ein-
greifen kann, verhindert nicht in jedem Falle
die Nichtbeachtung der Signale. Deshalb ver-
zichten viele Bahnverwaltungen auf die Mit-
gabe des Beimanns.

Verantwortungslos und den Sinn des Beimanns ins Gegenteil verkehrend, ist es, wenn
sich Lokomotivführer und Beimann »die Auf-

gaben teilen«, wie es in der Nacht vom 5. zum 6. November 1986 beim Schnellzug Kriwoj Rog—Kiew geschah. Um 3.02 Uhr stößt auf dem Bahnhof Koristowka (Strecke Dnepropetrowsk—Fastow, bei Kirowgrad (250 km südöstlich Kiew), der Zug Nummer 38 Kiew—Donezk mit dem Zug 635 Kriwoj Rog—Kiew zusammen. Im Scheinwerferlicht der herbeigeeilten Fahrzeuge mit dem Zeichen des Roten Kreuzes bietet sich ein Chaos aus Teilen der Züge. Die Lokomotiven sind ineinandergeschoben, die vorderen Reisezugwagen demoliert, der erste Wagen des einen Zuges steckt zu einem Viertel in der elektrischen Lokomotive, ein Post- und Gepäckwagen liegt über einem Schlafwagen.

Die Ärzte kämpfen sich durch diesen Schrotthaufen zu den um Hilfe rufenden Verletzten. Das ist schier unmöglich. Erst die Mitarbeiter des Bergwerkrettungsdienstes können zusammen mit Bauarbeitern, die im Zug 635 fuhren, die Unfallopfer bergen.

Als der Tag anbricht, haben alle Verunglückten medizinische Hilfe erhalten. Die Aufräumungstrupps bergen die zerstörten Wagen und Lokomotiven, die Gleise werden instandgesetzt, und um 9.00 Uhr setzen die Züge ihre Fahrt mit den unversehrten und leichtverletzten Fahrgästen fort. 41 Tote gibt es am Unfallort und 30 Schwerverletzte. Die Ermittlung der Unfallursache beginnt.

Die Fahrdienstleiterin von Koristowka erklärt: »Das Gleisbild meines Stellwerks zeigte, daß die beiden Züge zu gleicher Zeit erschienen, Zug 38 von Kiew und Zug 635 nach Kiew. Das eine der Bahnhofgleise ist wegen Reparaturarbeiten gesperrt; für die durchfahrenden Züge stand in der Nacht nur ein Gleis zur Verfügung. Welcher Zug sollte als erster fahren? Ich fragte den Zugdispatcher, und dieser ordnete an, zuerst Zug 38 durchfahren zu lassen. Für ihn stellte ich die Fahrstraße ein und die Signale auf ›Fahrt‹. Zug 635 mußte am Einfahrsignal halten. Ich rief das Lokomotivpersonal über Funk, um ihnen das zu sagen. Aber es antwortete nicht. Ich rief noch einmal, wieder keine Antwort. Ich schrie: ›Was ist los, was schweigt ihr denn da?‹. Zu dieser Zeit befand sich Zug 38 im Bahnhof, was ich am rotausgeleuchteten Band des Gleisbildes sah. In diesem Augenblick stellte jedoch Zug 635 die Weiche 37 um, es krachte. Der Zugführer rief an und meldete den Zusammenstoß ...« Der Lokomotivführer des Zuges 635

hatte das Halt zeigende Einfahrsignal nicht beachtet. Er aber gab eine andere Darstellung des Verlaufes ab: »Die Fahrdienstleiterin hat das Einfahrsignal auf ›Fahrt‹ gestellt. Wir sind bei ›Grün‹ gefahren!«

Doch die aufgefahrene Weiche und der Kontrollstreifen des Geschwindigkeitsmessers, auf dem nicht der geringste Versuch zu bremsen, festzustellen war, bewiesen, daß der Lokomotivführer nicht die Wahrheit sagte. Ihn hatte der Zusammenstoß in den Maschinenraum geschleudert, und der Beimann saß auf dem Lokomotivführerstuhl! Der Lokomotivführer des Zuges 635 konnte nicht länger leugnen. Er hatte die Führung des Zuges an den Beimann übergeben und sich abseits gesetzt, um auszuruhen. Nun sahen nicht mehr vier Augen auf die Signale, sondern nur noch zwei. Zudem steckte der Lokomotivführer mit seiner Schläfrigkeit den Beimann an, der sich vor Dienstantritt ebenfalls nicht ausgeruht hatte. Zu allem Unglück war zwar die Strecke mit der Zugsicherungseinrichtung ausgerüstet, die bei Halt zeigendem Signal den Zug zwangsweise anhält, nicht aber der Bahnhof Koristowka. Das wurde nach dem Unfall nachgeholt. /38/ Das sowjetische Ministerium für Eisenbahnwesen und die Gewerkschaft untersuchten tiefgründig die Ursachen dieser Katastrophe und stellten dabei eine Anzahl von Mißständen fest. Daraufhin wurden einige Leiter ihrer Posten enthoben oder disziplinarisch zur Verantwortung gezogen.

Man kann davon ausgehen, daß besonders die Lokomotivpersonale scharfen Tauglichkeitsuntersuchungen unterzogen werden. Sogar Sprechstörungen können dazu führen, einen Bewerber von der Lokomotivführerausbildung auszuschließen. Vor allem kommt es auf Sehschärfe und Farbentüchtigkeit (siehe Dresden-Neustadt) an. Und doch fand ein Lokomotivführer milde Richter, weil er nicht richtig sah!

Er fährt in einer frostklirrenden Februarnacht am 12. Februar 1923 mit dem D 70 in Burgkemnitz (Strecke Berlin—Halle) auf den vorm Einfahrsignal haltenden D 238. Dessen Lokomotivführer wird getötet, drei Reisende erleiden schwere, 24 Reisende leichte Verletzungen.

Vor Gericht steht der Lokomotivführer des

D 70. Er fühlt sich unschuldig und versichert immer wieder: »Ich habe ein grünes Signal gesehen.«

»Ein grünes Signal?«

»Jawohl!«

Der Staatsanwalt stellt unter Beweis: »Das Signal hat Rot gezeigt. Rot! Der Zug hätte anhalten müssen.«

Der Lokomotivführer sieht sich bereits verurteilt. Dienstentlassung, Zuchthaus – das Leben ist auf einmal zerschlagen ... Aussage steht gegen Aussage.

Da tritt der Sachverständige vor die Schranken des Gerichts und fragt den Angeklagten: »Sind die Scheiben der Lokomotive etwa verrußt gewesen?« Der Lokomotivführer nickt. »Haben Sie bei der Kälte den Kopf aus dem Fenster gesteckt?« Der Lokomotivführer kann das bestätigen. »Haben Sie an Ihren Augenlidern gefrorene Tränen bemerkt?« Auch das bejaht der Angeklagte.

Der Sachverständige erklärt: »Der Lokomotivführer ist das Opfer einer Augentäuschung gewesen. Durch die verrußten Scheiben und

infolge der am Augenlid gefrorenen Tränen ist bei ihm eine Überstrahlung der Lichter eingetreten, so daß das rote Licht dem Auge grün erschien.« – Er ist gerettet. /39/

Der Streckenabschnitt (Naumburg–) Abzweigstelle Saaleck–Großheringen (–Erfurt) erhält erst Ende 1936 die Einrichtung zur Zugbeeinflussung. Ein Jahr vorher, am 24. Dezember 1935, stößt D 44 Berlin–Basel bei der Einfahrt in den Bahnhof Großheringen mit dem ausfahrenden P 825 Erfurt–Leipzig zusammen.

P 825 wird planmäßig in Großheringen vom D 11 überholt und muß dann bei der Ausfahrt das Gleis der Richtung Halle–Erfurt kreuzen.

D 44 verkehrt wegen des Festverkehrs in drei Teilen: als Vorzug zum D 44, als D 44 und als Nachzug zum D 44. Der Vorzug ist planmäßig, D 44 – der Unglückszug – kommt mit 20 Minuten Verspätung, fährt am Halt zeigenden Einfahrsignal vorbei und dem ausfahrenden Personenzug in die Flanke. Mit größter

Bild 98 Schreckensmeldung zu Weihnachten 1935. Quelle: Allgemeine Thüringer Landeszeitung vom 25. Dezember 1935

33 Todesopfer
des Eisenbahnunglücks in Thüringen

Der Zug-Zusammenstoß auf der Saalebrücke bei Groß-Heringen — Taucher sucht nach Vermißten
Aufopfernder Einsatz von Soldaten, SA und Arbeitsdienst

Telegraphische Meldung

DNB Erfurt, 26. Dezember

Das furchtbare Eisenbahnunglück in der Nähe des Bahnhofs Groß-Heringen in Thüringen, über das wir bereits im größten Teil der Auflage kurz berichtet haben, hat nach den neuesten Feststellungen 33 Todesopfer gefordert. Zehn Personen wurden schwer verletzt, sieben erlitten mittelschwere Verletzungen. Von den zahlreichen Leichtverletzten befinden sich noch zehn in den Krankenhäusern, während die übrigen inzwischen entlassen werden konnten.

Sieben Personenwagen zertrümmert

Die Reichsbahndirektion Erfurt teilt mit:

Am 24. Dezember um 19 Uhr stieß der D 44 Berlin–Basel bei der Einfahrt in den Bahnhof Groß-Heringen auf den ausfahrenden Personenzug 825 Erfurt-Leipzig. Personenzug 825 wird planmäßig in Groß-Heringen von dem FD 11 überholt und muß bei der Ausfahrt das Gleis der Gegenrichtung Halle–Erfurt kreuzen. D 44

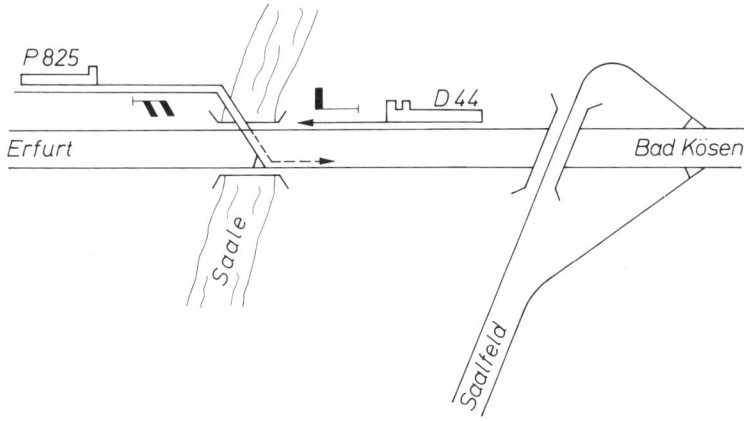

Bild 99 Gleisskizze zum Unfall in Großheringen, Stand 1935.
Zeichnung: E. Preuß

Wucht erfolgte der Zusammenstoß ausgerechnet auf der Saalebrücke! Mehrere Wagen des Personenzuges schieben sich ineinander, die Oberteile der Wagen lösen sich von den Fahrgestellen zu einem Gemenge von Holz und Stahl. Ein Reisender des Personenzuges wird durch das Wagendach auf das Brückengeländer geschleudert, hält sich an ihm minutenlang fest, fällt schließlich in die Saale und rettet sich schwimmend ans Ufer. Ein Augenzeuge aus dem Schnellzug berichtet: »... plötzlich ein kurzes Bremsen des in voller Fahrt befindlichen Zuges auf freiem Felde ... es gab einen fürchterlichen Stoß. Koffer, Kartons und so weiter flogen aus dem Gepäcknetz und der Zug stand. Sofort öffneten sich alle Fenster, und wir erblickten einen Personenzug, der neben uns stand. Auch hier wurden Fenster und Türen geöffnet, und niemand ahnte, daß ein Zusammenstoß beider Züge erfolgt war. Es ertönte der Ruf: Ruhe bewahren! Alles gehorchte.« /40/ 33 Reisende erreichten ihr Ziel nicht mehr.

Am 22. Juni 1936 wird der Wartesaal des Bahnhofs Großheringen zum Gerichtssaal. Die Große Strafkammer des Landgerichts Naumburg hat 35 Zeugen geladen; angeklagt sind der 43jährige Hilfslokomotivführer Kurt Dechant aus Burgwerben und der 55jährige Lokomotivführer Willi Baude aus Berlin-Schöneberg. Zum Sachverständigen sind Dr.-Ing. Müller aus Frankfurt am Main und Wahrendorf aus Mainz bestellt.

Dechant, der die Vorspannlokomotive führte, bestreitet, das Hauptsignal mißachtet zu haben: »Ich habe sofort gebremst und Achtungszeichen gegeben!«

Die Bremsspuren und der gestreute Sand ließen sich jedoch erst 130 m hinter dem Hauptsignal nachweisen.

Dechant: »Ich habe das Gefühl gehabt, mein Bremsen sei durch das Schieben der zweiten Lokomotive teilweise aufgehoben. Ich habe dem Heizer zugerufen: ›Ich bringe den Zug nicht zum Stehen!‹«

Baude will die Strecke beobachtet haben, Rauch und Dampf der Vorspannlokomotive behinderten ihn. Ein Haltsignal habe er nicht gesehen, Achtungssignale nicht gehört. Der Heizer bezeugt: »Ich wollte Dechant helfen (der von der Lokomotive gesprungen war und sich einen Knöchelbruch zuzog – E. P.), er aber rief: ›Helf erst den Reisenden. Ich komme ins Zuchthaus, ich bin kein Feigling und werde zu tragen wissen, was ich verschuldet habe.‹«

Dechant bestreitet, so etwas gesagt zu haben.

Am 23. Juni wird in Naumburg die Verhandlung fortgesetzt. Dort belastet Hilfsweichenwärter Böhm den Lokomotivführer Dechant: »Ich sah ihn auf den Schienen sitzen, und er rief mir zu: ›Geh weg Kamerad, ich habe das Signal überfahren!‹«

Am folgenden Tag kommt es im Gerichtssaal zu Auseinandersetzungen mit einem von Dechant bestellten Mitglied der Fachschaft der Lokomotivführer, der den Fahrdienstleiter kritisiert. Er hätte D 44 in Bad Kösen halten lassen müssen, bis P 825 ausgefahren war. Eine These, die Dr.-Ing. Müller als abwegig bezeichnet. Auch streiten sich Angeklagter und Sachverständiger über die wirklich gefahrene Geschwindigkeit.

Die Plädoyers werden gesprochen, das Urteil soll am 25. Juni, 16 Uhr, verkündet werden. Wird es aber nicht, weil die Verteidiger den Antrag stellen, nochmals zu verhandeln, dabei aber die Presse und die Öffentlichkeit auszuschließen, »weil die Verhandlung die Gefährdung eines Betriebsgeheimnisses der Deutschen Reichsbahn bedeuten würde.« Dazu kommt es jedoch nicht, denn die Verteidiger ziehen ihren Antrag wieder zurück.

Am 26. Juni 1936 wird das Urteil gesprochen. Dechant wird mit einem Jahr und drei Monaten Gefängnis, Baude mit sieben Monaten Gefängnis bestraft.

Warum? – Lokomotivführer Baude verlangt am Unfalltag in Halle eine Vorspannlokomotive, weil seine Maschine nur noch wenig Wasser mitführt und die Pumpe schadhaft ist. In Weißenfels, wo D 44 angehalten wird, steht kein Wasserkran am Bahnsteig. Vom dortigen Bahnbetriebswerk schickt man eine Lokomotive, eine P 8, zu Hilfe, doch der Lokomotivführer, der als Reserve zur Verfügung steht, besitzt keine Erfahrung, Schnellzüge zu fahren. Obendrein wird ihm ein Heizer zugewiesen, dem ebenfalls die Schnellzugerfahrung fehlt. Dieser kommt mit der Feuerung der ihm ungewohnten Lokomotive nicht zurecht. Als Dechant den nachlassenden Kesseldruck bemerkt, greift er selbst zur Kohlenschaufel und übersieht während des Schaufelns, daß sich das Einfahrsignal von Großheringen in Warnstellung befindet. Als er kurz darauf dem roten Licht des Hauptsignals zufährt, ist er wie gelähmt und bremst viel zu spät. Hätte er nur 6 Sekunden früher gebremst – so wird errechnet – wäre die Katastrophe zu verhindern gewesen. Baude wiederum verläßt sich auf seinen Kollegen vor ihm auf der Vorspannlokomotive, so daß ihm entgeht, was Vor- und Hauptsignal gebieten.

Das Unglück ereignete sich, weil in diesem Falle eine Grundregel für Lokomotivführer nicht beherzigt wurde, nämlich die, daß alle anderen Aufgaben vor der Signalbeobachtung zurückzustehen haben. – Nur zwei Beispiele dazu im zeitlichen Abstand von 50 Jahren, sollen das Drama von Großheringen ergänzen:

Am 26. September 1914 stößt um 7.05 Uhr D 96 im Bahnhof Mülheim-Eppinghofen mit dem verspäteten Militär-Lokalzug 25 Dortmund–Duisburg zusammen. Die letzten Wagen des Militärzuges, mit Schweinen und Rindern beladene Güterwagen, werden ineinandergeschoben. Die nur leicht beschädigte Lokomotive des Schnellzuges wird ausgewechselt, und D 96 fährt mit 31 Minuten Verspätung weiter.

Erwiesen ist, daß der D 96 unberechtigt am Halt zeigenden Einfahrsignal vorbeigefahren ist, allerdings angeblich nicht, weil es dem Lokomotivführer Pilgram vom Heizhaus Osnabrück an der nötigen Aufmerksamkeit mangelt, sondern weil er den Zug trotz Anwendung der Schnellbremse nicht zum Halten bringt. Die Untersuchung ergibt dann doch die gröblich mißachtete Pflicht zur Signalbeobachtung. Pilgram sieht das Vorsignal in Warnstellung und das Einfahrsignal in Haltstellung. Während sich der Zug zwischen beiden Signalen befindet, steht der Lokomotivheizer auf dem Tender und wirft Kohlen nach vorn; der Lokomotivführer bedient selbst die Feuerung!

So selten war dieses, nennen wir es ruhig so, kameradschaftliche Unter-die-Arme-Greifen nicht. Schon gar nicht auf der Dampflokomotive, wenn ein unerfahrener Heizer zugewiesen wurde. Hing doch von der Kunst der Feuerbeschickung der nötige Dampfdruck ab, auf den der Lokomotivführer angewiesen war, um die Fahrzeit einzuhalten und so mit seinem Zug nicht »aufzufallen«. Die Überlieferung, auf dem Führerstand der Dampflokomotive habe der Kreidestrich die Grenze markiert, die der Heizer zur Lokomotivführerseite nicht überschreiten durfte, kann da wirklich nicht gelten.

Der Heizer war in beschriebenem Falle auch nicht unerfahren, er fuhr seit Dezember 1911 als ständiger Hilfsheizer und war seit 1. April 1912 »etatsmäßig angestellt«. Zehn Monate diente er im Personenzugdienst, galt als gewissenhaft.

Warum sich Pilgram verpflichtet fühlte, im Augenblick, da sich der Zug einem Bahnhof näherte, in des Heizers Angelegenheiten einzugreifen, läßt die Unfallakte offen. Der Zug fuhr in ein Gefälle und mußte ohnehin anhalten, das Vorsignal kündigte es ja an. Es gab keinen einleuchtenden Grund, die Signalbeobachtung zu unterbrechen.

Am 3. November 1964 fährt von der Anschlußbahn des Kieswerks Langhagen der Güterzug 7913 – die Lokomotive der Baureihe 50 mit dem Tender voran – in das Überholungsgleis 4 des Bahnhofs Langhagen (Strecke Rostock–Berlin). Der Lokomotivführer erkennt auch das Halt zeigende Ausfahrsignal. Vom Fahrdienstleiter erhält er Zeichen, daß eine Zugkreuzung stattfinden soll.

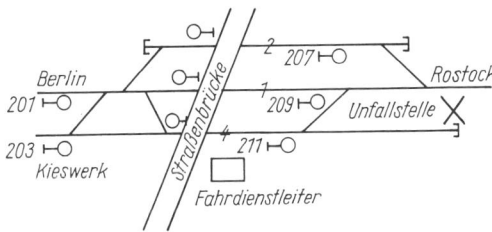

Bild 100   Gleisskizze zum Bahnhof Langhagen. Quelle: Fahrt frei, Berlin, 1965

Die Durchfahrt dieses Schnellzuges muß abgewartet werden. Lokomotivführer und -heizer sehen jetzt, daß die Ausfahrsignale (Lichtsignale) 207, 209 und 211 rotes Licht, also »Halt«, zeigen. Als sich die Spitze des Güterzuges in der Mitte des Bahnhofs befindet, schließt der Lokomotivführer bei 15 km/h Geschwindigkeit den Regler, er will den Kieszug vor dem Ausfahrsignal 211 anhalten.

In diesem Augenblick steigt der Heizer auf den Tenderboden, um Kohlen vorzuziehen. Ab und zu hebt er den Kopf, sieht über den Tenderrand und sieht ... ein grünes Licht. Obwohl Signal 211 in Fahrtstellung kein »grünes Licht« (sondern nur gelb/grün) zeigen kann und obwohl er sich nicht von der Signalstel-

lung des für seinen Zug gültigen Signals überzeugt, ruft der Heizer dem Lokomotivführer zu: »Nun haben wir doch Ausfahrt!« Der Lokomotivführer öffnet den Regler, öffnet ihn weiter, und wenige Augenblicke danach kracht es. Bei einer Geschwindigkeit von etwa 30 km/h fährt die Lokomotive auf den Prellbock, reißt ihn aus der Verankerung, bohrt sich in die Böschung.

D 1193 (Berlin–Rostock) fährt mit etwa 105 km/h vorbei, da wird der erste Kieswagen des 1000 t schweren Güterzugs hochgedrückt, kippt seitwärts ins Profil des Gleises 1, schlägt auf den an dritter Stelle im Schnellzug laufenden stählernen Wagen, der nur gering beschädigt wird. Er gleitet über das Dach des vierten Wagens hinweg in den Zwischenraum des vierten und fünften Wagens, reißt bei den nachfolgenden fünften, sechsten und siebenten Wagen die Dächer und Seitenwände auf, prallt auf den vorderen Teil des achten Wagens und zerstört ein Drittel von ihm. Der letzte Wagen wird abgerissen. Durch die Zerstörung der Notbremseinrichtung und die Zugtrennung setzt die selbsttätige Bremsung ein. Dieser Vorgang währt, wie später berechnet wird, ganze 5 Sekunden. Er kostet 43 Menschen das Leben und verletzt 259 Personen. Auf 1 300 000 Mark wird der entstandene direkte Schaden beziffert.

Am 20. März 1965 werden der Lokomotivführer zu fünf Jahren Gefängnis, der Lokomotivheizer zu drei Jahren und sechs Monaten verurteilt. /41/

An den Zugschluß des am 15. März 1912

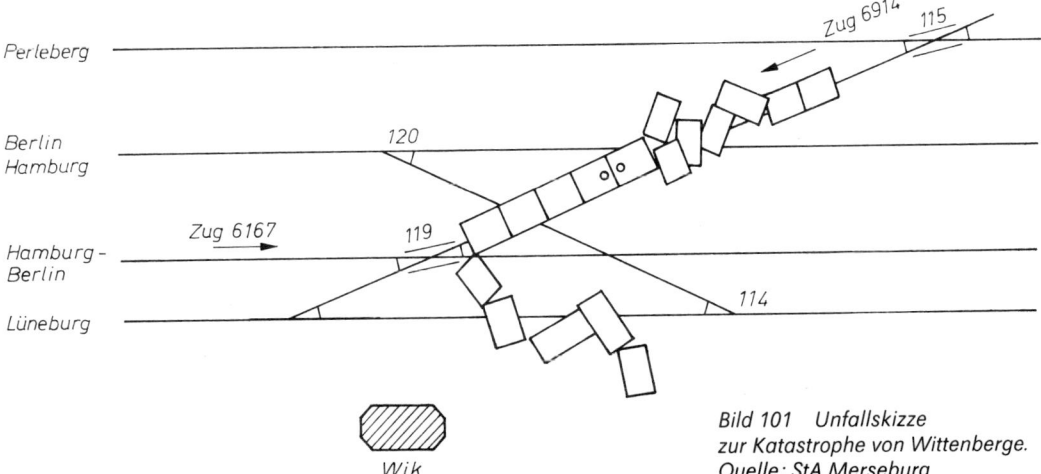

Bild 101   Unfallskizze zur Katastrophe von Wittenberge. Quelle: StA Merseburg

von Hamburg nach Wittenberge verkehrenden Postzuges 6167 werden in Ludwigslust zwei Wagen zugestellt. Der Wagenwärter führt vor den Augen des Aufsichtsbeamten die Bremsprobe aus. Als sich der Zug der Einfahrt von Wittenberge nähert, erkennt der Lokomotivführer Ernst Knak das Vorsignal in Warnstellung und das Einfahrsignal in Haltstellung; zu dieser Zeit fährt der Kohlezug 6914 nach Lüneburg aus. Obwohl der Lokomotivführer des Postzuges das Haltsignal rechtzeitig sieht und als solches erfaßt, fährt er dem Kohlezug ungebremst mit voller Geschwindigkeit in die Flanke. Der Wagenwärter wird getötet, ein Oberschaffner später unter den Trümmern tot geborgen, vier Zugbeamte sind verletzt, drei Wagen des Postzuges verbrennen. »Soweit ... festgestellt werden konnte, befanden sich in den Gepäckwagen wertvolle Sendungen, und es sind viele Teppiche und Ballen mit Seide und Samt verbrannt. Die Höhe des Schadens ... läßt sich vorläufig noch gar nicht abschätzen, da auch die Postquittungsbücher mit verbrannt sind«, telegrafierte der »Spezialberichterstatter« aus Wittenberge dem »Berliner Tageblatt«. /42/ Die Lokomotiven »1935 Altona« (Zug 6167) und »4220 Altona« (Zug 6914) werden stark beschädigt. Die Suche nach der Ursache des Unfalls gibt einige Rätsel auf. Der Lokomotivführer wird im Krankenhaus vernommen: »Jawohl, ich habe gebremst, aber der Zug hielt nicht. Die Absperrhähne (der Druckluftbremse – E. P.) zwischen Lokomotive und Wagen müssen geschlossen gewesen sein!« Wer sollte dem Lokomotivführer glauben?

Bei der zweiten Bremsprobe in Hamburg Hbf funktionierten die Bremsen. In Büchen hielt der Zug ordnungsgemäß unter dem Wasserkran; da kam es schon auf feinfühliges Bremsen an. Unmöglich, daß sie nicht bedienbar gewesen wären.

In Hagenow und in Ludwigslust wurde an der vorgeschriebenen Stelle gehalten. Bis dahin konnte der Absperrhahn nicht geschlossen gewesen sein. Und in Ludwigslust wurde eine weitere Bremsprobe ausgeführt. Alles Umstände, die gegen den Lokomotivführer sprachen. Der und sein Heizer behaupteten nun, die Ludwigsluster Bremsprobe sei nicht ordnungsgemäß gewesen ... Eine Ausrede, um die bestrittene mangelhafte Aufmerksamkeit gegenüber den Signalen zu kaschieren? In den Zeitungen jedenfalls wurden solche Fragen gestellt. »Daß man gerade bei Eisenbahnunfällen häufig von einem solchen Versagen der Luftdruckbremse liest, ist erklärlich. Es ist vielfach die einzige Ausrede, die gebraucht wird und auch nicht so leicht widerlegt werden kann, da das Gegenteil infolge der Beschädigung der Fahrzeuge sich schwer beweisen läßt.« /43/

Aus dem Bericht der Eisenbahndirektion Altona ist zu entnehmen: Als der Lokomotivführer bemerkte, daß die Bremswirkung des Zuges ausblieb, gab er Gegendampf und streute Sand – Postbeamte und Schlußschaffner bestätigen dies. Sah Knak in diesem Augenblick auf dem Manometer, wie groß der Druck der Druckluft war?

Ein Experiment mit einem Zug von gleicher Wagenzahl wurde angesetzt und dazu der

Bild 102
Der ausgebrannte Postwagen.

zwischen Tender und erstem Wagen befindliche Absperrhahn der Bremse geschlossen. In den 49 Minuten Fahrzeit zwischen Ludwigslust und Wittenberge sank der Druck von 5 at auf 2 at, ohne daß die Bremsen auch nur eines Wagens wirkten. Die Druckluftbremsen, Bauart Westinghouse und Knorr, waren damals nicht so empfindlich, daß sie beim allmählichen Entweichen der Luft selbsttätig ansprachen.

Außerdem wurde der Bremsweg geprüft. Er betrug bei einer angenommenen Geschwindigkeit von 64 km/h – die der Lokomotivführer als die am Unfalltag gefahrene angab – 1167 m, der Abstand vom Vorsignal bis zum Grenzzeichen der Weiche 119 etwa 1000 m. So blieb die Vermutung, daß in Ludwigslust das Luftabsperrventil zwischen Tender und Zug nicht geöffnet war und die Bremsprobe oberflächlich ausgeführt wurde.

Angesichts dieser Möglichkeit und des Einwands, es wäre besser gewesen, in Wittenberge den Postzug zuerst einfahren zu lassen, um den Fahrweg des Kohlezuges nicht zu kreuzen, stellte der Erste Staatsanwalt beim Landgericht Neuruppin das Ermittlungsverfahren ein.

Aus einer ganzen Serie von Eisenbahnunfällen bei der DRG in den zwanziger Jahren ragt der von Herne am 13. Januar 1925, allerdings mit unerwartetem Ausgang, heraus: P 230 Dortmund–Wanne kommt pünktlich 7.18 Uhr in Herne (Strecke Dortmund–Krefeld) an und soll 7.19 Uhr weiterfahren. Viele Reisende steigen aus, auch muß etliches Gepäck und Expreßgut verladen werden. So kann der Personenzug erst 7.22 Uhr weiterfahren. Er setzt

sich gerade in Bewegung, da fährt D 10 Berlin–Köln, der 7.24 Uhr in Herne ankommen soll, auf ihn auf. Vier Wagen 4. Klasse des Personenzuges werden zertrümmert, zwei stark beschädigt. Die beiden letzten Wagen schachteln sich ineinander. Von den im Personenzug sitzenden Reisenden werden 22 getötet, 27 schwer, 58 leicht verletzt. Vom Schnellzug entgleist die Lokomotive, drei Wagen werden unerheblich beschädigt und nur wenige Reisende leicht verletzt.

Zu dieser Zeit stehen das Ausfahrsignal E[1] und das Vorsignal am östlichen Ende des Bahnsteiges auf Fahrt. Für D 10 soll, wie das Bahnhofspersonal aussagt, das Einfahrsignal M[1] auf »Halt« gestanden haben. Im Stellwerk »Hnb« zeigt die elektrische Tastensperre über dem Blockendfeld schwarz. Signalisierte »M[1]« »Fahrt frei«, hätte die Tastensperre vom D 10 ausgelöst und folglich weiß gezeigt. Der Lokomotivführer gibt an: »Am Vorsignal sah ich zwei grüne Lichter, am Einfahrsignal ein grünes Licht. Auch das Ausfahrvorsignal zeigte zwei grüne Lichter.« Beide Signale standen übrigens auf Signalbrücken.

Die letzte Angabe des Lokomotivführers stimmt, denn das Vorsignal, mit dem Ausfahrsignal in einer Drahtzugleitung gekuppelt, zeigte diese Signalstellung im Zusammenhang mit der Ausfahrt des Personenzuges.

Der Lokomotivführer sah angeblich das Einfahrvorsignal in der Fahrtstellung, das Einfahrsignal aber nicht.

Vor dem erweiterten Schöffengericht in Herne wird am 6. April 1925 die Schuldfrage untersucht. Lokomotivführer Haberkamp aus Hamm bleibt bei seinen früheren Aussagen: »Ich bin wegen des dichten Nebels mit gerin-

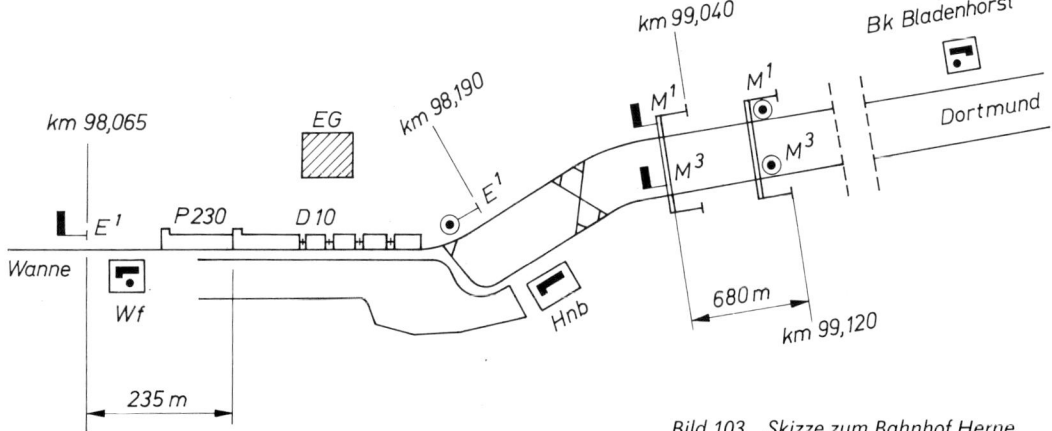

Bild 103   Skizze zum Bahnhof Herne.

ger Geschwindigkeit in den Bahnhof gefahren, die roten Schlußsignale des Personenzuges sah ich erst auf 15...20 Meter Entfernung, so daß ich trotz der Schnellbremse den Zusammenstoß nicht verhindern konnte.«

Die Anklage behauptet: Beide Signale, das Einfahrsignal und das Vorsignal haben auf »Halt« gestanden (beim Vorsignal ist die Warnstellung gemeint – E. P.), erwiesen ist ferner, daß der Zug mit großer Geschwindigkeit in den Bahnhof fuhr.

Nach dreitägiger Verhandlung erklärt das Gericht, der Befund spreche dafür, daß der Schnellzug das Haltesignal überfahren hat. Es ist anzunehmen, daß sich der Angeklagte in der Lichtfarbe des Signals geirrt habe. Das Gericht sei nicht in der Lage, die Widersprüche in den Aussagen des Angeklagten und der Zeugen aufzuklären. Schon früher habe es im Herner Blockabschnitt Unregelmäßigkeiten gegeben, hieß es. Und der Gutachter mußte gar zugeben, daß es möglich sei, irgendeinen Trick anzuwenden, der den Vorgesetzten bisher unbekannt blieb. »Wenn aber auch nur ein Schatten irgendeiner Möglichkeit vorhanden ist, kann der Angeklagte nicht verurteilt werden.« Haberkamp wurde freigesprochen.

Der Herner Unfall sollte besonders nachhaltig auf die Entwicklung der Sicherungstechnik bei der Eisenbahn wirken. Denn nach ihm wandte man sich konzentriert den Anforderungen an Lokomotivführer hinsichtlich der Signalbeobachtung zu. Eine Fachzeitschrift stellte fest, daß die »Eindrucksfähigkeit« der Signale bei unsichtigem Wetter und besonders bei Nebel stark zurückgeht, so weit, daß

die Zeichen bei schneller Fahrt und dichtem Nebel nur wenige Sekunden auf den Lokomotivführer einwirken können. Meistens traten doch solche Unfälle, bei denen Haltsignale mißachtet wurden, bei unsichtigem Wetter oder bei Nebel ein, so ja auch in Herne.

Bei der Deutschen Reichsbahn kam es zur unzulässigen Vorbeifahrt an Halt zeigenden Signalen mit Unfallfolgen
57 mal im Jahre 1921,
58 mal im Jahre 1922,
45 mal (ohne Rhein- und Ruhrstrecken) im Jahre 1923,
21 mal (ohne Rhein- und Ruhrstrecken) im Jahre 1924 und
24 mal im Jahre 1925. /44/

Wie konnte man dem abhelfen? Der Reichsverkehrsminister erklärte nach dem Herner Unfall: »... was die Sicherungsanlagen anbelangt, so wäre es vermessen, eine Sicherungsmaßnahme nicht einzuführen, deren Einführung die Sicherheit erhöht. Das Herner Unglück hat auch diese Frage wieder in der Öffentlichkeit angeregt. Bei mir in der Hauptverwaltung ruht sie nicht. Wir suchen nach Mitteln, um ein Überfahren des Haltsignals auch bei schwerem Wetter zu verhindern, und würden glücklich sein, wenn wir sie finden.

Ich darf erklären, daß die Kosten keine Rolle spielen, wo es sich um die Sicherheit des Publikums handelt, es sind eine Fülle von Erfindungen auf diesem Gebiet gemacht. Sie haben nicht die technische Vollendung, die wir verlangen müssen, wenn wir von der Aufmerksamkeit des Lokomotivführers zu einem mechanischen Mittel umschalten.« /45/

In der Praxis wurden einige Einrichtungen erprobt, eingeführt oder verworfen. Diskutiert

Einrichtungen, um die Beachtung der Signale zu verbessern

Jahr	Einrichtung	Erprobt in	Wirkung	Bemerkungen
1909–1914	Signalmelder von Siemens	ED Hannover, Breslau, Stettin	mechanisch	Versuche wegen unbefriedigender Wirkung, besonders im Winter, abgebrochen
1910	Doppellicht des Vorsignalgelbs		Verwechselung mit Hauptsignallicht vermeiden	mußte bis Ende 1919 eingeführt sein
1911–1912	Elektromagnetische Einrichtungen	ED Münster, Königsberg, Kattowitz und in Bayern	Induktion durch Ausleger über der Lokomotive	Ergebnis unbefriedigend

Jahr	Einrichtung	Erprobt in	Wirkung	Bemerkungen
1913/1914	Signalmelder durch Luftstrom oder Dampf		Übertragung der Signalstellung auf den Führerstand	ergebnislos
vor 1914 und 1925–1928	Streckenanschläge, System von Braam	ED Breslau, Danzig, Halle, Hannover, in Sachsen, Baden, Elsaß-Lothringen, bei München	Übertragung der Signalstellung auf den Führerstand	bei Schnee wenig brauchbar, auf 225 km erprobt
1920	4 133 Radtaster und 879 Kontrolluhren auf 3 162 km Strecke		überwachten Fahrgeschwindigkeit der Züge	
1914 und 1922	Signalmelder, System Telefunken	Strecke Spandau–Stendal	Übertragung der Signalstellung auf den Führerstand ähnlich Indusi, jedoch ertönte Hupe, und Lampe leuchtete auf	Weiterentwicklung zur Indusi
1925	Optische Zugbeeinflussung (Opsi) und Induktive Zugbeeinflussung (Indusi)	Berlin–Halle, Berlin–Dresden, Hamm–Oberhausen	Abhängigkeit zwischen Signal und Lokomotive	Indusi bei DRG eingeführt
1925	Nebellichtsignale	Bahnhof Lindau	wie Vorsignalwiederholer gelb/gelb oder grün/grün, aber horizontal angeordnet	
1926	Vorsignalbaken	Rbd Magdeburg, Halle, Breslau		gegenüber Knallsignalen bei Nebel, wie in Italien, England, bevorzugt
	Lichttagessignale	Rbd Halle, Breslau		
	Schutzblockstrecken		Gefahrpunkt wird durch zwei Signale und die dazwischen liegende Blockstrecke gedeckt	auf Hauptbahnen wegen der Kapazitätsbeschränkung praktisch undurchführbar
1930	Verzeichnis der Langsamfahrstellen »La«	Rbd Essen Karlsruhe, Köln		bis 30. März 1930 bei gesamter DRG eingeführt

Bild 104   Das Nebelhorn, das auf Halt zeigende Signale aufmerksam machen sollte, bewährte sich nicht.
Foto: Sammlung E. Preuß

wurde auch über den Nutzen der folgenden Vorschrift: »Wenn ein Zug aus anderem Anlaß als der Haltstellung eines Hauptsignals gezwungen wird, auf freier Strecke zu halten, sind die ... vorgesehenen Maßnahmen (Schlußschaffner beobachtet rückwärts die Strecke, bei Dunkelheit mit Signalfackel in der Hand, benachbarte Zugmeldestelle benachrichtigen – E. P.) ... zu treffen ... Muß ein Zug voraussichtlich länger als 8 Minuten halten, so hat der Zugführer die Deckung durch Wärtersignale zu veranlassen.«

Bereits 1914 hatte der Bahnhofsinspektor Oelsner in Kassel in der »Deutschen Beamten Zeitung« vorgeschlagen, diese Vorschriften zu vereinfachen. 1926 erinnerte er an seinen Vorschlag und hegte Zweifel an der Wirkung des Sicherns und Deckens haltender Züge,

zumal sich die Signalfackeln immer wieder als nutzlos erwiesen. /46/ Auf dicht belegten Strecken ist es bis zum Zusammenstoß eines nachfahrenden Zuges, der ein Haltesignal außer acht ließ, zu spät, wenn die 8 Minuten Karenzzeit vergangen sind, und dazu noch die Zeit, bis die Wärtersignale aufgestellt sind. Da die oben angeführte Vorschrift nicht galt, wenn der Zug vor dem Halt zeigenden Einfahrsignal hielt, konnte das Decken ohnehin nur für eine begrenzte Zahl von Zügen wirken. Ungeachtet dessen wurde zum Beispiel bei der DR auf diese Vorschrift de jure erst 1970 mit der Neuausgabe der Fahrdienstvorschriften verzichtet.

Schon nach der Katastrophe von Kreiensen waren die infolge des ersten Weltkrieges ruhenden Versuche aufgenommen worden, die Signale auf den Führerstand der Lokomotiven zu übertragen. Der damalige Stand der Funktechnik erfüllte die Erwartungen nicht; ernüchtert war man durch Nachrichten aus den USA, wo zwar mit großen Investitionen die Signalübertragung gelang, es aber trotzdem zu schweren Unfällen kam.

Bereits in früheren Jahren waren beim preußischen Minister der öffentlichen Arbeiten unzählige Vorschläge eingegangen, die die Erhöhung der Betriebssicherheit fördern sollten. Im Herbst 1902 erhielt die »Gesellschaft für Eisenbahnzugdeckung GmbH« auf der KPEV-Strecke Sachsenhaus–Goldstein ein Gleis, damit sie Apparate zur Verhütung von Zusammenstößen untersuchen konnte. Fast ausnahmslos waren solche Versuche und Anregungen für den Eisenbahnbetrieb unbrauchbar, mußten sie doch die Bedingungen erfüllen, die der Ausschuß für technische Angelegenheiten in seiner Sitzung am 16. und 17. Juni 1904 in Trier für eine Einrichtung gestellt hatte, die Vorbeifahrten am Halt zeigenden Signal verhindern soll:

1. Die Vorrichtung muß nicht nur die Annäherung an das zugehörige feststehende Mastsignal und dessen etwaige Haltstellung anzeigen, sondern auch ein die Wirkung beeinträchtigendes Gebrechen an der Vorrichtung selbst.

2. Soweit die Einrichtung für feststehende Signale in Anwendung kommt, muß sie so frühzeitig in Wirksamkeit treten, daß der Zug noch vor dem betreffenden Signale mit Sicherheit zum Stehen kommt.

3. Die Wahrnehmung des Signals darf keine

vorausgehende Beobachtung der Vorrichtung durch den Führer erfordern; vielmehr muß sich der Eintritt des Signals unter allen beim Lokomotivbetrieb zu gegenwärtigen Verhältnissen dem Führer ohne weiteres und in unzweideutiger Weise aufdrängen. Die Zeichengebung muß erfolgen, gleichviel ob die Lokomotive mit Rauchfang oder Tender vorausfährt. Sie darf nur für Züge der Richtung, für welche das Streckensignal gilt, in Tätigkeit treten.

4. Die Vorrichtung darf nur während des Stillstandes der Lokomotive ausgeschaltet sein. Umschalter sind nur zulässig, wenn sie derart gebaut sind, daß ohne ihre richtige Einstellung die Lokomotive nicht in Bewegung gesetzt werden kann.

5. Die Einrichtung muß so getroffen sein, daß sie nicht unberechtigter oder unbeabsichtigter Weise außer Wirksamkeit gesetzt werden kann. Die unbeabsichtigte Zeichengebung darf durch Hindernisse auf dem Bahnkörper, welche für den Zugverkehr belanglos sind, nicht hervorgerufen werden.

6. Durch Eingriff Unbefugter soll ein Haltsignal weder gegeben noch aufgehoben werden können.

7. Die Instandhaltung und Wartung der Vorrichtung darf besondere Schwierigkeiten nicht verursachen.

8. Das Haltsignal auf der Lokomotive soll ohne besondere Schwierigkeiten oder zeitraubende Vorbereitungen von jedem mit den nötigen Hilfsmitteln ausgestatteten Bahnorgane

an jeder beliebigen Stelle gegeben werden können. /47/

Die DRG blieb nicht untätig. Ende des Jahres 1925 richtete sie beim Zentralamt ein Sonderdezernat für Zugbeeinflussung ein, das für die umfangreichen Versuche mit der Optischen Zugbeeinflussung »Opsi« und der Induktiven Zugbeeinflussung »Indusi« zuständig war, so wie sie Wolfgang Bäseler (1888–1984) vorgeschlagen hatte.

Wie bitter notwendig die Maßnahmen zur Verbesserung der Betriebssicherheit bei der DRG waren, zeigte eine neue Unfallserie Mitte 1928:

10. Juni Siegelsdorf	24 Tote, 103 Verletzte,
23. Juni Ummendorf	31 Verletzte,
15. Juli München Hbf	10 Tote, 76 Verletzte,
31. Juli Dinkelscherben	16 Tote, 48 Verletzte.

Es wurde danach ein Arbeitsausschuß eingesetzt, der die gesamte Sicherheitsfrage der DRG eingehend prüfte. In einer Denkschrift, die im Herbst 1928 vorgelegt wurde, hieß es: »Von einem Systemfehler in der Betriebsführung, die eine akute Betriebsgefahr in sich schließen könnte, kann … allgemein nicht gesprochen werden.« /48/ Daß dem Schutz der Züge vor Mißachtung Halt zeigender Signale weiter Bedeutung beigemessen wurde, ist daran zu erkennen, daß Ende 1930 rund 3200 km Strecken, 1400 Lokomotiven und Triebwagen mit Apparaten zur Zugbeeinflus-

Bild 105 Entgleisung auf Bahnhof Ummendorf: Am 23. Juni 1928 fuhr D 135 zu schnell über eine ablenkende Weiche. 31 Verletzte. Foto: Sammlung E. Preuß

sung der Systeme »Indusi« und »Opsi« versehen waren.

Die DRG blieb dann bei der elektromagnetischen (induktiven) Zugbeeinflusung, die den Vorteil besitzt, daß Teile der fahrenden Lokomotive mit Apparaturen an der Strecke nicht in Berührung kommen. Auf der Lokomotive befindet sich der Resonanzkreis, in dem der Sender der Energieabstrahlung, der Lokomotivmagnet, liegt. Während der Fahrt streut der Sender ständig elektromagnetische Kraftlinien bestimmter Frequenz aus. Treffen diese Feldlinien bei Halt- oder warnungszeigenden Signalen auf einen am Signal seitlich des Gleises in einem besonderen Gehäuse untergebrachten Gleismagneten, dessen Schwingungskreis auf die gleiche Frequenz eingestellt ist, dann tritt durch die Induktion und Rückwirkung ein Energieentzug und damit eine Stromschwächung im Lokomotivstromkreis ein. Hierdurch wird die gewünschte Wirkung auf der Lokomotive (Bremsen, Ertönen einer Hupe und ähnliches) ausgelöst. Bei Fahrtstellung des Signals tritt durch den Schienenstromschließer diese Wirkung nicht ein. /49/

Nähert sich also beispielsweise der Zug einem Hauptsignal in Stellung »Halt«, so tritt bereits am Vorsignal die erste Beeinflussung durch die »Indusi« ein. Der Lokomotivführer muß innerhalb von 4 Sekunden durch Drücken einer Wachsamkeitstaste bestätigen, daß er das Signal erkannte. Beim Drücken der Taste ertönt eine Hupe, außerdem beginnt eine Lampe zu leuchten. Während die Hupe wieder verstummt, sobald die Wachsamkeitstaste zurückgestellt ist, erlischt die Lampe erst nach einer automatischen Geschwindigkeitskontrolle (»angehängte Geschwindigkeitsprüfung«), die 20 Sekunden nach der Beeinflussung einsetzt. Meist wird 150 bis 250 m vor dem Hauptsignal eine weitere Geschwindigkeitskontrolle angesetzt. Dort darf der Zug nicht schneller als 65 km/h fahren. Ist bei der Geschwindigkeitsüberwachung die Geschwindigkeit höher als 90 km/h bzw. 65 km/h oder hält der Zug am Halt zeigenden Hauptsignal nicht an, setzt die Zwangsbremsung ein.

Dieses System ist nahezu »narrensicher«, und gewiß sind durch die »Indusi« viele schwere Unfälle abgewendet worden. Einige Bahnverwaltungen, darunter die DR, verfeinerten deren Wirksamkeit, indem in die entsprechenden Apparate der Lokomotiven ein

auf die höchste Zuggeschwindigkeit – je nach Zuggattung – abgestimmtes Programm eingegeben wird. Andere Bahnverwaltungen begnügen sich mit der Übertragung von Warnungen auf den Führerstand, wenn das Signal »Halt« zeigt, oder mit der Signalisierung auf den Führerstand, zum Beispiel die ČSD. Frankreich benutzte nach schweren Unfällen bereits von 1885 an das sogenannte »Lokomotivwiederholungssignal«, das dem Lokomotivführer ein hörbares Zeichen gab, wenn er am Halt zeigenden Signal vorbeifuhr. Während bei der Orleansbahn mit einem Gestänge Knallkapseln auf die Schienen geschoben wurden, wendete die Nordbahn eine elektrische Vorrichtung mit Kontakten an, das »Krokodil«. Es bestand im wesentlichen aus einem zwischen den Schienen in Signalhöhe angebrachten Schleifenkontakt. Der bewirkte jedoch lediglich eine akustische Signalanzeige, ohne jede Art von Zwang zwischen Signal und Zug. Bei Schnee fiel das »Krokodil« häufig aus.

Die SBB erprobten das System »Signum« (Seite 90) auf der Strecke Bern–Thun und begannen vom 1. Dezember 1933 an, es auf das gesamte SBB-Netz auszudehnen. Es hat gegenüber der DRG/DR/DB/ÖBB-»Indusi« den schon erwähnten Nachteil, daß nach Vorbeifahrt an einem Vorsignal in Warnstellung nur dann die Zwangsbremsung ausgelöst wird, wenn die ertönende Hupe nicht abgestellt wurde. Trotz der »Signum«-Zugbeeinflussung blieben größere Unfälle nicht aus. Und so läßt sich auch diskutieren, ob beispielsweise der Unfall vom 18. Juli 1982 in Othmarsingen eintreten mußte, wenn das System »Signum« nicht nur die Bestätigung abverlangte, daß ein Vorsignal in Warnstellung aufgenommen worden ist, sondern – wie bei der »Indusi« (bzw. PZB 80) – auch überwachen würde, ob die Geschwindigkeit tatsächlich ermäßigt wird.

Bekannt sind regelrechte Wettfahrten mit Schnellzügen zwischen London und Schottland um die Jahrhundertwende. Die Bahnverwaltungen buhlten um die Gunst des Publikums, das eben nur bestimmte, d. h., die eigenen Expreßzüge zu den Häfen der Westküste benutzen sollte. Am 30. Juni 1906 fuhr der Lokomotivführer durch den Bahnhof Salisbury statt mit der vorgeschriebenen Geschwindigkeit von 48 km/h mit 100 km/h, wobei der Zug entgleiste, die Lokomotivmannschaft und

Bild 106
Am 27. Februar 1986 fuhr der Personenzug Falkenhagen–Berlin-Karlshorst zwischen der Abzweigstelle Glasower Damm und dem Bahnhof Flughafen Berlin-Schönefeld auf einen Güterzug auf. Der Lokomotivführer hatte zwei Lichtsignale, die »Halt« geboten, mißachtet. Er wurde getötet, mehrere Reisende erlitten schwere Verletzungen.
Foto: ADN-ZB/Rauch

24 Reisende auf der Stelle getötet, sieben Reisende und drei Eisenbahner schwer verletzt wurden. Doch »Wettfahrten« sind es nicht allein, die zu Unfällen führen können ...

Am 18. August 1903 meldet der »Dresdner Anzeiger«:
»Eisenbahnunglück
Gestern früh durcheilte die Kunde von einem Eisenbahnunglück die Stadt, das sich Sonntag abend 10 Uhr in unmittelbarer Nähe von Rothenkirchen zugetragen hat. Der nach Wilkau fahrende Personenzug war entgleist, wobei mehrere Personen getötet und mehr als 30 schwer verletzt wurden ...«

Als die Dresdner das lasen, stand bereits fest:

Vom sonn- und festtags verkehrenden P 3133 Carlsfeld–Wilkau entgleisten um 21.30 Uhr in einem engen Gleisbogen zwischen Rothenkirchen und Obercrinitz die Lokomotive und zwölf Personenwagen, zehn wurden umgeworfen, acht zertrümmert. Das Gleis befand sich in vorschriftsmäßigem Zustand. Die Ursache ist unbekannt, aber die Reisenden behaupten, der Lokomotivführer sei übermäßig schnell gefahren. Denn bereits im Zuge riefen sie dem Schaffner zu, sie würden, »wenn das so weiterginge, auf der nächsten Station aussteigen«, doch er vertröstete sie; einige Augenblicke später kam es zum Unglück.

Der Lokomotivführer bestreitet jede Schuld, vor der Kurve habe er die Lokomotive

Bild 107
Die Unfallstelle von Salisbury.
Foto: Sammlung E. Preuß

vorschriftsmäßig abgebremst! Die Archivalien bringen keine endgültige Klarheit, wieso der Zug zu Tal raste. Man ist auf Vermutungen angewiesen. Nur so viel: Der Lokomotivführer Lohse ist in Cunnersdorf stationiert und bringt am 16. August 1903 mittags einen Zug nach Schönheide. Von dort fährt er nach Rothenkirchen, wo er den letzten Zug aus Richtung Schönheide übernehmen soll. Die Pause verbringt er im Restaurant »Bahnschlößchen«, nimmt dort sogar in Gesellschaft des danach vom Unglück betroffenen Vereins »Die Gemütlichen« am Tanz teil. (Ob er dabei dem Bier oder Wein zusprach?!) Der Abendzug verspätet sich um 15 Minuten, weil es den Schaffnern nicht gelingt, in den 18 vollbesetzten Wagen die Beleuchtung anzuzünden. Es kann auch nicht gelingen – es war kein Petroleum nachgefüllt worden!

Waren nun die drei Getöteten und 30 Leichtverletzten Opfer eines betrunkenen Lokomotivführers? Ritzau schreibt nur: »Er versuchte, die kleine Verspätung einzufahren.« /50/ Das Zwickauer Amtsgericht verurteilt Lohse zu drei Jahren und sechs Monaten Gefängnis.

Weitaus spektakulärer ist die in der Literatur mehrfach beschriebene Entgleisung eines Eilzuges am 17. Juli 1911 auf dem Bahnhof Müllheim (Strecke Basel–Freiburg), wo eine Baustelle statt mit 20 km/h mit 100 km/h Geschwindigkeit befahren wurde. 14 Reisende bezahlten die Trunkenheit des Lokomotivführers mit dem Leben.

Am 4. Mai 1925 macht der Lokomotivführer des D 146 vor Einfahrt in den Bahnhof Brestovany (Strecke Bratislava–Žilina der ČSD) den Heizer noch darauf aufmerksam, daß eine Geschwindigkeitsbeschränkung folgt: »Wir fahren nicht auf gerades Gleis.« Als der Heizer bemerkt, daß sein »Meister« nicht bremst, sieht er ihn in unnatürlicher Lage. Er ist einem Herzschlag erlegen. Zum Bremsen ist es nun zu spät; mit einer Geschwindigkeit von 80 km/h fährt der Zug über die Weiche in das abzweigende Gleis, mehrere Wagen entgleisen. Glücklicherweise ist der Zug fast unbesetzt, nur wenige Reisende werden – aber schwer – verletzt.

Bei einmännig besetzten Lokomotiven und Triebwagen wacht die Sicherheitsfahrschaltung über die Dienstfähigkeit des Führers. Bedient er nicht nach einem bestimmten Regime (nach Bauart der Fahrzeuge und bei den Bahnverwaltungen unterschiedlich) eine Taste oder eine Fußwippe, setzt die Zwangsbremsung des Zuges ein. Auf der Dampflokomotive, weil sie stets mit zwei Mann besetzt ist, scheint solche Einrichtung nicht notwendig zu sein. Brestovany lehrt das Gegenteil. Herzschlag auf der Lokomotive und in einem Augenblick, da das Führerbremsventil zu betätigen ist, wird sicher eine Ausnahme bleiben.

Weniger glimpflich geht es bei einem ähnlich ablaufenden Unfall ab. Am 15. Juni 1939 werden auf dem Bahnhof Mittelgrund (Strecke Dresden–Bodenbach) 14 Personen getötet, 26 verletzt, als D 148 auf das Überholungsgleis geleitet wird (im durchgehenden Hauptgleis wartet ein Güterzug auf »Annahme« vom Bahnhof Bodenbach). Das Einfahrsignal zeigt dem D 148 die Stellung »Hp 2« (»Fahrt frei mit Geschwindigkeitsbeschränkung auf 40 km/h«). Doch der Lokomotivführer auf der 01 217 (Bahnbetriebswerk Dresden-Altstadt) mißachtet dieses Gebot, bremst nicht, die Schnellzuglokomotive entgleist und gerät in das Profil des zwischen den Nebengleisen stehenden Stellwerksgebäudes, das vollständig zertrümmert wird.

Die der Lokomotive folgenden Wagen schieben den Tender an der Lokomotive vorbei, auf der ein Berliner Lokomotivführer zum Erwerb der Streckenkenntnis mitfährt. Die Ganzstahlwagen fangen den Schiebedruck ab, aber ein Wagen 3. Klasse wird zusammengedrückt, auch die Stirnwand des Speisewagens wird eingedrückt.

War der Lokomotivführer geistesabwesend, als er sich dem Bahnhof Mittelgrund näherte? Oder wurde er von seinem Berliner Kollegen abgelenkt? Eine Klärung ist nicht möglich, denn der Berliner Lokomotivführer und der Lokomotivheizer werden sofort getötet, der Dresdner Lokomotivführer stirbt im Krankenhaus.

In gleicher Weise mißachtet am 27. Februar 1968 der Lokomotivführer des Ex 3 »Chopin« das nur 40 km/h Geschwindigkeit anzeigende Einfahrsignal von Nedakonice (Strecke Přerov–Břeclav der ČSD), indem er mit 88 km/h einfährt. Die Lokomotive 476 002 stürzt um, sieben stählerne Wagen entgleisen, der Heizer wird getötet, nur ein Reisender verletzt.

Und am 10. Juli 1973 fährt der D 703 Leipzig–Saalfeld auf dem Bahnhof Leipzig-Leutzsch (Strecke Leipzig Hbf–Großkorbetha) mit überhöhter Geschwindigkeit in die Abzweigung, wobei die Lokomotive (Baureihe 03) und mehrere Wagen entgleisen. Vier Personen, darunter der Lokomotivführer, werden getötet, 25 leicht verletzt.

Der Lokomotivführer des Schnellzuges Olten–Genf versucht am 29. September 1982, zwei Minuten Verspätung herauszufahren. Bei der Ausfahrt aus dem Bahnhof Bern fährt er statt mit einer Geschwindigkeit von 40 km/h mit 120 km/h über eine Weiche (das durchgehende Gleis, das eine Geschwindigkeit von 140 km/h erlaubt, ist wegen Fahrleitungsarbeiten gesperrt), die Lokomotive und mehrere Wagen entgleisen, 15 Reisende werden verletzt.

Auch der Lokomotivführer des Schnellzuges Paris–Port Bou fährt am 30. August 1985 zu schnell, als er mit 100 km/h statt der zugelassenen 30 km/h über eine Baustelle fährt. Die Folgen davon heißen: 13 der 14 Liegewagen entgleisen, und in diesem Augenblick rast der Postzug Brives–Paris in den Unglückszug! – 43 Tote.

Bild 108
Die entgleiste Lokomotive bei Rothenkirchen.
Sammlung: E. Preuß

Bild 109
Entgleisung in Müllheim (Baden) am 17. Juli 1911. Der Lokomotivführer des D 9 war betrunken und fuhr an einer Baustelle zu schnell, statt – wie zugelassen – mit einer Geschwindigkeit von 20 km/h mit 107 km/h! – 14 Tote, 32 Verletzte.
Foto: Sammlung E. Preuß

Bild 110 Im Bahnhof Argenton-Sur-Creuse entgleist am 30. August 1985 der Liegewagenzug Paris–Port Bou, weil der Lokomotivführer zu schnell über eine Langsamfahrstelle fuhr, und in diesem Augenblick rast ein Postzug in die Wagen.
Foto: ADN-ZB-AFP

Bild 112 Der Lokomotivführer des D 523 Rostock– Berlin fuhr am 6. Juli 1982 zwischen Grabowhöfe und Vielist zu schnell über eine Langsamfahrstelle. Der Zug entgleiste.
Foto: ADN-ZB/Stein

Wiederum eine Baustelle wird am 12. August 1984 dem Lokomotivführer des D 890 Stuttgart–Kiel zum Verhängnis, als er zwischen Klingenberg und Heilbronn-Böckungen (Strecke Stuttgart–Würzburg) zu schnell fährt.

In Lauffen erhält er zur Fahrt auf dem falschen Gleis, also entgegen der gewöhnlichen Fahrtrichtung, einen Befehl B, nach dem er über Weichen des Vorbahnhofs Heilbronn nur mit einer Geschwindigkeit von 40 km/h fahren darf. Auf die Geschwindigkeitsbeschränkung wird nach den Fahrdienstvorschriften der Deutschen Bundesbahn im Befehl B nicht mehr ausdrücklich hingewiesen; der Lokomotivführer muß sich aus seiner Vorschriftenkenntnis im klaren sein, wie schnell er fahren darf. /51/

Wenige Kilometer vor dem Heilbronner Hauptbahnhof entgleisen hinter einer Weiche neun Wagen, sechs stürzen um, 57 Reisende werden teilweise erheblich verletzt, drei getötet. Über Zugbahnfunk gibt der Lokomotivführer nach Stuttgart an die Zugleitung durch:

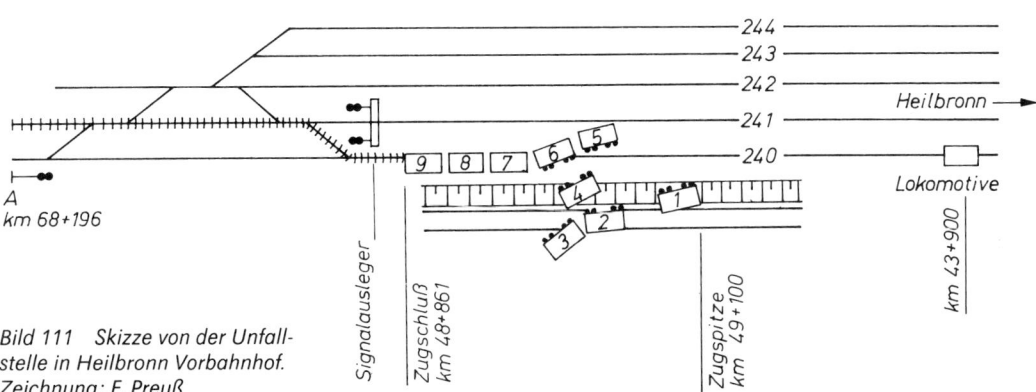

Bild 111 Skizze von der Unfallstelle in Heilbronn Vorbahnhof.
Zeichnung: E. Preuß

»Ich habe etwas verpaßt, ich bin mit 120 'rüber, wo ich hätte 40 fahren sollen.« Und fügt hinzu: »Ich bin schuld, ich bin schuld.«

Am 30. Juni 1986 beginnt vor dem Heilbronner Landgericht der Prozeß. Zu ihm sind 25 Zeugen, sieben Nebenkläger und sechs Sachverständige geladen.

Während der Beweisaufnahme hat der 62jährige, der als überdurchschnittlich guter Lokomotivführer gilt und vor seiner Pensionierung den Unglückszug als letzten Dienst fuhr, keine Begründung dafür, warum er zu schnell fuhr. »Für das Unglück habe ich keine Erklärung, mir ist alles unverständlich.« Nach den Sachverständigenaussagen kommt das Gericht zu dem Schluß: Der Lokomotivführer hat nicht schnell genug und noch dazu falsch reagiert. Die Richter halten es für wahrscheinlich, daß der Lokomotivführer das Einfahrsignal zu einem späteren Zeitpunkt erwartet hatte. Wegen fahrlässiger Tötung in drei Fällen wird er zu acht Monaten Gefängnis verurteilt. Das Gericht setzt die Strafe für 2 Jahre Bewährung aus. Der Lokomotivführer muß 5000 Mark Strafe an eine gemeinnützige Organisation zahlen. Als strafmildernd wertet das Gericht den guten Charakter, die Intelligenz sowie die hervorragende Berufsauffassung des Angeklagten, der sich nie etwas habe zu Schulden kommen lassen.

Vermeidbar war der Unfall nicht allein durch exakte Signalbeobachtung und -beachtung. Zum Beispiel durch eindeutige Befehle, ebenso eindeutige Signalisierung der Baustelle und durch die Anwendung der punktförmigen Zugbeeinflussung auch auf falschem Streckengleis.

Am 4. Februar 1985 hatte die Hauptverwaltung der Deutschen Bundesbahn dann die Einrichtung dieser Sicherungen angeordnet.

Für den Lokomotivführer war es jedenfalls eine Tragödie, am Schluß seines Berufslebens auf der Anklagebank sitzen zu müssen.

Weil er bei Dienstantritt nicht die Berichtigung zum Verzeichnis der Langsamfahrstellen zur Kenntnis nimmt und mangelhaft die Strecke beobachtet, entgeht dem Lokomotivführer der Vorspannlokomotive des D 523 Rostock–Berlin am 6. Juli 1982 eine Langsamfahrstelle im Bahnhof Grabowhöfe (Strecke Rostock–Berlin), die nur 30 km/h Geschwindigkeit zuläßt. Über sie fährt der Zug mit etwa 90 km/h. Es entgleisen beide Lokomotiven (132 457, 132 199), sieben Wagen. 59 Reisende werden verletzt, fünf davon schwer.

Eine Tempoüberschreitung aus ganz anderer Ursache am 22. Februar 1948 führt zu einer der schlimmsten Eisenbahnkatastrophen der Schweiz in diesem Jahrhundert. Ein Sportzug von Sattel soll Skifahrer nach Zürich zurückbringen. Kurz vor dem Bahnhof Samstagern wird bei einer Streckenneigung von 43 Promille, zwischen Samstagern und Wädenswil erhöht sie sich sogar auf 50 Promille, die Geschwindigkeit des Zuges immer größer. Und das, obwohl vor Abfahrt des Zuges auf diese Strecke, die zu den steilsten regelspurigen Reibungsstrecken Europas gehört, die strengen Bremsvorschriften eingehalten wurden. Der Lokomotivführer setzt zuerst die elektrische Motorbremse ein, und als die nicht wirkt, bedient er die (Westinghouse-) Druckluftbremse. Der auf der Lokomotive (SBB Ce 6/8 14269) mitfahrende Betriebschef der Südostbahn zieht auf den beiden Führerständen die Handbremse an, steigt auf den ersten Personenwagen, um auch dort die Handbremse anzuziehen. Bis Wädenswil erhöht sich die Geschwindigkeit auf 60 km/h, zulässig sind nur 35 km/h. Der Zug fährt in ein Stumpfgleis ein, eine wegen der Streckenneigung angeordnete Schutzmaßnahme, die hier zur Katastrophe führt: der Sportzug rast in ein dreistöckiges Gebäude, das unter seinen Trümmern 22 Tote, 48 Schwer- und 22 Leichtverletzte begräbt.

Die Unfalluntersuchung ergibt den peinlichen Irrtum des Lokomotivführers, der nicht die elektrische Motorbremse eingeschaltet hatte, und dadurch, statt zu bremsen, die Triebkraft der Lokomotive erhöhte. So konnten selbst die Druckluft- und Handbremsen nichts retten, denn die Antriebsmotoren arbeiteten und arbeiteten ...

Die größte Zahl an Unfalltoten in der »schwarzen Chronik« der Eisenbahn wurde aus Äthiopien gemeldet. In der Nacht des 13./14. Januar 1985 fährt ein überfüllter Schnellzug auf die Strecke bei Dira Dawa. In einem Gleisbogen wird infolge überhöhter Geschwindigkeit der Zug aus den Schienen getragen, er stürzt von einer 12 m hohen Brücke in den Abgrund. 400 Menschen wurden getötet, 370 verletzt.

5. Der tödliche Buchstabe

Verhängnisvolle Fehler im Zugmeldedienst

Nur wenige Schriftsteller beschäftigen sich tiefgründig mit dem Eisenbahnunfall. Einer von ihnen ist Alfred Polgar (1875–1955), der unter der für dieses Kapitel verwendeten Überschrift schrieb: /52/

»Es hat sich ein Eisenbahnunglück ereignet, und zwar als Folge einer Ursache von ganz unheimlicher Winzigkeit. Zwischen den Stationen A und B ist die Strecke, auf der das Schlimme geschah, eingleisig. In einer der beiden Stationen müssen die aus verschiedener Richtung kommenden Züge einander ausweichen. Irgendwelche verkehrspraktische Erwägung bestimmte den Beamten in B, an A telegraphisch den Vorschlag zu richten, die Kreuzung der fälligen Züge nicht, wie üblich, in A, sondern in seiner Station, der Station B, erfolgen zu lassen. Der Vorschlag wurde telegraphisch abgelehnt, und zwar mit den Worten: ›Vorschlag nicht angenommen‹. Nun wollte es das Verhängnis, daß in dieser Depesche, die mittels Morse-Ferndruckapparates weitergegeben wurde, das n im Worte ›nicht‹ verstümmelt war. Es hieß also: ›… icht angenommen‹, was der Beamte als ›… ist angenommen‹ las.

Die Regisseure solchen tückischen Spiels kann der Mensch, ob er sie nun Zufall, Schicksal, Fügung nennt, nicht fassen, nicht mit dem Verstand und nicht mit der Faust. So hält er sich, hungrig nach Schuld, Kausalität und nach Rache für das Erlittene, an die Akteure. Der Zufall ist nicht zu suspendieren, das Schicksal ist nicht einzusperren, die Fügung nicht abzusetzen …«

So Polgars Gedanken über die Ursache eines Eisenbahnunfalls in literarischer Form. Der Eisenbahnfachmann mag sie nicht akzeptieren, denn er wird sich mit dem unausweichlichen Schicksal nicht abfinden. Der Mensch darf, soll nicht irren; der Irrtum wird ihm im Hinblick auf die Sicherheit des Eisenbahnbetriebs technisch und organisatorisch »schwergemacht«. Anerkennen muß man Pol-

gars Griff ins Eisenbahnleben schon, zumal Unfallschilderungen in der Literatur nicht gerade häufig sind. Hier nimmt sich der Schriftsteller sogar eines speziellen und, was Irrtümer und Oberflächlichkeiten angeht, sogar recht repräsentativen Themas an: Pflichtverletzung im Zugmeldedienst. Der Fahrdienstleiter regelt die Zugfolge, also die Reihenfolge der Züge, auf der freien Strecke. (Früher wurde er bei deutschen Bahnen Stationsassistent genannt.) Ganz gerecht wird die Tätigkeitsbezeichnung seiner Aufgabe wohl nie, mag doch der Uneingeweihte in einem Fahrdienstleiter eher einen Eisenbahner vermuten, der Fahrzeuge und Personal disponiert. Tatsächlich ist er mit dem Lokomotivführer einer der wichtigsten Eisenbahner im Hinblick auf die Sicherheit der Zugfahrten.

Auf zweigleisigen Strecken ist der Zugfahrdienst im Regelfall recht unkompliziert. Zu beachten ist, daß ein Zug den Blockabschnitt verlassen haben muß, ehe der nächste in ihn eingelassen werden darf. Allgemein glaubt man, dieses Prinzip lasse sich nur durch das Anbieten (oder Vorausmelden), Annehmen (oder Wiederholen der Vorausmeldung) und das Rückmelden – auf Strecken mit Streckenblock, der die Signale durch Mitwirkung des Zuges elektrisch sichert, kann darauf verzichtet werden – verwirklichen. In den einzelnen Ländern des Erdballs wird aber durchaus recht unterschiedlich verfahren, wenn es um die Regelung der Zugfolge geht.

In den USA kennt man heute noch die Fahrbefehle. Die »Hierarchie« der Züge unterscheidet »übergeordnete« und »untergeordnete« Züge – je nach Fahrtrichtung; ein Verfahren, das es im vorigen Jahrhundert noch in Österreich-Ungarn gab. Kommt ein »untergeordneter« Zug an seinen Kreuzungspunkt, so muß er auf dem Ausweichgleis den entgegenkommenden Zug abwarten. Das verläuft recht unkompliziert, solange alles nach Fahrplan abläuft.

Bild 113
Hier in Killarney (Irland) werden bei gedrosselter Geschwindigkeit die Zugstäbe ausgetauscht.
Foto: La vie du rail

Bei Verspätung muß der »untergeordnete« Zug auf den »übergeordneten« Zug warten. Ist der »übergeordnete« Zug verspätet, muß der »untergeordnete« Zug 30 Minuten warten. Nach dieser Zeit darf er auf Anweisung des Zugleiters und in Übereinkunft mit dem Dispatcher abfahren. Der »übergeordnete« Zug kann auch auf dem laut Fahrplan vorgesehenen vorgelegenen Kreuzungsbahnhof warten.

Die Strecken werden von einem Dispatcher überwacht, der mit Funk den »operators«, den Fahrdienstleitern, Weisung erteilen kann. Auch mit den Lokomotivführern besteht Funkverbindung, so daß der Dispatcher stets erfahren kann, wo sich gerade ein Zug befindet. Auf Weisung des Dispatchers übergeben die Fahrdienstleiter den Lokomotivführern »train orders«, Fahraufträge.

70 Prozent der USA-Strecken sind eingleisig, 95 Prozent des privaten und staatlichen Eisenbahnnetzes in Kanada ebenfalls. Beide Länder verwenden die Methode mit den Fahrbefehlen. Die Bahnverwaltungen Mexikos und Kubas haben diese amerikanische Betriebsmethode beibehalten.

Die britische Lösung ist der Zugstab, der von 1840 an benutzt wird. Für jeden eingleisigen Abschnitt gibt es zwischen zwei Kreuzungsbahnhöfen den »staff«, den Stab. Nur der Lokomotivführer, der den Stab besitzt, darf den entsprechenden Streckenabschnitt befahren. Um Irrtümer zu vermeiden, sind die Stäbe – je nach Streckenabschnitt – unterschiedlich farbig gekennzeichnet, und der Name des jeweils gültigen Abschnitts ist auf ihnen vermerkt. Das System ist recht sicher,

doch kann man es schwerlich der Betriebslage anpassen, können doch die Züge nur im Wechsel verkehren, was paarigen Zugverkehr voraussetzt. Deshalb wurde auf einigen Strecken der Stab geteilt: Bahnhof A übergibt dem ersten Zug nach B den ersten Stabteil, dem zweiten Zug den zweiten Stabteil, Bahnhof B darf dann erst Züge nach A schicken, wenn der Stab vollständig ist. Das Verfahren hielt sich nicht lange, und so wurde das System »staff und ticket« eingeführt. Folgen mehrere Züge in eine Richtung, erhält nur der letzte Zug den Stab, die vorherfahrenden Züge erhalten ein Ticket, das etwa lautet:
GREAT WESTERN RAILWAY
Betriebsanweisung
Zug-Nummer ...
Für den Zugführer.
Sie sind berechtigt, nach Feststellen des Vorhandenseins des roten Zugstabs, den Streckenabschnitt von Cilmerie nach Garth
zu befahren.
Zugstab folgt.
Unterschrift.
Der Lokomotivführer hat sich in A vom Vorhandensein des Zugstabs zu überzeugen, in B übergibt er das Ticket dem Fahrdienstleiter. Der letzte Zug nimmt den Zugstab mit. So ähnlich wird auf dem europäischen Kontinent beim Fahren auf Sicht verfahren, an Stelle eines Zugstabs steht der »Erlaubnisschein«.

Das Verfahren mit Stab und Ticket bot jedoch nicht die absolute Gewähr, vor Unfällen geschützt zu sein; so kam es schon 1873 und 1874 in Großbritannien zu schweren Zusammenstößen.

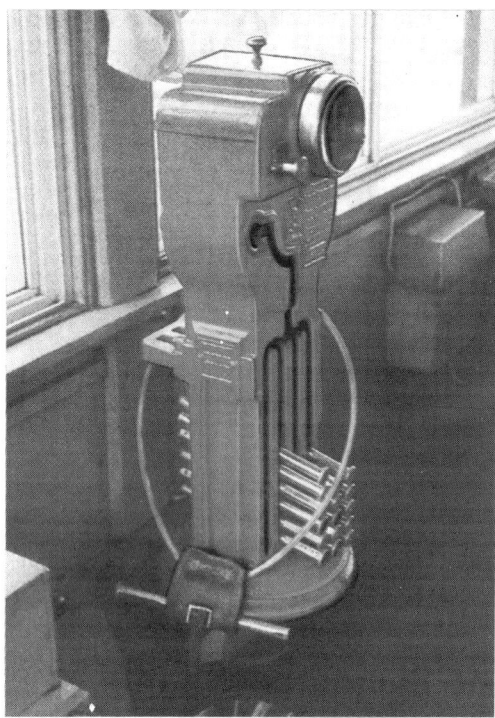

Bild 114 Ein Webb-Thomson-Gerät mit blockierten Zugstäben. Am Bügel ist der Zugstab befestigt. Beide werden dem Lokomotivführer übergeben.
Foto: La vie du rail

Der Elektroingenieur Edward Tyer (1830–1912) meldete 1878 das Patent für einen Zugstabübertrager an, ein Verfahren, bei dem durch eine zweiadrige elektrische Verbindung die Stellwerke der Bahnhöfe A und B verbunden sind. Der »electric staff« oder »electric token« war entstanden. Die Funktionsweise bestand darin, daß immer erst der entnommene Stab einem der beiden Geräte wieder eingeführt sein muß, bevor ein anderer Stab entnommen werden kann. Befindet sich ein Stab außerhalb des Geräts, beispielsweise beim Lokomotivführer, hat kein anderer Zug das Recht, in den Streckenabschnitt einzufahren, weil er ja keinen Stab erhalten kann. Der Nachteil ist, daß bei unpaarigem Zugverkehr es zu einer Ansammlung von Stäben auf einer Betriebsstelle kommt; die Stäbe müssen dann mit einem Zug oder auf der Straße zum benachbarten Bahnhof befördert werden.

Das System des Zugstabs wurde von einer großen Zahl von Eisenbahnverwaltungen übernommen. Etwa auf der Hälfte der britischen eingleisigen Strecken benutzt man Zugstäbe; ebenfalls auf vielen Strecken in Irland, in den ehemaligen britischen Kolonien, in Südamerika, in den Ländern des Nahen Ostens Israel, Irak und Jordanien. Hinzu kommen Strecken der ehemaligen französischen Kolonien, und auch die sowjetischen sowie die chinesischen Eisenbahnen verwenden den Zugstab, es gibt sogar Greifzangen für durchfahrende Züge, mit deren Hilfe der Stab aufgenommen wird.

Das fernmündliche Zugmeldeverfahren ist die rationellste Lösung, weil es nur Fernsprecher und Zugmeldebücher erfordert. Allerdings ist für einen sicheren Betrieb die äußerst genaue Beachtung der Vorschriften erforderlich. Der Streckenblock mit dem Richtungsverschluß für eingleisige Strecken ist die traditionelle Form der Sicherungstechnik in Europa. Eine etwas angehobene Form ist die Fernsteuerung für eingleisige Strecken, erstmals 1924 in den USA auf der 49 Kilometer langen Strecke zwischen Tolddo und Berwick der New York Central Railroad angewandt, die jetzt streckenweise bei den meisten europäischen Bahnverwaltungen anzutreffen ist. Ergänzt wird sie mitunter vom Zugfunk, so daß der Streckenfahrdienstleiter oder Dispatcher direkten Kontakt mit dem Lokomotivführer haben kann. Der Zugfunk wird beispielsweise in den USA und in der UdSSR auf etwa 90 Prozent der Strecken genutzt.

Bei den BR leitet ein Computer die 101 km lange Strecke von Kyle nach Lochalsh. In der Lokomotive verfügt der Lokomotivführer über einen Minibildschirm, auf dem »in Klarschrift« der Streckenabschnitt erscheint, der für ihn freigegeben ist. Dadurch entfallen Streckensignale, Stellwerke – eine sparsame (!) schottische Lösung. Die beste Lösung für die Zugsicherheit ist von jeher die zweigleisige Strecke. Zu Unfällen kommt es meist nur dann, wenn vom zweigleisigen Prinzip abgewichen werden muß, so bei Störungen oder bei Bauarbeiten.

Auf eingleisigen Strecken müssen sich die Fahrdienstleiter einigen, wer welchen Zug ablassen darf. Allein das Fahren nach Fahrplan genügt nicht; der Gesetzgeber fordert die besondere Verständigung darüber, und die Bahnverwaltungen tun gut daran – wie wir noch sehen werden –, einen vorgeschriebenen Wortlaut für diese Verständigung zu bestimmen. Da nun aber menschliche Irrtümer

Bild 115
Ansicht des Bahnhofs
Spremberg Hbf in den dreißiger Jahren. Der Morse-
fernschreiber, der die verhängnisvollen Depeschen
aufnahm, steht im Fahr-
dienstleiterraum, links hinter dem Windfang.
Foto: Rbd Halle

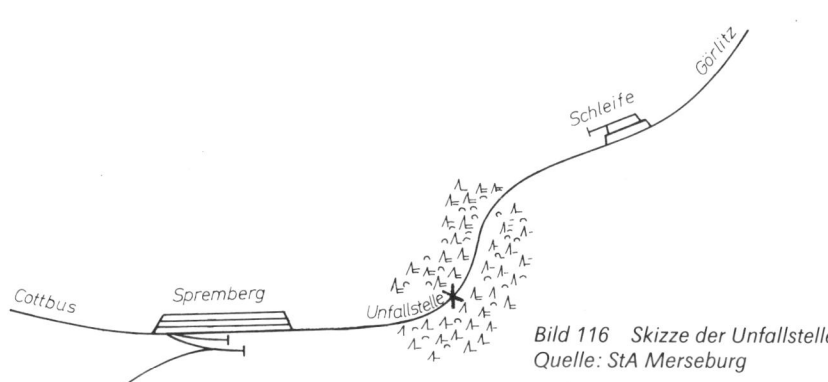

Bild 116   Skizze der Unfallstelle
Quelle: StA Merseburg

Bild 117
Aufräumungsarbeiten.
Foto: Sammlung E. Preuß

nicht auszuschließen sind, wurde die Sicherheit des Zugverkehrs durch die Streckenblockeinrichtungen und weitere Einrichtungen, die eine Mitwirkung des Zuges erfordern, vom Menschen weitgehend unabhängig gemacht.

Das sind teure und recht komplizierte Systeme, die sich auf Strecken mit geringer Zugdichte nicht lohnen, so wie nicht an jeder Straßenkreuzung eine Ampel stehen muß. Auch kann die Sicherungseinrichtung zeitweise außer Betrieb sein. Auf solche Fälle ist der Fahrdienstleiter vorbereitet, dafür wird er ausgebildet und eingewiesen. Seine doppelte Aufmerksamkeit ist erforderlich, zehnfache Sorgfalt, wie Polgar schrieb. Wird ein jeder diesen Verhaltensanforderungen gerecht? Kaum. Sonst wäre nicht von Unfällen zu berichten, die ihre Ursachen in Fehlern des Fahrdienstleiters haben.

Geradezu klassisch ist der Unfall vom 7. August 1905 in Spremberg. Bei Schrankenbude 7 stößt Schnellzug Nummer 112 von Görlitz mit dem Schnellzug Nummer 113 von Berlin zusammen. Beide Lokomotiven werden zertrümmert, die ersten beiden Wagen des Berliner Zuges schieben sich vollständig ineinander, so daß sämtliche Reisende in ihnen entweder schwer verletzt oder getötet werden.

In der Öffentlichkeit, gefördert von Leserbriefen und der amtlichen Zurückhaltung, entsteht der Eindruck, die Eingleisigkeit der Strecke allein trage die Schuld an dem Unglück. Die polizeiliche Untersuchung ergibt nach einigen Tagen, daß nicht die Art der Strecke, sondern das Verhalten mehrerer Eisenbahner zum Unfall führte.

Die Staatsanwaltschaft Cottbus erhebt gegen den Stationsassistenten Gustav Arthur Stullgys und gegen den Weichensteller Paul Oswald Wiedemann Anklage. Und im preußischen Abgeordnetenhaus kommt es zu einer hitzigen Debatte; die Konservativen bringen eine Interpellation ein, die vom Minister von Budde beantwortet wird:

»... Der Stationsvorsteher in Spremberg hat nun eine Depesche, die von der nächsten Station Schleife, gar nicht gelesen, sondern dummes Zeug zurücktelegraphiert, er hat ja auch Depeschen nach der falschen Seite weitergegeben ... Der Stationsassistent hat den Apparat falsch eingestellt und schlecht bedient.«

Am 20. Dezember 1905 beginnt die Verhandlung vor dem Landgericht Cottbus. Gemessen an dem, was zum Verhalten des Stullgys aufgedeckt wird, geht sie in die Geschichte der Eisenbahnkatastrophen ein:

Stullgys wird am 1. Juni 1903 vom Bahnhof Teuplitz nach Spremberg versetzt. Vom Freitag zum Sonnabend, dem 5. August 1905, versieht er den Nachtdienst, am Sonnabend und am Sonntag ist er beurlaubt, muß aber am Abend des Sonntags wieder in Spremberg eintreffen. (Das schrieb die Staatseisenbahn so vor!) Sein Dienst beginnt am Montag, dem 7. August, um 13 Uhr. Als er sonntags Berlin mit dem Zug 113 verläßt, fährt er nicht nach Spremberg, sondern weiter nach Teuplitz, wo er abends ein Hotel aufsucht und bis zum frühen Morgen durchzecht.

Am 7. August kommt er – drei Stunden nach dem planmäßigen Dienstbeginn! – nach Spremberg und meldet sich vom Urlaub zurück. Den Eisenbahnern dort scheint es, er sei angetrunken. Einer ruft ihm sogar zu: »Na, Du hast wohl eine ordentliche Kröte zu sitzen ...« – Die hatte er, wie das noch folgende Geschehen zeigt.

Erst der Spremberger Unfall öffnete denen die Augen, die meinten, ein wenig Alkohol im Dienst könne nicht viel anrichten. Der Minister der öffentlichen Arbeiten verbot den Alkoholgenuß während des Dienstes, wozu allerdings nicht nur der Spremberger Unfall Anlaß gab. Von Budde am 6. Dezember 1905 im Abgeordnetenhaus: »Ich hielt es aber für meine Pflicht, noch eine zweite Verfügung bekanntzugeben, in der die Direktionen angewiesen werden, auf den Stationen alkoholfreie Getränke, je nach Jahreszeit, vorrätig zu halten.« (Beifall)

Stullgys tritt gegen 16.30 Uhr seinen Dienst an. Bald darauf besucht er die Bahnhofswirtschaft und trinkt ein Bier. Er ist auffallend lustig und vergnügt. Als er sich wieder im Fahrdienstleiterraum befindet, kommt es zu folgendem verhängnisvollen Telegrammwechsel auf dem Morsefernschreiber:
1. Spremberg fragt in Schleife: »Wie kommt Zug 112?«
2. Schleife: »Zug ist noch nicht angeboten.«
3. Bagenz fragt: »Wie kommt Zug 112?«
4. Spremberg antwortet: »Zug ist noch nicht in Weißwasser ab.«
5. Bagenz bietet Spremberg an, die Kreuzung der Züge 112 und 113 nach Spremberg zu verlegen.

6. Spremberg: »Einverstanden«.
7. Bagenz bestätigt die Kreuzungsverlegung.
8. Bagenz bietet Spremberg Zug 113 an.
9. Ehe Spremberg den Zug annimmt, bietet Schleife Spremberg den (Hauptzug) Zug 112 an.
10. Spremberg nimmt Zug 112 an.
11. Bagenz bietet nochmals Zug 113 nach Spremberg an.
12. Spremberg nimmt Zug 113 an.
13. Bagenz meldet Zug 113 ab.
14. Schleife meldet nach Spremberg: »Zug 112 durch 17.35«.
15. Spremberg gibt Verstandenzeichen und bietet Zug 113 an. Anruf wird wiederholt. Schleife meldet sich.
16. Schleife bietet Spremberg den Nachzug 112 an: »Wird Nachzug 112 angenommen, wenn Hauptzug 112 dort?« Keine Antwort.
17. Schleife bietet erneut an: »Wird Zug 112 angenommen?«
18. Schleife abermals: »Wird Zug 112 angenommen?« Das Wort »Nachzug« wird nicht verwendet, der Hauptzug ist bereits abgemeldet worden (siehe 14.).
19. Spremberg antwortet: »Nein, wieso?«
20. Schleife bietet zum vierten Mal den Nachzug 112 an: »Nehmen Sie den Zug 112 an?«
21. Spremberg nimmt weder an noch lehnt es ab, sondern bietet Zug 113 an. (!!)
22. Schleife erwidert: »Wir haben bereits Zug hier, Nachzug 112 muß nach dort, Arbeitszug kann doch nicht vor Schnellzug gehen.«
    In Schleife steht ein Arbeitszug, so daß Zug 113 zur Kreuzung mit Nachzug 112 nicht angenommen werden kann.
23. Spremberg antwortet: »Ja doch.«
24. Schleife wieder: »Bitte, ist Zug 112 dort?«
25. Spremberg: »Nein, noch nicht.«
26. Schleife bittet Spremberg: »Aber gleich zurückmelden.«
Jetzt will Stullgys nach Bagenz telegrafieren, *vergißt jedoch*, die Morseleitung nach Schleife aus- und die nach Bagenz einzuschalten. Deshalb gehen die für Bagenz bestimmten Telegramme nach Schleife, und der spätere Angeklagte Wiedemann in Schleife läßt sich darauf ein. So erhält Schleife von Spremberg das nächste Telegramm.
27. »Wird Zug 112 angenommen, wenn Zug 113 hier?«

Das war ein Wortlaut, der nie für Schleife bestimmt sein konnte. Nichtsdestotrotz fragt Schleife:
28. »Ist Zug 112 dort?«
29. Spremberg antwortet: »Ja, ist hier.« Daraufhin läßt Wiedemann den Nachzug 112 in Schleife durchfahren. Stullgys ruft wiederholt Bagenz, aber der Umschalter steht noch immer auf Schleife, und Bagenz meldet sich nicht. Spremberg telegrafiert in der Meinung, Bagenz sei am Morsefernschreiber, nach Schleife:
30. »Zug 113 hier, wird Zug 112 angenommen?«
31. Anfrage wird wiederholt.
32. Schleife meldet Nachzug 112 ab: »Schleife hier, Zug 112 durch 17.43.« Spremberg gibt das Verstandenzeichen!
In Spremberg stellt jetzt Stationsassistent Terpo den Apparat richtig ein, und Bagenz meldet sich.
33. Spremberg meldet Zug 113 zurück und bietet Hauptzug 112 an.
34. Bagenz nimmt Hauptzug 112 an.
35. Schleife meldet nach Spremberg nochmals die Durchfahrt des Nachzugs 112, wird aber von Stullgys unterbrochen, der glaubt, Schleife erkundigt sich nach dem Hauptzug 112.
37. Stullgys telegrafiert nach Schleife: »Ja, Zug 112 hier, wird Zug 113 angenommen?«
38. Schleife antwortet: »Nehme Zug 113 an, Nachzug 112 durch 17.43.«
    Immer noch nicht wird Stullgys auf den Nachzug aufmerksam, denn er läßt, nachdem Zug 113 angenommen worden war, trotz des Hinweises auf den Nachzug 112 den Zug 113 abfahren und meldet dies nach Schleife:
39. »Ja, Zug 112 hier, Zug 113 ab 17.47.« Schleife ruft wiederholt in Spremberg an, und als Stullgys sich endlich meldet, fragt Schleife:
40. »Bitte, ist Zug 113 ab?«
Jetzt tritt Terpo an den Morseapparat und fragt Schleife:
41. »Wo ist der Nachzug 112?«
42. Terpo weist darauf hin, daß Zug 113 um 17.47 Uhr abgemeldet worden ist und fragt Schleife: »Wann ist Nachzug 112 abgemeldet worden?«
43. Schleife erwidert: »17.43«.
44. Spremberg fragt: »Wann ist Hauptzug 112 abgegangen?«

45. Schleife: »Na bitte, wissen Sie denn nicht, was für Züge Sie auf der Strecke haben?«

Die folgenden Telegramme sind unverständlich, Spremberg versucht zu telegrafieren (!), daß Zug 113 zurück solle. – In diesem Augenblick stoßen die Züge zusammen.

Den Telegrammwechsel auf dem Morsefernschreiber über Inhalte, die heute schnell mit einem Gespräch über den Fernsprecher geklärt wären, muß man vor dem Hintergrund sehen, daß der Fernsprecher bis um die Jahrhundertwende – vor allem in Preußen – zwischen den Betriebsstellen nicht geläufig war. Sämtlicher Nachrichtenaustausch fand auf dem Morsefernschreiber statt.

Abgesehen vom pflichtwidrigen Verhalten der Fahrdienstleiter Wiedemann in Schleife und Stullgys in Spremberg wäre der Unfall zu verhindern gewesen. Weichensteller Schmidt, der vom Verkehren des Nachzuges unterrichtet war, durfte das Ausfahrsignal für Zug 113 nicht auf Fahrt stellen. Er mußte Stullgys erinnern, daß der Nachzug 112 noch abzuwarten ist …

Kopflos handeln die Schrankenwärter, denen nicht klar wird, »was das viele Läuten bedeuten soll«. Es sind die Abläutesignale aus beiden Richtungen gleichzeitig, mithin dreimal eine bestimmte Anzahl von Glockenschlägen, während die Züge sonst nur – je nach Fahrtrichtung – mit einer bestimmten Anzahl von Glockenschlägen angekündigt werden. Beachteten sie die Läutesignale, mußten sie die Züge anhalten. Vom Intellekt mancher Wärter zeugen folgende Aussagen der Charlotte Knospe, die seit 30 Jahren Schrankenwärterin ist, vor Gericht:

»Es hat so merkwürdig geläutet, daß ich annahm, die Glocke sei entzwei und selbsttätig heruntergeschnurrt. Als ich nachsehen wollte, hörte ich plötzlich einen Krach und das Zischen der aufeinandergefahrenen Züge.«

Sachverständiger Piernay gibt sich jovial: »Liebe Frau, Sie haben bisher so prachtvoll geantwortet. Jetzt kommt etwas Schwieriges, wir beide werden uns wohl verstehen. (Heiterkeit). Zeugin: »Na ja.« – Sachverständiger: »Sie sind vom Bahnhof Spremberg wie weit entfernt?« – Zeugin: »Etwa 1700 Meter.« – Sachverständiger: »Sie können es mir schon glauben, es sind 1500 Meter.« (Heiterkeit). »Sie haben sich sonst hingestellt und die Züge

abgewartet, weil Sie nichts anderes zu tun hatten.« – Zeugin: »Na ja.« – Sachverständiger: »Sie sagen, das Läutesignal sei drei Minuten vor Vorbeifahrt des Zuges 113 bei Ihnen angekommen?« – Zeugin: »Na ja, aber ich bin in die Bude gegangen.« – Sachverständiger: »So kommen wir nicht weiter, liebe Frau. Sie hatten doch in der Bude nichts zu suchen.« – Vorsitzender: »Aber Herr Geheimrat, merken Sie denn nicht, daß die Zeugin Ihnen ausweichen will?« – Sachverständiger: »Vorhin hat sie so prachtvoll gesagt, daß das Signal drei Minuten vorher gekommen ist, und nun wird sie mir das doch wiederholen können.« – Zeugin: »Na ja, na nee.« (Heiterkeit). – Sachverständiger: »Ich halte Ihnen nochmals vor, der Zug braucht drei Minuten von der Station bis zu Ihnen.« – Zeugin: »Na ja, aber er fuhr sehr langsam bis zu mir.« – Sachverständiger: »Das mag sein.« – Zeugin: »Ich will es aber nicht so genau sagen.« – Sachverständiger: »Aber daraus wird Ihnen doch kein Strick gedreht.« – Zeugin: »Na ja, na nee.«

Das Gericht hält sich damit auf, zu klären, ob man Stullgys Besuch in Teuplitz als »große Kneiperei« bezeichnen könne und ob er an den Nachzug erinnert worden wäre, hätte Zug 112 Signal 17b (weiße Scheibe am Zugschluß) als Zeichen dafür geführt, daß ein Sonderzug nachfolgt. Aber Stullgys mußte von dem Nachzug, der regelmäßig verkehrte, auch ohne dieses Signal wissen.

Stullgys wird zu einer Gefängnisstrafe von einem Jahr, vier Monaten, Schmidt zu einem Monat Gefängnis verurteilt. Wiedemann wird freigesprochen.

Im 16 Seiten umfassenden Urteil heißt es über die Schrankenwärter: »Den meisten wohnte schwerlich die Fähigkeit inne, im gegebenen Moment rasch und entschlossen das Richtige zu tun.«

Fehler und Nachlässigkeiten führten gerade auch im ersten Weltkrieg – wie schon am Beispiel gezeigt – zu schweren Eisenbahnunfällen. Hier war der Eisenbahner Belastungen ausgesetzt, die kaum mit solchen in Friedenszeiten zu vergleichen sind. Um davon ein Bild zu zeichnen, sei zunächst die damalige Situation kurz beleuchtet:

Als am 31. Juli 1914 der deutsche Kaiser den Krieg erklärte, begann insbesondere am Abend des folgenden Tages bei den deutschen Eisenbahnen der Kriegsbetrieb. Der

Aufmarsch der Truppen zu den Kriegsschau-
plätzen im Westen und im Osten erforderte in
den ersten 14 Tagen, etwa 166 000 gedeckte
Güterwagen zum Mannschafts- und Pferde-
transport herzurichten, ebenso 59 000 offene
Güterwagen zum Fahrzeugtransport.

Durch den Heeresaufmarsch wurden bis
zum 31. August Züge in einer Zahl gefahren,
wie sie die Eisenbahn bis dahin nicht kannte.
Vom 4. bis 6. August waren es 20 800 Züge
allein fürs Militär mit insgesamt 2 070 000
Mann, 118 000 Pferden und 400 000 Tonnen
Material.

Bis August 1916 wurde die deutsche Wirtschaft auf die Kriegszwangswirtschaft umgestellt, die Heeresverwaltung trat an die Eisenbahnen mit stets wechselnden Forderungen
heran. Schon in dieser Zeit machte sich die
Schwächung des Betriebsapparates bemerkbar, denn die Eisenbahnen mußten Personal
und Material an die Feldeisenbahnen abgeben. Die Überlastung der Eisenbahnen und ihres Personals wurde besonders im Januar
1917 bedenklich, ein strenger Winter trug das
seine dazu bei, zumal vereiste Wasserstraßen
die Entlastung der Eisenbahnen vom Güterverkehr vereitelten.

Es kam immer häufiger und an immer mehr
Stellen zu Betriebsstörungen, die jeder an
überfüllten Bahnhöfen, fehlenden Lokomotiven, Rückstau von Zügen auf der Strecke und
großen Verspätungen spüren konnte.

Es fehlte nicht an Gegenmaßnahmen, wie
Ausdünnung der Reisezugfahrpläne, Fahr-
preiserhöhungen, Verkehrssperren — sie blieben oft fragwürdig. Außerdem sollten drako-
nische Strafen helfen. Beispielsweise führten
der mangelhafte Zustand der Schmiervorrich-
tungen, die verminderte Güte des Lager- und
Schmiermaterials, die mangelhafte Wartung
durch immer weniger werdende Schmierer
zu vielen Heißläufern. Dem Schmierer wurden seit 1. Februar 1917 0,25 Mark abgezo-
gen, wenn ihm nachgewiesen werden
konnte, daß er durch sein Säumen einen
Heißläufer verursachte. Im Erlaß vom 15. April
1918 des Ministers der öffentlichen Arbeiten
hieß es: »Für jedes unter der Behandlung des
Schmierers heißgelaufene oder von ihm auf
einer Station in erhitztem Zustand ange-
brachte Achslager wird ohne Rücksicht auf
die Schuldfrage der Betrag von 0,50 Mk abgesetzt.« /53/

Diese Anordnung muß man vor dem Hintergrund der aufsehenerregend steigenden Un-
fallkurve sehen. (1910 auf deutschen Eisenbahnen 3 138 Unfälle, 1918 fast 5 000). /54/

Zum Vergleich: 1913 kamen auf eine Million Zugkilometer 4,66 Unfälle, wurden
0,23 Reisende getötet, 1,60 verletzt. Übrigens
wurden 1910 bei Gepäck und Gut 117 224
Fehlmeldungen, 1919 über 600 000 Fehlmeldungen geschrieben ...

Es sei, da hier nur über Unfälle im ersten
Weltkrieg berichtet wird, vermerkt, daß eine
ähnliche, sicher noch gravierendere Entwicklung im Laufe des zweiten Weltkrieges festgestellt werden könnte, lägen endgültige Zahlen
vor. Die statistischen Angaben über die DRG,
die nur die schwerwiegenden Unfälle enthalten, enden mit dem Jahre 1943, und zwar mit
dem Zusammenstoß des SF 62 auf zwei haltende Lokomotiven auf dem Bahnhof Tantow
am 31. Dezember 1943, bei dem 38 Personen
getötet und 16 Personen verletzt wurden. (In
Tabelle S. 120 werden alle in der Statistik auf-
geführten Unfälle vom 1. September 1939 bis
zum 31. Dezember 1943 genannt.)

Daß das vordem so vorbildlich organisierte
preußische Eisenbahnwesen regelrecht aus
den Fugen geriet, war abzusehen. Denn die
Heeresverwaltung nahm keinerlei Rücksicht
auf die Belange eines ordnungsgemäß gefüh-
ten Betriebs- und Maschinendienstes, immer
zahlreicher mußte gut geschultes Personal ab-
gegeben und mußten dafür weniger geeignete Hilfskräfte eingestellt werden. So sah
sich der Minister der öffentlichen Arbeiten gezwungen, am 24. Oktober 1915 in einem Erlaß
zu bestimmen: »... vorübergehend auch solche Bediensteten zum Beamtendienst heran-
zuziehen, die den Vorschriften der Tauglichkeit nicht völlig genügten (auch Herzkranke,
Farbenuntüchtige im Betriebsdienst)«. Selbst
Siebzehnjährige wurden für den Betriebsdienst zugelassen, um als sogenannte Hilfsbremser zu fahren, von 1917 an brauchte man
es für diesen Dienst sogar nur auf 16 Jahre zu
bringen. Mit formlosen Prüfungen wurden
aus bewährten Feuermännern Lokomotivführer, verkürzt wurde die Ausbildung bei Brem-
sern, Bahnwärtern, Weichenstellern und im
Blockwärterdienst.

Zu diesen herabgesetzten Anforderungen
gesellten sich die Einschränkungen des Ur-
laubs. Die erst 1913 eingeführten Diensterle-
leichterungen entfielen, dafür traten die Be-

Besonders zu erwähnende Unfälle während des zweiten Weltkrieges bei der DRG
– außer besetztes Österreich –

Tag	Ort	RBD	Zahl der Opfer Tote/Verletzte		Hergang
1939					
8. Oktober	Berlin-Gesundbrunnen	Berlin	23	31	D 17 auf Schluß des P 411 aufgefahren; Warnstellung zweier Vorsignale nicht beachtet und Hauptsignal in »Halt« überfahren
30. Oktober	Karwitz	Hamburg	9	19	M 219 mit M 164 zusammengestoßen; Halt zeigendes Einfahrsignal überfahren
31. Oktober	Berent–Sonnenwalde	Danzig	5	41	2 Hilfsloks mit M 152 zusammengestoßen; Hilfslok ohne Verständigung abgelassen
12. November	Cosel–Bauerwitz	Oppeln	43	48	P 950 mit P 957 zusammengestoßen; P 957 ohne Anbieten abgelassen
26. November	Nieder Wöllstadt	Frankfurt am Main	11	18	Leig 5811 mit P 772 zusammengestoßen; Leig auf Antrag zum Vorziehen am Halt zeigenden Ausfahrsignal vorbeigefahren
1. Dezember	Dortmund Hbf–Witten West	Essen	15	17	Kraftomnibus mit P 3501 zusammengeprallt; Schranke nicht geschlossen
12. Dezember	Vorhalle–Wetter (Ruhr)	Wuppertal	15	36	P 3567 mit P 3862 zusammengestoßen; P 3567 bei Ausfahrt auf Befehl A infolge voreiliger Weichenumstellung auf das falsche Gleis geleitet
15. Dezember	Vennebeck	Hannover	6	6	M 133 in Rotte gefahren, Warnsignale zu spät gegeben
22. Dezember	Genthin	Berlin	186	106	D 180 auf D 10 aufgefahren (siehe 4. Kapitel)
22. Dezember	Radolfzell–Friedrichshafen	Karlsruhe	101	28	Sp 21 154 mit Dg 7953 zusammengestoßen; beide Züge ohne Anbieten abgelassen
1940					
17. Januar	Zittau–Hagenwerder	Dresden	12	20	Kraftomnibus mit P 613 zusammengeprallt (siehe 3. Kapitel)
5. Februar	Cloppenburg–Ocholt	Münster	11	31	Kraftomnibus mit V 9589 zusammengeprallt; Verschulden des Kraftfahrers
18. Februar	Woltwiesche	Hannover	2	16	Dst 36 mit B Dg 17 323 zusammengestoßen; Halt zeigendes Einfahrsignal bei starkem Nebel überfahren

Quelle: /65/

Tag	Ort	RBD	Zahl der Opfer Tote/Verletzte		Hergang
25. Februar	Neubeckum	Hannover	2	1	Dg 6241 entgleist; Kessel der 56 1753 infolge Korrosion zerknallt
18. Mai	Rheinhausen	Köln	4	23	Im W 162 163 von Wehrmachtsangehörigen besetzter G-Wagen in Brand geraten
28. Mai	Rheydt Vschbf	Köln	3	15	W 117 061 einer nicht grenzzeichenfrei stehenden Lok in die Flanke gefahren; mangelhafte Fahrwegprüfung
3. August	Rheine–Salzbergen	Münster	8	9	Kraftomnibus mit P 630 zusammengeprallt; Schranke nicht geschlossen
21. August	Paderborn–Brilon Wald	Kassel	4	8	N 9010 mit N 9011 im Almer Tunnel zusammengestoßen; Fahrdienstfehler
29. Oktober	Rheinhausen Ost	Köln	6	3	V 5632 auf P 2250 aufgefahren; P 2250 nach eigenmächtigem Eingriff in Sicherungsanlagen vorzeitig zurückgeblockt
16. November	Eberswalde–Frankfurt (Oder)	Stettin	9	21	B Dg 6916 mit Kp 441 zusammengestoßen; Zug 6916 in Schönfließ Dorf trotz planmäßigen Aufenthalts und Halt zeigenden Ausfahrsignals durchgefahren
29. Dezember	Kodersdorf	Halle	5	3	E 174 der Rangierabteilung des Küb 15 831 in die Flanke und Dg 6973 im Nachbargleis gegen die umgestürzte Lok des Küb gefahren; mangelhafte Fahrwegprüfung
30. Dezember	Berlin–Stendal	Berlin	6	11	Dg 6004 auf SF 119 aufgefahren; Dg 6004 infolge mißverstandenen Auftrags des Fahrdienstleiters in besetzten Streckenabschnitt abgelassen und grobe Fehler bei Befehlsausfertigung
1941					
22. Januar	Isenbüttel–Gifhorn	Hannover	94	156	Dg 6120 auf W 94 122 aufgefahren; keine Fahrwegprüfung
27. Januar	Dreileben-Drackenstedt	Hannover	8	31	D 137 auf P 437 aufgefahren; Halt zeigendes Einfahrsignal überfahren

Tag	Ort	RBD	Zahl der Opfer Tote/Verletzte		Hergang
20. Februar	Mariensiel	Münster	21	28	Kraftomnibus mit Lp 911 zusammengeprallt; geschlossene Schranke von Passanten geöffnet, außerdem grobfahrlässiges Verhalten des Kraftfahrers und des Schrankenwärters
16. März	Ars–Metz	Saarbrücken	23	38	SF 831 mit Lz zusammengestoßen; Eingriff in Sicherungsanlagen und vorzeitige Auflösung der Fahrstraße, dadurch gelangte Lz in das falsche Streckengleis
27. März	Gardelegen	Hannover	7	30	Zuglok des N 8647 dem durchfahrenden W 94 111 in die Flanke gefahren; Lok ohne Zustimmung des Stellwerkswärters vorgefahren
6. April	Rengershausen	Kassel	6	11	SF 137 auf den wegen nicht erkannter Stellung des Ausfahrsignals angehaltenen Dg 6079 aufgefahren; W 99 091 im Nachbargleis in die Trümmer gefahren, mangelhafte Fahrwegprüfung
3. Mai	Gusow	Osten	16	45	Rangierabteilung des N 8106 dem einfahrenden W 92 065 in die Flanke gefahren; Rangierabteilung auf ein mißverstandenes Zeichen des Fahrdienstleiters vorgezogen
14. Juni	bei Fellheim	Augsburg	5	11	Flugzeug auf P 752 gestürzt und verbrannt
30. August	Forbach–Gausbach	Karlsruhe	8	15	P 3936 bei Einfahrt entgleist, Fahrstraße vorzeitig aufgelöst und Weiche unter dem Zug gestellt durch einen in Ausbildung befindlichen Bahnunterhaltungsarbeiter
21. September	Rabsztyn	Oppeln	7	42	P 1462 auf Lazarettzug W 93 230 aufgefahren; Einfahrsignal nach Einfahrt Lazarettzug nicht in Haltstellung gebracht
29. Oktober	Berlin-Ostkreuz–Grünau	Berlin	6	2	S-Bahnzug in Rotte gefahren, Warnsignale durch anderen Vorortzug überhört

Tag	Ort	RBD	Zahl der Opfer Tote/Verletzte		Hergang
3. Dezember	Unterhofen–Solgen	Saarbrücken	6	14	Rangierabteilung dem einfahrenden P 2815 in die Flanke gefahren; ungenügende Aufmerksamkeit Lokführer und Rangierleiter
17. Dezember	Kiel–Flensburg	Hamburg	7	15	P 1000 mit Sonderzug zusammengestoßen; Fahrdienstfehler auf Bf Suchsdorf
27. Dezember	Frankfurt (Oder)–Posen	Osten	41	57	D 123 auf den vor Bf Leichholz haltenden Dg 7053 aufgefahren, durch explodierendes Benzin 6 Kesselwagen des Dg 7053 und 5 Wagen des D 123 ausgebrannt; Halt zeigendes Blocksignal bei Schneetreiben überfahren
29. Dezember	Lauenhagen	Schwerin	27	35	W 96 031 auf 2 Loks aufgefahren; falsche Lage der örtlich nicht gesicherten Einfahrweiche
1942					
5. Januar	Ortelsburg	Königsberg	8	22	M 33 bei Einfahrt mit Rangierabteilung zusammengestoßen; Hauptgleis ohne Zustimmung des Fahrdienstleiters benutzt
3. Februar	Kohlfurt–Arnsdorf (b. Liegnitz)	Breslau	20	15	Im W 7159 Mannschaftswagen in Brand geraten
14. Februar	Gaschwitz–Meuselwitz	Halle	6	16	Hilfszug mit Schneepflug bei starkem Schneetreiben auf infolge Verwehung entgleiste Vorspannlok des P 2409 aufgefahren, Sperrfahrt ohne Vorsichtsbefehl abgelassen
17. Februar	Neudietendorf–Ritschenhausen	Erfurt	8	5	Lokzug 97 448 in Rotte gefahren; Rotte unzureichend gesichert
29. März	Sangerhausen–Güsten	Halle	4	10	Im W 93 745 Mannschaftswagen in Brand geraten
18. Mai	Kehl–Straßburg	Karlsruhe	11	79	B Dg 26 969 auf eingleisiger Behelfsbrücke mit E 140 zusammengestoßen; Halt zeigendes Deckungssignal überfahren

Tag	Ort	RBD	Zahl der Opfer Tote/Verletzte		Hergang
24. Juni	Werbig Pbf	Osten	10	23	Lok des Dg 6532 nach Zugtrennung unbemannt weiter auf Schluß des P 346 aufgefahren, grobe Versäumnisse des Lokomotivführers
16. Juli	Nürnberg–Treuchtlingen	Nürnberg	4	1	PKi 2543 in Rotte gefahren; Ruf des Sicherungspostens bei Begegnung zweier Züge überhört
8. Oktober	Haid–Ronsperg	Regensburg	11	35	Tp 3205 mit Lz 19 918 zusammengestoßen; Lz infolge ungenügender Verständigung ohne Abfahrauftrag abgefahren
16. Oktober	Waiblingen–Stuttgart–Bad Canstatt	Stuttgart	12	268	P 1666 auf den vor dem Einfahrsignal haltenden P 1954 aufgefahren; Stellwerkswärter griff eigenmächtig in Streckenblock ein und blockte vorzeitig zurück
26. Oktober	Lalendorf–Strasburg	Schwerin	6	14	Dg 6104 mit Dg 6105 zusammengestoßen; Fehler beim Zugmeldedienst
12. Dezember	Bialystok–Wolkowysk	Königsberg	21	46	W 17 774 mit Lok und 15 Wagen entgleist, Brand; Anschlag
17. Dezember	Lüneburg	Hamburg	10	19	W 92 321 bei Durchfahrt auf am Bahnsteig haltenden P 839 aufgefahren; Fahrdienstleiter trotz Besetzung des Gleises keine Hilfssperren angebracht und Zustimmung für Ausfahrt P 839 für Durchfahrt des W genutzt
1943					
4. Januar	Hannover Hbf–Wunstorf	Hannover	25	169	SFR 2304 bei starkem Schneetreiben auf D 8 aufgefahren; Halt zeigendes Blocksignal überfahren
28. Februar	Galkau	Posen	25	12	SF 76 auf Dg 19 540 aufgefahren; mangelhafte Fahrwegprüfung
30. Juni	Dortmund Hbf	Essen	28	90	D 24 auf P 210 aufgefahren; mangelhafte Fahrwegprüfung
4. Juli	Saalfeld–Naumburg Hbf	Erfurt	10	3	D 49 mit Kraftwagen zusammengefahren; Schranke nicht geschlossen

Tag	Ort	RBD	Zahl der Opfer Tote/Verletzte		Hergang
15. September	Falkenberg (Pom)	Stettin	18	41	N 8713 bei starkem Nebel dem nicht grenzzeichenfrei haltenden N 8702 in die Flanke gefahren; mangelhafte Fahrwegprüfung
19. September	Bialystok–Prostken	Königsberg	23	33	DmW 31 entgleist; Anschlag
16. Oktober	Coesfeld–Borken	Münster	21	10	Kp 1232 bei dichtem Nebel mit Wehrmachts-Lkw zusammengeprallt; Warnsignale nicht beachtet
23. Oktober	München Hbf–Ingolstadt	München	17	25	P 210 mit Kraftomnibus bei dichtem Nebel zusammengeprallt; Schranke nicht geschlossen
2. Dezember	Naumburg Hbf	Erfurt	35	123	SFR 33 auf SF 360 aufgefahren; Deckungssignal in »Halt« überfahren
25. Dezember	Korschen–Lötzen	Königsberg	15	34	E 32 auf Dg 94 476 aufgefahren; Einfahrsignal nach Durchfahrt des vorhergehenden Dg nicht in Haltstellung gelegt
31. Dezember	Tantow	Stettin	38	16	SF 62 auf 2 haltende Loks gefahren; mangelhafte Fahrwegprüfung

stimmungen von 1908 mit den langen Dienstzeiten in Kraft. Seit 1916 mußten sich die Lokomotivführer und -heizer jede dreistündige Dienstpause als Ruhezeit anrechnen lassen, im November 1916 wurde die monatliche Dienstzeit des Stations- und Rangierlokomotivpersonals von 240 Stunden auf 288 Stunden erhöht.

Spätestens 1918 machten sich die Folgen unzureichender Ernährung bemerkbar. Selbst als am 11. und 15. Dezember 1918 der Minister der öffentlichen Arbeiten die achtstündige Arbeitszeit am Tag auch für die Eisenbahner einführte, waren die Folgen der körperlichen und seelischen Überanstrengungen noch nicht ausgestanden, die Sorge um das tägliche Brot nagte an den Nerven.

Ungeeignetes Material, die Verwendung von Ersatzstoffen für die Instandhaltung von Lokomotiven und Wagen, unzureichende Schmiermittel, fehlende Kohlen und mangelhafte Beleuchtung trugen außerdem dazu bei, den Eisenbahnbetrieb zu destabilisieren und das Personal zu überfordern. So ist zu fragen, ob viele Unfälle infolge überforderten, ja oftmals härtesten Belastungen ausgesetzten Personals eintraten.

Vor diesem Hintergrund möge man die Unfalldarstellungen aus jener Zeit lesen. Nicht in jedem Fall wird sich die Frage eindeutig beantworten lassen, ob der Unfall durch ein Zuviel an physischer und psychischer Belastung eintrat, zumal bei den Unfalluntersuchungen kaum auf die Begleitumstände Rücksicht genommen wurde. Die Gesamtbelastung des Schuldigen läßt sich nicht allein aus der den Pflichtverletzungen vorausgegangenen Ruhezeit erklären. Schon gar nicht erfährt man aus den Unterlagen, welche Ausbildung der Beschäftigte genoß. Dafür liest man aber des öfteren von Hilfsassistenten, Hilfslokomotivführern ... Bezeichnend für dieserart Verhältnisse sind die Umstände, die zum Unfall bei Nieborow führten – womit wir auch wieder beim Zugmeldedienst wären.

Im November/Dezember 1914 begannen im Osten große Heeresverschiebungen. Allein vom 6. November bis 9. Dezember 1914 wurden rund 1800 Truppenzüge gefahren. Nun war eine gegen den rechten Flügel der russischen Armee gerichtete neue Operation vorgesehen, die für den deutschen Nachschub problematisch wurde. Der Versuch, den Gegner einzukreisen, mißlang. Vielmehr drohte eine russische Gegenoffensive, und die Überschätzung der eigenen Lage durch das Oberkommando Ost läßt sich unter anderem an den Eisenbahnverbindungen nachweisen. Stand doch fürs erste nur die eingleisige, erst wiederherzustellende, dafür aber regelspurige Bahn Thorn–Lowitsch (Abschnitt der Warschau-Wiener Eisenbahn) zur Verfügung.

Jetzt rächten sich erneut die Zerstörungen der Eisenbahn durch die deutschen Kompanien, denn die großen Kunstbauten erforderten eine langwierige Wiederherstellung. Weil nicht viel Zeit blieb, ordnete das Armeeoberkommando den Bau einer 600-mm-Feldbahn von Montwy in südöstliche Richtung an, wofür eine Regelspurbahn und zwei Rübenbahnen umgenagelt bzw. verlängert wurden. Diese Bahnen konnten dem vorgesehenen Zweck niemals dienen, statt dessen banden sie einen Großteil der verfügbaren militärischen Kräfte. Der (zivilen) Eisenbahndirektion Bromberg oblag der Aufbau der Strecke Thorn–Lowitsch, und am 30. Dezember 1914, nachdem die Feldbahn infolge der Kluft zwischen ihrer Leistungsfähigkeit und den Anforderungen verstopft war, konnte die Thorn-Lowitscher Linie, wenn auch nur notdürftig, in Betrieb gehen. Der Zugbetrieb war nur bei Nacht und unter besonderen Vorsichtsmaßnahmen möglich, lag die Strecke doch zuweilen unter russischem Artilleriefeuer. Für einen ordnungsgemäßen Betriebsdienst fehlte es an vielen Voraussetzungen. Die provisorischen Betriebsstellen mußten mit Personal besetzt werden, und im Kriege konnten die zuständigen Direktionen nicht wählerisch bei dessen Auswahl sein. Solche Umstände trugen zum Zusammenstoß am 11. Januar 1915 um

21.10 Uhr zwischen Nieborow und Lowitsch (Strecke Alexandrowo–Skierchniewice) bei:

Zum Bahnhof Lowitsch, der Mitte Oktober 1914 von den Deutschen zerstört, von den Russen notdürftig wiederhergerichtet und Anfang Dezember wiederum gesprengt wird und dessen Gleise nur noch Stückwerk darstellen (das Bahnhofsgebäude ist ausgebrannt), sind die Fahrdienstleiter Boikert aus Dessau und Schmidt aus Bad Blankenburg sowie nach Nieborow, einen Kilometer von Lowitsch entfernt, der Telegrafist Kablitz aus Schönsee, versetzt.

Um 19 Uhr treten Boikert als Fahrdienstleiter und Schmidt als Telegrafist den Dienst in Lowitsch an. Kablitz in Nieborow, der ebenfalls um 19 Uhr zum Dienst gekommen ist, fragt über die Fernsprechleitung, ob ein Zug fällig ist. Schmidt antwortet: »Ein Vollzug wird bald einfahren. Er wird wohl nicht so bald weiterfahren, denn die Wagen, die er aufnehmen soll, stehen noch über mehrere Gleise verteilt.«

Dieses Gespräch erfüllt nicht die Anforderungen einer Zugmeldung, denn für sie ist ein feststehender Wortlaut vorgeschrieben. So muß – und das ist heute noch so – der Zugmeldedienst entweder vom Fahrdienstleiter persönlich ausgeübt werden oder von einem für den Zugmeldedienst befähigten Beschäftigten, dann jedoch muß er für jede Meldung unmittelbar vor der Ausführung besonders beauftragt werden. Außerdem ist das Gespräch weder in Nieborow noch in Lowitsch im Zugmeldebuch eingetragen worden, es wird also gar nicht dem Anspruch einer Zugmeldung gerecht, die Reihenfolge der Züge auf der freien Strecke zu bestimmen.

Um 20.40 Uhr, fast zwei Stunden nach diesem Gespräch (!), erteilt Boikert dem Zug den Abfahrauftrag. Später behauptet Boikert, Schmidt habe ihm gesagt, Nieborow habe den Zug angenommen, was Schmidt energisch bestreitet.

Nun brauchte es wegen dieser Fehlhandlung nicht zum Unfall zu kommen, setzte nicht Schmidt eine zweite Fehlhandlung hinzu. Um 20.55 Uhr nimmt er von Nieborow den Militärzug, einen Leerzug an, ohne Fahrdienstleiter Boikert zu fragen. Dieses fatale

Hinwegsetzen über aus gutem Grunde erlassene Dienstvorschriften ist nicht kriegsbedingt. Es gibt gerade zur Verquickung von Informationsgespräch (oder besser Unterhaltung) und Zugmeldung sowie zum Überschreiten der dienstlichen Kompetenz zahlreiche Parallelen (Spremberg, Warngau), solche Schlamperei mag unter Feldbahnbedingungen guten Nährboden gefunden haben.

So stoßen um 21.10 Uhr bei Nebel und an einer wegen des Gleisbogens unübersichtlichen Stelle der mit Mannschaften besetzte und mit Munition beladene Zug, geführt von der preußischen Lokomotive »Münster 1006«, einer S 10, mit dem Leerzug, dessen Lokomotive die mit Tender vorausfahrende G 8 »Stettin 4901« war, zusammen. Die Wagen schieben sich zu einem Trümmerhaufen zusammen. 19 Personen finden den Tod. Als auffälliges Indiz, daß der Vollzug ohne Zugmeldung abgelassen wurde, erweist sich das Zugmeldebuch, in dem sowohl in Nieborow als auch in Lowitsch jegliche Einträge fehlen. Die Eisenbahndirektion Bromberg schickt die Schuldigen dieses Unfalls, Boikert und Schmidt, in die Heimat zurück, wo sie ein Gerichtsverfahren erwartet.

Der Erste Staatsanwalt in Dessau erhebt gegen sie beim Herzoglichen Landgericht Anklage wegen Transportgefährdung und fahrlässiger Körperverletzung. Noch im August 1916 gibt es keinen Verhandlungstermin, erklärt doch das Armeeoberkommando die im Heeresdienst stehenden Zeugen für unabkömmlich. Im November wird in Dessau der Termin angesetzt, bald darauf aufgehoben, weil mehrere Zeugen und Sachverständigen von ihren Truppenteilen und vorgesetzten Behörden der Urlaub erneut wegen Unabkömmlichkeit verweigert wird. – Belege für einen Prozeß fanden sich nicht.

In einem Befehl der Obersten Heeresleitung vom 27. August 1915 wurde dem Oberbefehlshaber Ost zugestimmt, die Offensive in Litauen und im Kurland fortzusetzen. Zu Beginn des Septembers 1915 begannen deshalb die großen Truppenbewegungen nach Kowno, die, soweit es Eisenbahntransporte betrifft, über Eydtkuhnen führten.

Wegen der zu erwartenden Belastungen des Personals teilt dort der Dienstvorsteher einen Fahrdienstleiter für die Leerzüge und einen für die Vollzüge ein. Um Mitternacht des 2./3. September befinden sich vier Vollzüge auf dem Bahnhof, und Zug 79 704 steht vor dem Einfahrsignal.

Wie das bei Doppelbesetzungen möglich ist, hilft einer dem anderen, ohne sich um die Kompetenzen und die Gefahren zu scheren, die sich durch eine Überschreitung der Befugnisse ergeben. Leidnecker ist für die Vollzüge eingeteilt, wird aber durch Gespräche am Fernsprecher abgehalten, seinen Obliegenheiten nachzukommen. Sonnabend, der für die Leerzüge zuständig ist, fertigt deshalb die Vollzüge ab und läßt sie nach Wirballen abfahren. Außerdem leitet er die Rangierfahrten der Vollzüge vom Rangierbahnhof nach dem sogenannten Innenbahnhof und vergißt, daß Zug 79 704 noch vor dem Einfahrsignal hält. Dem Telegrafisten ruft er zu: »Der Zug ist eingefahren.« Dieser meldet den Zug zurück, und die rückgelegene Blockstelle (zweigleisige Strecke) läßt in den Blockabschnitt P 335 ein, der mit einer Geschwindigkeit von 70 km/h auf den Militärzug auffährt.

Die Lokomotive des Personenzuges und ein Wagen 2./3. Klasse entgleisen, sie werden erheblich beschädigt. Vom Militärzug werden vier Güterwagen schwer und ein Güterwagen leicht beschädigt. Der Schlußschaffner des Militärzuges wird getötet, ein Hilfsaufseher, drei Lokomotivführer aus Kohlfurt, Betzdorf (Sieg) bzw. aus Dessau leicht verletzt. Mit Rücksicht auf die Belastungen, denen die Eisenbahner unterliegen, sieht der Staatsanwalt von einer Anklage ab, das Betriebsamt Insterburg belegt Sonnabend mit einer Geldstrafe.

Der Mensch, selbst der gut ausgebildete und geistig trainierte, wäre überfordert, sollte er die Zugmeldegespräche ohne Nachweis, nur aus dem Gedächtnis, führen. Der Fahrdienstleiter benutzt das Zugmeldebuch. Es ist ihm ein wichtiges Hilfsmittel, um sich über die jeweilige Situation auf der Strecke im klaren zu sein und die Voraussetzungen zu erkennen, wann ein Zug in den Blockabschnitt eingelassen werden darf. Selbst bei funktionierendem Streckenblock, der auf elektrischem Wege ausschließt, daß sich zwei Züge in einem Abschnitt befinden, ist das Zugmeldebuch nicht ohne Funktion.

Bis in unsere siebziger Jahre hinein war es vorgeschrieben, die Zugfolgestellen auf

128

Hauptbahnen und solche auf Nebenbahnen, die mit mehr als 40 km/h Geschwindigkeit befahren werden, durch Telegrafen zu verbinden. Der Papierstreifen des Morsewerkes bot Aufschluß, ob die Zugmeldung und in welchem Wortlaut sie abgesetzt wurde. Die Übersicht, welche Züge sich in welchem Blockabschnitt befanden oder ob sie ihn verließen, bot und bietet — von Schaubildern moderner Gleisbildstellwerke abgesehen — allein das Zugmeldebuch. In dessen für einzelne Blockabschnitte und Fahrtrichtungen zugeordnete Spalten werden die Uhrzeit des Annehmens, Abmeldens, bei Strecken ohne Streckenblock auch des Rückmeldens und andere wichtige Vermerke eingetragen. Allerdings muß diese Eintragungen der Fahrdienstleiter selbst vornehmen oder ein hierzu beauftragter geprüfter Eisenbahner. Wer das Eintragen unterläßt, etwa glaubt, den Zugverkehr im Kopf behalten zu können, erlebt bald böse Überraschungen. Gerade bei dichtem Zugverkehr braucht der Fahrdienstleiter das Zugmeldebuch als Gedächtnisstütze, braucht die Eisenbahn eben gewissenhaft arbeitende Fahrdienstleiter. Ein treffendes Beispiel, zugleich auch dafür, welchen Scharfsinns eine Unfalluntersuchung bedarf, um den Hergang zu rekonstruieren, bietet der Unfall auf dem Bahnhof Weißenburg am 23. Dezember 1917:

Der Bahnhof liegt an der zweigleisigen Strecke Posen–Gnesen, und dort fährt hinter dem Einfahrsignal A (aus Richtung Posen) um 0.48 Uhr der Etappenzug auf den Leerwagenzug 977 auf. In diesem Augenblick naht aus Richtung Gnesen der Güterzug 7558, der dann in den Trümmerhaufen hineinfährt. War etwa der Lokomotivführer des Etappenzuges am Blocksignal der rückgelegenen Blockstelle Lettberg vorbeigefahren? Das verneint der Blockwärter. Wie gelangte dieser Zug in den Abschnitt Lettberg–Weißenburg, den zu räumen Zug 99 977 eben im Begriff war?

Die Zugmeldebücher, unvollständig geführt und gerade deshalb für die Suche nach Ursache und Schuld aufschlußreich, wiesen nach, daß der Fahrdienstleiter in Weißenburg gefehlt hatte. Gerade von ihm war nichts zu erfahren, er konnte sich an nichts erinnern! Zu welchen Schlüssen kam das Betriebsamt in Gnesen?

Das Streckenendfeld für das Einfahrsignal A, nach dessen Bedienung (Rückblocken) der Verschluß des Blocksignals in Lettberg aufgehoben wird, liegt unter Verschluß der mechanischen und elektrischen Tastensperre. Die mechanische Sperre (Endsperre) läßt das Blocken des Endfelds nur in der Haltstellung des Einfahrsignals zu. Die Mitwirkung des Zuges für die Herstellung einer zwangsweisen Abhängigkeit läßt sich nur durch die elektrischen Sperreinrichtungen erreichen. Diese Sperre wird freigegeben, sobald der Zugschluß die Zugeinwirkungsstelle (etwa 100 m hinter dem Einfahrsignal) befährt.

Nach dem Unfall zeigte sich die mechanische Sperre in Ordnung und unter Bleisiegelverschluß. Bei der elektrischen Sperre ist der Bleisiegelverschluß abgerissen, das Signal selbst steht jedoch auf »Fahrt«. Der Rottenführer Pfeiffer will den Signalhebel umlegen, die Signalflügel folgen jedoch nicht, denn die Drahtzugleitungen sind zerstört worden.

Bei welchem Zug löste Fahrdienstleiter Specht in Weißenburg das Siegel an der elektrischen Tastensperre? Vorzeitig zurückblocken konnte er dadurch nicht, da die mechanische Sperre in Ordnung war und der Signalhebel sich bis zum Unfalleintritt in der Fahrtstellung befand.

Aus den Zugmeldebüchern und den Morsestreifen der Fahrdienstleiter in Pudewitz, Lettberg und Weißenburg geht hervor, daß Pudewitz an Weißenburg den Bedarfszug 6313 anmeldete. Danach geht Specht in die Wohnung, um sich Arznei gegen sein Nierenleiden (Kolik) sowie das Abendbrot zu holen. Um den Zug 6313 kümmert er sich nicht; dieser kommt um 23.40 Uhr am Einfahrsignal zum Halten. Um Mitternacht erinnert Bahnwärter Tomczak in Lettberg daran, daß er auf die Rückblockung wartet. Nach dieser Mahnung Tomczaks blickt Specht auf das Endfeld, das tatsächlich durch die rote Scheibe hinter dem Blockfenster zeigt, daß er noch nicht zurückgeblockt hat. Specht müßte zunächst annehmen, daß das Streckengleis besetzt ist. Er müßte ins Zugmeldebuch sehen und feststellen, daß der Eintrag fehlt, wann der Zug von Pudewitz ankam, ebenso, wann er nach Wildau abfuhr. Eine Rückfrage auf dem Schrankenposten 21 a, dessen Wärterin den Zug vor dem Einfahrsignal halten sieht, oder auf dem Wärterstellwerk »Wob« könnte ihm klarmachen, daß der Bedarfsgüterzug Weißenburg noch gar nicht erreichte.

Specht ist aber bedacht, die gemahnte Rückblockung nachzuholen. Daran hindern ihn die mechanische und die elektrische Tastensperre. Statt sich über deren Verschluß Gedanken zu machen, schaltet er die mechanische Sperre aus, indem er den Hebel des Einfahrsignals zieht und wieder auf »Halt« legt. (Das Zugpersonal des am »Halt« zeigenden Einfahrsignals stehenden Zuges nimmt diese Bewegungen am Signalbild gar nicht wahr.) Da der Zug aber nicht über die Zugeinwirkungsstelle gefahren ist, behindert noch immer die elektrische Tastensperre die Rückblockung. Specht entfernt den Siegelver-

schluß, löst die Sperre aus – wegen einer Vielzahl von Unfällen infolge solcher Eingriffe wird diese Auslösevorrichtung später vernietet – und blockt zurück.

Specht trägt im Zugmeldebuch »23.38« als Zeit der Durchfahrt des Zuges 6313 ein, was schon nach Berechnung der Fahrzeit nicht stimmen kann, und das Betriebsamt Gnesen 2 später zu der Deutung berechtigt, Specht habe diese Zeiten nachgetragen im Glauben, der Zug sei bereits durchgefahren. Etwa 0.05 Uhr geht das Einfahrsignal erneut in die Fahrtstellung, die Signalflügel bleiben jetzt stehen, und Zug 6313 setzt sich in Bewegung,

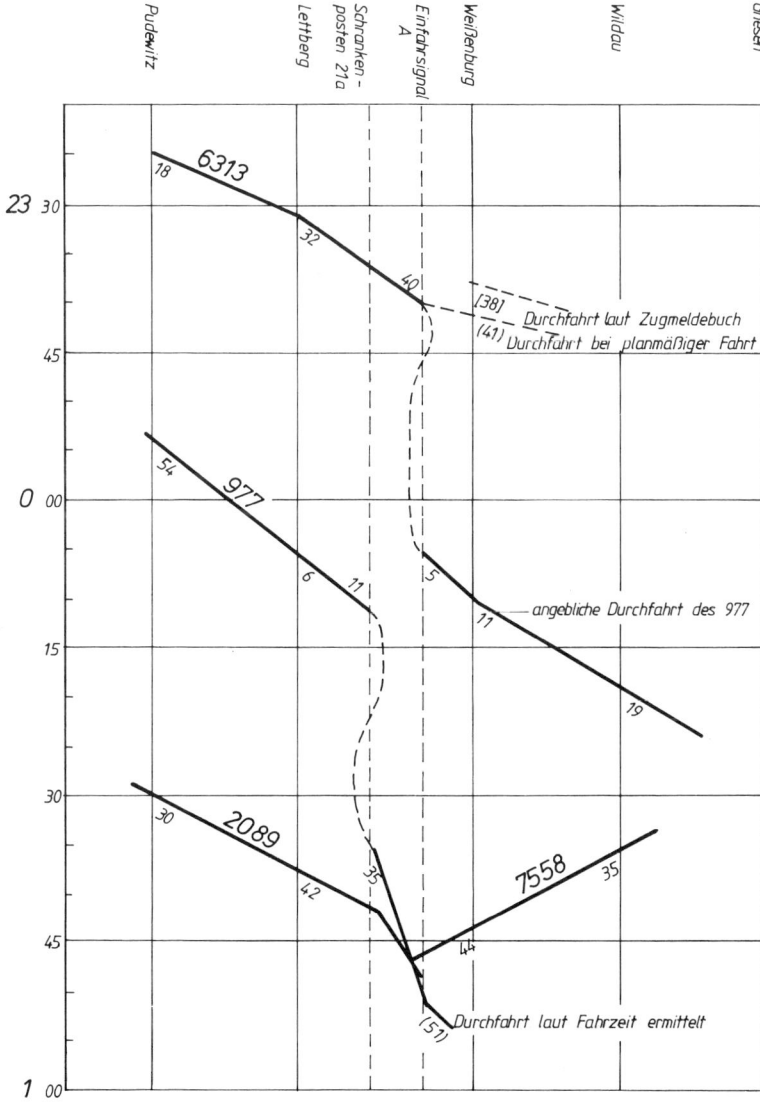

Bild 118 Grafische Darstellung des Zugverlaufs bei Weißenburg.
Zeichnung: E. Preuß

fährt 0.11 Uhr durch Weißenburg. Richtig ist damit die eine im Zugmeldebuch eingetragene Durchfahrtzeit »0.11«, Specht trägt sie jedoch neben der Zugnummer 977 ein, weil er die Züge verwechselt.

Der Fahrdienstleiter in Gnesen wundert sich (»Vor Zug 977 soll doch Zug 6313 verkehren?«) und fragt Specht. Nun wird dem Fahrdienstleiter Specht immer noch nicht bewußt, daß er einen Zug unterschlug, denn er ändert im Zugmeldebuch die Zugnummer »977« in »6313«, ohne daß ihm die bereits eingetragene Zugnummer auffällt. Oder steht sie zu dieser Zeit noch gar nicht im Zugmeldebuch? Weiter unternimmt Specht nichts.

0.30 Uhr meldet Pudewitz die Durchfahrt des Etappenzuges 2089 im Plan des Zuges 6315 an Lettberg und Weißenburg. Fahrdienstleiter Specht quittiert die Zugmeldung, trägt sie aber nicht im Zugmeldebuch ein.

Vom Fahrdienstleiter in Weißenburg wird das Anfangsfeld in Lettberg zu einer Zeit entblockt, als der Zug 6313 noch vor dem Einfahrsignal hält, was durch die erwähnte Scheinbewegung des Signalhebels möglich wird. Dadurch kann das Lettberger Blocksignal auf »Fahrt« gestellt werden, Zug 977 fährt vorbei und nähert sich dem »Fahrt« zeigenden Einfahrsignal von Weißenburg und dem langsam anfahrenden Zug 6313!

Zum Zusammenstoß kommt es nicht, weil die Schrankenwärterin vom Posten 21 a geistesgegenwärtig mit der rot angeblendeten Laterne den Zug anhält. Erst danach wird das Einfahrsignal auf »Halt« gelegt und nach Lettberg zurückgeblockt. Jetzt kann Lettberg dem Etappenzug 2089 Durchfahrt gewähren, während Zug 977 vor dem Einfahrsignal hält.

Hätte die Schrankenwärterin den Fahrdienstleiter auf die merkwürdige Situation aufmerksam gemacht, die sich aus der ganz ungewöhnlichen Signalbedienung und den Läutesignalen ergab, wäre der Unfall vermieden worden. Vielleicht hätte Specht mit der Wärterin über Züge und Zugnummern diskutiert, ohne zu begreifen, welchen Fehler er beging. Vielleicht wäre ihm aber bewußt geworden, daß hier auf die Blockbedienung für *zwei* Züge *drei* Züge fuhren, was irgendwann schief gehen mußte, da die Blockanlagen durch Rückgabezwang und anderes immer nur eine Zugfahrt für eine vollständige Blockbedienung zulassen. Die Schrankenwärterin findet sich mit dem Zustand ab.

Der Zugführer des Zuges 977 läuft in den Bahnhof, um zu erkunden, warum er aufgehalten wird. Beim Fahrdienstleiter angekommen, wird er belehrt, daß Zug 977 schon durchgefahren und der von ihm begleitete Zug nicht der 977, sondern der Etappenzug 2089 sei!!

Der Fahrdienstleiter gibt dem nächsten Zug, Zug 977, Einfahrt; der Lokomotivführer fährt sehr langsam ein, um den Zugführer aufzunehmen. Jetzt naht der Etappenzug. Die Schrankenwärterin erkennt die Gefahr, gibt auch diesem Zug Haltesignale, doch ihre Laterne verlischt, und das Signal wird nicht bemerkt. Nun gewahrt der Schlußbremser des Zuges 977 die Gefahr, er gibt von den Trittstufen aus Haltesignale, die ebenfalls nicht bemerkt werden, befindet sich sein Bremserhaus doch auf der vorderen Wagenseite! Ihm bleibt nichts anderes übrig, als abzuspringen und dem Etappenzug entgegenzulaufen. Die Entfernung ist zu kurz, daß das Anziehen der Handbremsen noch Erfolg haben könnte. Der Etappenzug 2089 fährt auf den Zug 977 auf.

Zum weiteren Unglück kommt Zug 7558 aus Richtung Gnesen entgegen. Der Fahrdienstleiter in Gnesen ließ den Zug ohne Abmeldung nach Weißenburg durchfahren (was auf zweigleisigen Strecken erlaubt ist), weil sich der Fahrdienstleiter Specht zu dieser Zeit in seiner Wohnung aufhielt.

Beim Zusammenstoß der Züge 977 und 2089 gerät der 5. Wagen in das Profil des Nachbargleises, auf den Zug 7558 fährt. Die Wagentrümmer verteilen sich über den gesamten Bahnhof; zu Personenschaden kommt es nicht. Das Ausmaß des Unfalls, wenn er nicht ganz zu verhindern war, konnte gemindert werden, hätten Zug- und Lokomotivführer in Weißenburg auf den damals notwendigen Befehl A bestanden, da hier die Überholung durch D 58 und D 52 vorgesehen ist. Als Specht die Durchfahrt für Zug 7558 freigibt, glaubt er die Ausfahrt für Zug 58 gezogen zu haben.

Unaufmerksam fuhr der Lokomotivführer Linke mit dem Zug 2089, der in sternklarer Nacht, bei geradliniger Strecke das gut sichtbare Schlußsignal (drei rote Laternen) des Zuges 977 aus größerer Entfernung erkennen mußte. Linke gab an, bereits in Lettberg das auf »Fahrt« stehende Einfahrsignal von Weißenburg gesehen zu haben! Der Aushilfsfeuermann Mitte beteiligte sich überhaupt nicht an der Signalbeobachtung. Schließlich durfte die Hilfsweichenstellerin auf Stellwerk »Wob« für den Güterzug von Gnesen nicht das Signal nach Gleis 2 ziehen, da der Güterzug nach Gleis 4 zu fahren hatte.

Seltsam bleibt das Verhalten des Fahrdienstleiters Specht. Er war kein Leichtfuß, dem die Gefahren des Betriebsdienstes unbekannt blieben. 19 Jahre war er Eisenbahner, seit 1908 Weichensteller oder Bahnhofaufseher in Weißenburg. Das Betriebsamt urteilte, er »war bisher ein pflichttreuer und gewissenhafter Beamter, der den Betriebsdienst auf das genaueste ausführte«.

Unter Alkoholeinfluß stand er nicht. War er überfordert? Bis zum Unfall war er sieben Stunden im Dienst, die vorausgegangene Ruhezeit betrug 22¾ Stunden, davor leistete er zwölf Stunden Tagesdienst. Das Betriebsamt Gnesen: »Bei der Vernehmung des Bahnhofsaufsehers Specht unmittelbar nach dem Unfall ist der Eindruck gewonnen worden, daß er die geschilderten Handlungen unter dem Einfluß seines Leidens ausgeführt haben muß ...«

Ob eine Gerichtsverhandlung mehr zur Sprache brachte, ist nicht bekannt geworden.

Am frühen Morgen des 8. Oktobers 1916 bleibt der Vorzug zum D 24 Warschau–Bromberg–Berlin wegen eines Lokomotivschadens (die Lokomotive Nummer 1101 verlor das innere Kurbellager) zwischen Schneidemühl und Landsberg vor der Blockstelle Jahnsfelde liegen.

Diesem Vorzug folgt im Abstand von zehn Minuten der D 24, für den in Zantoch das Ausfahrsignal nicht auf Fahrt gestellt werden

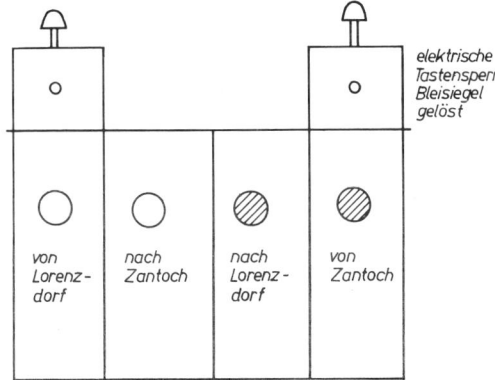

Bild 119 Anordnung der Blockfelder in Jahnsfelde. Zeichnung: E. Preuß

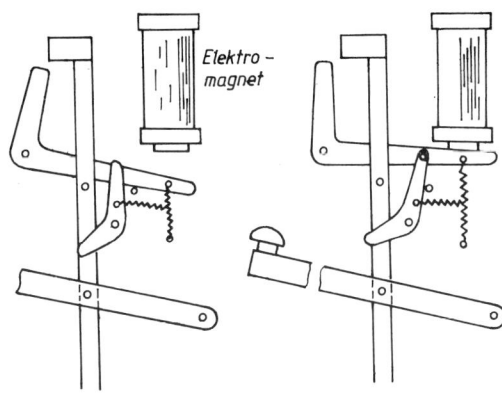

Bild 120 Wirkungsweise der elektrischen Druckknopfsperre. Zeichnung: E. Preuß

kann, da der Wärter in Jahnsfelde nicht zurückblocke. Der Fahrdienstleiter in Zantoch sieht auf die rote Farbscheibe und ruft den Blockwärter in Jahnsfelde an, warum er nicht zurückblocke.

Der seit 1908 zum Bahnwärter ernannte und seit vier Jahren auf der am 1. Oktober 1912 in Betrieb genommenen Blockstelle beschäftigte Franz Hannemann ist in jener Nacht übermüdet, befindet er sich doch zum Zeitpunkt dieser Nachfrage zehn Stunden im Dienst – vor dem Dienst schlief er nur fünf Stunden. Die wenigen Umstellvorgänge an den Signalhebeln und das Bedienen des Blockwerks mögen wenig dazu beigetragen haben, seine Müdigkeit zu überwinden und mit wachem Sinn auf den Zuglauf zu achten.

So trägt auch er die Abmeldung des Vorzuges D 24 nicht in das Zugmeldebuch ein und verliert den Überblick über das, was sich auf der Strecke befindet, als er nach der Abmeldung des Vorzuges D 24 einnickt (siehe Weißenburg). Deshalb weiß er um 3.40 Uhr nicht, ob der Vorzug schon vorbeigefahren ist. Er vermutet, er habe den Zug übersehen. Das Naheliegende in solcher Situation ist auch hier, beim vorgelegenen Bahnhof nach dem Zug zu fragen, denn dort müßte er ja gesehen worden sein, wenn er in Jahnsfelde bereits durchgefahren sein sollte. Läuft eine solche Frage aber nicht auf das Eingeständnis hinaus, eingeschlafen zu sein? Lieber fragt man nicht. Hannemann sieht auf die schwarze Streckentastensperre (das bedeutet: nicht ausgelöst), sieht in das Zugmeldebuch, in dem von dem Zug nichts eingetragen ist, besieht sich nochmals das Blockwerk und löst das Bleisiegel der elektrischen Tastensperre, die im Regelfall vom Zug ausgelöst wird, bedient das Blockendfeld, womit er den rückwärtigen Blockabschnitt freigibt!

Kurz zuvor ruft Hannemann in einem lichten Moment bei Spät in Lorenzdorf an und fragt nach dem Vorzug D 24, denn Zantoch hat ihm den D 24 abgemeldet. Spät in Lorenzdorf antwortet: »Wo haben Sie den Zug?« Daraufhin Hannemann: »Nu reden Sie man nicht, der Zug muß doch dasein.« Spät behauptet: »Der Zug muß auf der Strecke liegen.« Hannemann: »Das kann ich nicht glauben.« Er sieht hinaus, sieht aber keinen Zug. Als er zum Stuhl zurückkehrt, hört er den Ruf des Hilfswagenaufsehers (Wagenaufseher fuhren bis zum ersten Weltkrieg bei jedem Zug, vor allem wegen der Heizungsbedienung mit). Nun ist Hannemann klar, welchen Fehler er beging. Er unternimmt aber nichts mehr.

D 24 stößt mit seinem Vorzug zusammen. Elf Tote, vier Schwerverletzte, von denen einer seinen Verletzungen erliegt, fünf Leichtverletzte sind die Folgen dieser menschlichen Fehlleistung.

Glimpflich geht es beim zweiten Zusammenstoß ab, den der Vorzug erleidet. Im Nachbargleis fährt im Augenblick des ersten Zusammenstoßes P 241 vorüber, dessen beide Lokomotiven und der erste Wagen 2./3. Klasse durch die im Profil ragenden Unfalltrümmer leicht beschädigt werden.

Dem Lokomotivführer des Vorzuges erwuchs kein Vorwurf aus dem Unfall, denn der Abschnitt Zantoch—Jahnsfelde ist unübersichtlich, mit Sichtweiten von 200 bis 300 m, und die preußischen Fahrdienstvorschriften verlangten: »Wenn ein Zug aus anderem Anlaß als der Haltstellung eines Hauptsignals gezwungen wird, auf freier Strecke zu halten ... hat bei Dunkelheit und unsichtigem Wetter der im voraus zu bestimmende Beamte (meist der Schlußschaffner – E. P.) mit einer Signalfackel nach rückwärts zu leuchten, bis der Zug weiterfährt oder er durch Wärtersignale gedeckt wird. Sollte sich dem haltenden Zug ein anderer Zug nähern, muß der Beamte diesem entgegenlaufen und Haltsignale geben.« /55/ Der Zugschaffner legte wegen der Kürze der Zeit lediglich in 200 m Abstand vom Schluß des Vorzugs eine Knallkapsel aus, gab aber statt des Signals 6 b (Haltscheibe) in 250 m Entfernung vom Zugschluß Signal 6 a (Haltsignal mit der Hand).

Der Zugführer sollte zur Verantwortung gezogen werden, weil er es unterließ, einen Zugbeamten zu bestimmen, der die rückwärtige Strecke beobachtet, und Signalfackeln auszugeben. Dieser konterte: »Ich habe es schon immer so gehandhabt, daß bei Personenzügen der die letzten Wagen bedienende Schaffner – wie bei Güterzügen der Schlußbremser – die Vorschriften zu beachten hat. Und Fackeln konnte ich gar nicht sofort ausgeben, der Zug war ja so überfüllt, sogar das Dienstabteil und die Seitengänge waren mit Reisenden und Soldaten besetzt. Nach dem Halten des Zuges bin ich zuerst zum Lokomotivführer gegangen, der mir erklärte, es müsse eine Ersatzlokomotive angefordert werden. Danach eilte ich zum Packwagen, holte die Knallkapseln, händigte die Fackeln dem Hilfswagenaufseher aus und rannte zum Schaffner Woelk, der bereits am Zugschluß den Zug deckte. Nach der Besprechung mit dem Lokomotivführer und dem Herausholen der Fackeln blieben uns etwa fünf bis sechs Minuten Zeit, da kam schon der D 24 heran.«

Der Lokomotivführer dieses Zuges hörte die Explosion einer Knallkapsel und sah die Haltsignale; auf die kurze Entfernung konnte er trotz Schnellbremsung den Zug nicht zum Halten bringen.

Zugführer und -schaffner bemühten sich zuvor vergeblich, die Fackeln anzuzünden. Hätte eine Fackel gebrannt, konnte sie der Lokomotivführer des D 24 auf etwa 600 m Entfernung, vom Schluß des Vorzugs gerechnet, sehen. Der Unfall hätte sich vermutlich verhindern, zumindest in seinem Ausmaß mildern lassen.

Recht mißlich gestalteten sich die Bemühungen, über den Streckenfernsprecher dem Fahrdienstleiter in Zantoch den Unfall zu melden und Hilfe anzufordern. Der Hilfswagenaufseher des Vorzuges des D 24 wollte das Liegenbleiben des Zuges melden, er rannte zum nahegelegenen Streckenfernsprecher in Bude 112. Sie war unbesetzt und verschlossen; dem Aufseher fehlte ein Vierkantschlüssel. Er rannte weiter zum 80 m entfernten Wohnhaus des Wärters und weckte ihn, da war es bereits zu spät. D 24 kam bereits herangefahren. Um 4.30 Uhr, 40 Minuten nach

Unfalleintritt, erfuhr der Fahrdienstleiter in Zantoch endlich, daß es auch Tote und Verletzte gab. Der Hilfsgerätewagen in Kreuz, dort 4.25 Uhr abgefahren, kam 5.20 Uhr in Zantoch an, mußte jedoch warten, bis D 24 zurückgedrückt wurde. Erst 6.21 Uhr gelangte er an die Unfallstelle, wo das Zugpersonal und die Soldaten schon längst das Rettungswerk begonnen hatten.

Dieser Unfall veranlaßte das Ministerium der öffentlichen Arbeiten, am 19. November 1916 beim Eisenbahn-Zentralamt anzufragen: »Ist es angebracht, die mißbräuchliche Entfernung des Bleisiegels an der elektrischen Tastensperre ... durch eine Aenderung oder Ergänzung der Bauart des Blockwerks weiter zu erschweren, damit ein in Verwirrung oder Schlaftrunkenheit handelnder Wärter in wirksamer Weise gewarnt wird?« /56/

Löst die Tastensperre durch die Einwirkung des Zuges nicht aus, etwa weil ein Isoliermangel im Gleisbett besteht, kann nicht zurückgeblockt werden. Ohne die Hilfsauslösung muß der Fahrdienstleiter das Rückmelden über Morsefernschreiber (heute Fernsprecher) einführen, bis die Tastensperre von allein oder durch die Beseitigung der Störung wieder einwandfrei funktioniert und mindestens ein Zug mit ordnungsgemäßer Signal- und Blockbedienung verkehrte. Diese auf die Zugfolge recht nachteilig wirkenden Folgen mag das Ministerium bewogen haben, den Eisenbahndirektionen am 14. Juli mitzuteilen: »Es wird Abstand genommen, die Auslösung der elektrischen Streckentastensperre des Endfeldes durch die besonderen Vorkehrungen den Wärtern vollständig unmöglich zu machen.« In den Direktionsbezirken Köln, Elberfeld, Frankfurt am Main, Halle, Posen und Stettin wurden auf je 2 Blockstellen die Auslösevorrichtungen mit einem Glaskasten überdeckt, der die Bedienung der Hilfsauslösung der Streckentastensperre erst dadurch möglich machte, daß eine Scheibe eingeschlagen werden mußte.

Schwere Eisenbahnunfälle wegen sträflich vorzeitiger Auslösung der Streckentastensperre haben die DRG – wie an anderer Stelle schon geschrieben – dann doch veranlaßt, die Hilfsauslösevorrichtung zu vernieten; die Umkleidung des Blockwerks wurde sogar mit Schlössern vor unberechtigtem Zugriff geschützt.

Obwohl nicht durch Mängel im Zugmeldedienst, sondern durch einen technischen Defekt verursacht, kam es noch zu einem weiteren Unfall an fast gleicher Stelle, der Zantoch berühmt-berüchtigt machte:

D 22 Brest-Litowsk–Berlin begegnet am 30. Juli 1918 um 9.14 Uhr zwischen Gurkow und Zantoch dem Güterzug 6641. Die linke Kolbenstange der Güterzuglokomotive bricht am Kreuzkopf, der Zylinderdampfdruck treibt den Kolben nach vorn, wo er den Zylinderdeckel durchschlägt. Dadurch wird der Kolben zusammen mit der Kolbenstange von der Lokomotive gelöst und zwischen ihr und der Schiene des Nachbargleises eingeklemmt, auf das nun ein hebelartig wirkender Druck ausgeübt wird. Dem widersteht das Gleis nicht, es wird aus seiner Richtung gedrückt, so daß die Lokomotive des D 22 entgleist und gegen den Güterzug umstürzt. Die ihr folgenden Schnellzugwagen bohren sich ineinander, fangen Feuer und brennen. 42 Reisende, vor allem jene, die im Speisewagen sitzen, werden getötet, 21 schwer und 4 leicht verletzt.

Das war der schwerste Unfall seit Bestehen der Preußisch-Hessischen Staatseisenbahn, sieht man von Miechow ab, bei dem ausschließlich Militärangehörige und Eisenbahner ums Leben kamen.

Wieder zu Versäumnissen im Zugmeldedienst:

Am 2. Oktober 1915 kann der aus Richtung Suwalki–Czymochen kommende Leerzug nicht auf den Bahnhof Marggrabowa einfahren, weil sämtliche Gleise besetzt sind. Marggrabowa meldet den Zug auch nicht zurück. Ungeachtet dessen läßt der Fahrdienstleiter auf dem rückgelegenen Bahnhof Wileitzken, ein aus Neukölln abgeordneter »kommisarischer Unterassistent«, den Lazarettzug 39 023 in den besetzten Abschnitt ein. Der aus Kassel stammende Reservelokomotivführer beobachtet obendrein ungenügend die Strecke, sonst wäre es – jedenfalls nach dem Unfallbericht – leicht möglich gewesen, den haltenden Leerzug zu erkennen. Der Lazarettzug fährt auf den Leerzug. Dabei wird ein Hilfsschaffner getötet, der Lokomotivführer des Lazarettzuges verletzt sich, drei Güterwagen brennen völlig aus, drei andere werden total zertrümmert und fünf leicht beschädigt.

Schwer wiegt in solchen Zeiten die Strekkensperrung; beide Gleise sind unbefahrbar. Doch die Militärverwaltung hatte in weiser Voraussicht für etwaige Störungen Verbindungskurven herstellen lassen, um den Nachschub zu sichern. Über eine solche zwischen den Strecken Lyck–Marggrabowa und Czymochen–Marggrabowa wird der Zugverkehr aufrechterhalten.

Wenige Tage darauf: Am 8. Oktober 1915 stößt D 55 Berlin–Eydtkuhnen mit dem im Einfahren begriffenen Eilgüterzug 6212 vor dem Bahnhof Bischdorf zusammen.

Der Fahrdienstleiter in Bischdorf erhält vom Fahrdienstleiter in Bergenthal die Abmeldung für D 55 im Augenblick, als er den Wärter auf dem Stellwerk »Bst« beauftragt, für den Eilgüterzug das Einfahrsignal auf Fahrt zu stellen. In der Absicht, den D 55 nicht aufzuhalten, meldet er den Eilgüterzug der Blockstelle Schöneberg gleich zurück. Vorgeschrieben ist die telegrafische Rückmeldung, und nur auf sie durfte sich der Blockwärter einlassen. Hätte er auf sie bestanden, wäre der Unfall verhindert worden, denn es war wohl zu erwarten, daß ein solches Gespräch den Fahrdienstleiter das Törichte seines Tuns bewußtgemacht hätte. Aber der Blockwärter bedient auf diese fernmündliche Rückmeldung das Blocksignal, D 55 fährt vorüber ...

Unter den Militärangehörigen im D 55 fordert der Unfall 14 Tote und 55 Verletzte. Getötet wird außerdem der Schlußschaffner des Güterzugs. Fahrdienstleiter und Blockwärter werden vom Dienst zurückgezogen, über eine Bestrafung ist nichts bekannt.

Obgleich sich viele Beispiele unterlassener, verstümmelter, verkürzter oder verfälschter Zugmeldungen, die zum Unfall führten, aufzählen ließen, sollen hier nur einige genannt werden. Sie sind deutlich genug, um zu zeigen, wie eingeschliffene Oberflächlichkeit zur Abweichung von den Vorschriften führt und damit den Unfall heraufbeschwört. Auch günstige Umstände, wie gute Sicht, helfen nicht immer, um das Unheil abzuwenden.

Am 18. Januar 1918 stoßen bei klarem Wetter um 9.10 Uhr auf der zweigleisigen Strecke Stolp–Lauenburg zwischen Stresow und Pottangow zwei Züge zusammen. Hier ist allerdings das Gleis der Fahrtrichtung Lauenburg–Stolp wegen einer Schneeverwehung gesperrt. Der Fahrdienstleiter in Pottangow bietet kurz vor 9 Uhr über den Morsefernschreiber dem Bahnhof Stresow Zug 596 auf falschem Gleis an. Der Fahrdienstleiter in Stresow nimmt diesen Zug an, trägt die Zeit der Annahme aber nicht in das Zugmeldebuch ein. Um 9.02 Uhr meldet Bahnhof Pottangow Zug 596 ab. Um 9.08 Uhr kommt Zug 591 aus Richtung Stolp in Stresow an. Der Fahrdienstleiter beauftragt den Hilfsweichensteller, das Ausfahrsignal auf »Fahrt« zu stellen. Er muß bei den dort herrschenden einfachen Betriebsverhältnissen davon gehört haben, daß der Zug 596 unterwegs ist, macht jedoch den Fahrdienstleiter auf das Widersinnige seines Auftrags nicht aufmerksam.

Offenkundig ist, daß sich der Fahrdienstleiter in Stresow von der Betriebsform des zweigleisigen Betriebs leiten ließ, nach der er den Zug lediglich abzumelden braucht, ihn also nicht anbieten muß. Die geistige Umstellung auf die Organisation des eingleisigen Betriebes (hier Befahren des falschen Gleises) vollzog er nicht. Zudem führte er das Zugmeldebuch nicht korrekt und unterließ es, das Ausfahrsignal besonders zu sichern. Hier war vor-

Bild 121   Im Gleis Stolp–Lauenburg standen sich die Personenzüge gegenüber.
Quelle: StA Merseburg

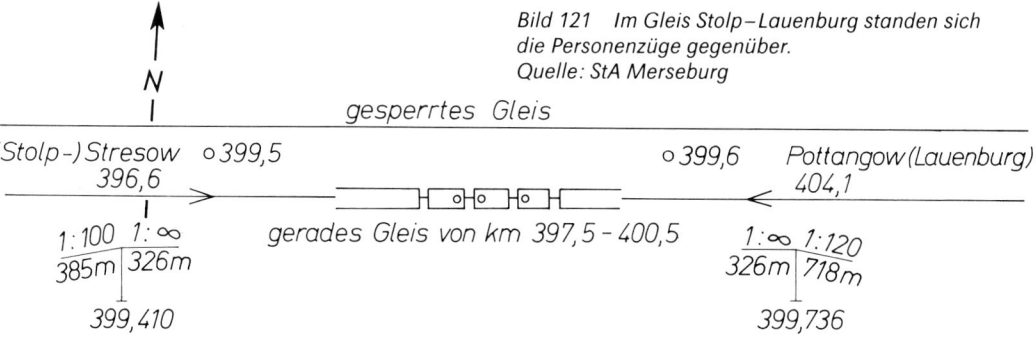

*Bild 122
Der Zusammenstoß bei
Warngau.
Foto: Sammlung E. Preuß*

geschrieben, an den Hebeln der Ausfahrsignale Holzkeile anzubringen, die das Auffahrtstellen unmöglich machen. Zusätzlich waren am Blockwerk Sperrschilder anzulegen, die ihn auf die veränderte Betriebsform hinweisen.

Solche Vorschriften bestehen, wenn auch in modifizierter Form, heute noch und bei allen Bahnverwaltungen.
Wie ging das Einlassen der beiden Züge in den selben Blockabschnitt aus?

Der Lokomotivführer der Vorspannlokomotive vom Zug 596, S 5 »Danzig 507« (Zuglokomotive ebenfalls eine S 5, »Danzig 511«) gewahrt den entgegenkommenden Zug 591 und hält an, während der Zug 591 seine Geschwindigkeit beibehält. Schwer beschädigt werden die drei Lokomotiven und die drei folgenden Wagen im Zug 591, die sich unter den angehobenen Tender der Lokomotive S 10 »Danzig 1103« schieben. Glimpflich kommen die Lokomotivpersonale und zwei Oberpostschaffner davon, die nur leichte Quetschungen erleiden, weiter wird niemand verletzt.

Der Zusammenstoß bei Warngau (Strecke München–Lenggries) am 8. Juni 1975 ist eine der schwersten Katastrophen bei der Deutschen Bundesbahn.

Kurz nach 18.30 Uhr führt der Fahrdienstleiter in Warngau über die Zugmeldeleitung ein Gespräch mit dem Fahrdienstleiter in Schaftlach, das dank dem Sprachspeicher überliefert wird. »Was hat denn da g-scheppert?« –

»Was soi denn g'scheppert hab'n?« – »Hast Du vielleicht an Zug fahr'n lassen?« – »Ja, freili, hab' i oan fahr'n lass'n.« – »Ehrlich?« – »Ja klar, i lüag doch net oo.« – »Dös darf doch net wahr sei!« /67/

Wahr ist, daß die beiden Fahrdienstleiter die Katastrophe verursachen, weil sie sich nicht an die Wortlaute des Zugmeldeverfahrens laut Fahrdienstvorschriften halten, die da lauten: »Wird Zug Nummer XY angenommen?« – »Zug Nummer XY ja.« Sie verwenden die Kurzform (in Klammern der Wortlaut nach den Fahrdienstvorschriften der DB):
– »Stellwerk Warngau.« (»Hier Fahrdienstleiter Warngau, Schulze.«)
– »3594 angenommen.« (»Fahrdienstleiter Schaftlach, Müller. Zugmeldung. Wird Zug 3594 angenommen?«)
– »Ab drei, äh 29.« (»Zug 3594 ja«)
– »Ja.« (»Ich wiederhole, Zug 3594 ab 29«)
– ... (»Richtig«).

Nun hatte der Fahrdienstleiter in Schaftlach den Zug 3594 anzubieten, und der Fahrdienstleiter in Warngau den Zug 3591, ähnlich klingende Zugnummern analog Spremberg. Schließlich glaubte jeder der beiden, sein Zug sei angenommen worden. Eine fatale Folgerung, die so einmalig nicht ist, besonders dann nicht, wenn unverbindliche Informationsgespräche als Zugmeldung aufgefaßt werden oder in sie übergehen, ohne sie förmlich abzugrenzen. Dem Menschen widerstrebt es, plötzlich »amtlich« zu werden.

In Warngau gab es eine scheinbar einmalige Besonderheit, die aber bei den Bundes-

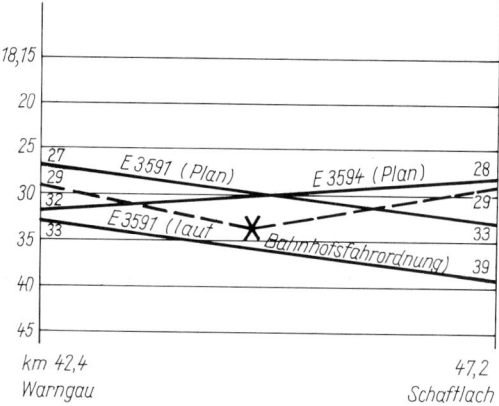

18,15
20
25
27 E 3591 (Plan)   E 3594 (Plan)   28
29
30
32   29
35   33   E 3591 (laut ✗   33
              Bahnhofsfahrordnung)
40   39
45

km 42,4   47,2
Warngau   Schaftlach

Bild 123 *Fahrplanskizze zum Zugverkehr zwischen Schaftlach und Warngau. Die gestrichelte Linie zeigt den tatsächlichen Ablauf der Züge 3591 und 3594. Zeichnung: E. Preuß*

bahndirektionen Hamburg, München, Stuttgart und Karlsruhe seit 20 Jahren bis zur Warngau-Katastrophe üblich war: die sogenannte Luftkreuzung. Im Fahrplan wurde die Kreuzung eines gelegentlich verkehrenden Zuges, wie hier des Sonntagszuges aus München–Lenggries, mit einem täglich verkehrenden Zug auf die freie Strecke gelegt. Natürlich nur theoretisch. Der Sinn – man möchte sagen: Unsinn – der »Luftkreuzung« war der, bei Verspätung eines Zuges, wie sie hin und wieder bei einem Zug entsteht, der einen großen Knoten verläßt (hier: München Hbf), nicht das fahrplanmäßige Verkehren anderer Züge zu stören. Die Fahrdienstleiter hatten in derartigen Fällen zu entscheiden, welchem Zug sie Vorrang geben, wo also die Kreuzung der Züge tatsächlich stattfinden sollte, in Warngau *oder* in Schaftlach. Die »Luftkreuzung« mußte nicht zwangsläufig mit einem Unfall enden, denn die Züge waren gesichert – falls vorhanden – durch den Streckenblock, auf jeden Fall durch das Zugmeldeverfahren.

Die Fahrdienstleiter haben zu garantieren, daß sich immer nur *ein Zug* im Strecken- bzw. Blockabschnitt befindet. Zwischen Schaftlach und Warngau versagte das merkwürdige Verfahren, weil sich die Fahrdienstleiter nicht an ihre Pflichten hielten.

Die Züge stießen mit einer Geschwindigkeit von 64 km/h (E 3591) und 88 km/h (E 3594) zusammen. 38 Menschen verloren dabei ihr Leben, drei starben an den Unfallfolgen, 122

wurden verletzt. Die Diesellokomotiven wurden um je etwa ein Drittel ihrer Länge zusammengestaucht, derart groß war die Wucht des Zusammenstoßes; der Sachschaden betrug etwa 4 Millionen Mark.

Der Fahrdienstleiter von Warngau wurde zu einem Jahr, der von Schaftlach zu acht Monaten und der Fahrplanbearbeiter der Bundesbahndirektion München gleichfalls zu acht Monaten Haft verurteilt, jeweils auf Bewährung. Die Berufung der Verteidigung lehnte der Bundesgerichtshof ab.

In den frühen Morgenstunden des 25. September 1976 stößt zwischen der Abzweigstelle Mauer-Öhling und dem Bahnhof Amstetten (Strecke Wien–St. Valentin) der Güterzug 41 671 mit dem vor dem Halt zeigenden Blocksignal wartenden Güterzug 51 531 zusammen. Dem Lokomotivführer des 41 671 gelingt es, die Geschwindigkeit von 40 km/h auf 25 km/h zu ermäßigen. Dennoch werden die letzten drei Wagen des Zuges 51 531 zertrümmert und verkeilen sich mit der Vorspannlokomotive 1018.03, die mit fünf Achsen entgleist. Die Zuglokomotive 1010.11 entgleist mit zwei Achsen und wird beschädigt. Verletzt wird nur der Lokomotivführer der Vorspannlokomotive, der Sachschaden bleibt vergleichsweise gering: etwa 4 Millionen Schilling.

Die Ursache des Zusammenstoßes? – Die vorgeschriebenen Wortlaute des Zugmeldeverfahrens wurden nicht angewendet. Was wirklich »geplaudert« wurde, blieb ungeklärt. Fest steht, daß der Zug 41 671 in den besetzten Abschnitt eingelassen wurde, weil die Rückmeldung des Zuges 51 531 nicht abgewartet worden ist.

Zwischen Saalfeld und Bad Blankenburg (Strecke Saalfeld–Arnstadt) stoßen am 13. Juni 1981 der Gag 57 442 und der N 66 404 zusammen. Die beiden Lokomotivführer werden getötet, der Sachschaden beträgt über 1 Million Mark. Dem voraus ging die Anfrage des – wie sich bald herausstellte, erheblich alkoholisierten – Fahrdienstleiters in Bad Blankenburg beim Fahrdienstleiter in Saalfeld, wie weit es mit dem N 66 404 sei, auf ihn rolle der verspätete Gag 57 442 zu. Der Saalfelder Fahrdienstleiter erfährt in diesem Augenblick, daß der Nahgüterzug fertiggestellt ist, und meldet ihn dem Fahrdienstleiter in Bad Blankenburg voraus. Dieser nimmt aber die Vorausmeldung gar nicht richtig auf, sondern versteht nur

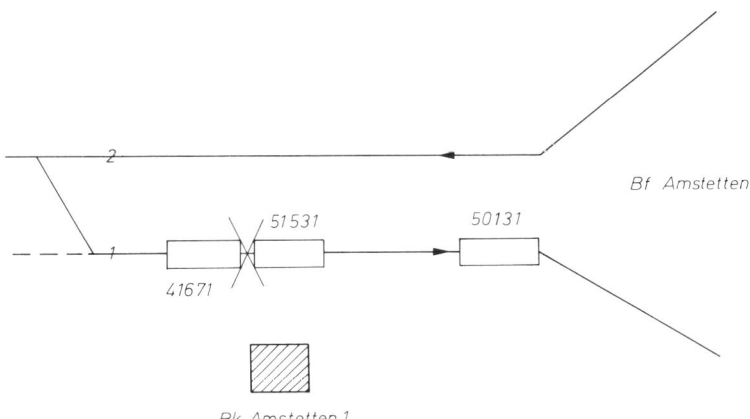

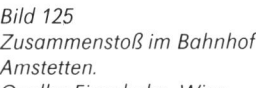

Bild 124   Skizze zum Unfall in Amstetten.
Quelle: Eisenbahn, Wien

Bild 125
Zusammenstoß im Bahnhof Amstetten.
Quelle: Eisenbahn, Wien

Bild 126   Zusammenstoß zweier Güterzüge zwischen Saalfeld und Bad Blanken-burg.
Foto: Sammlung E. Preuß

irgendwelche Zeitangaben und glaubt, es handle sich um die Vorausmeldung des von ihm abzulassenden Zuges 57 442. Er muß sich während der Gerichtsverhandlung vom Sachverständigen vorhalten lassen, daß *er* den Zug vorauszumelden hatte, folglich die Vorausmeldung des Fahrdienstleiters in Saalfeld niemals den in Bad Blankenburg abzulassenden Zug betreffen konnte! Diese Umkehrung von Vorausmeldung und Wiederholung nimmt er aber gar nicht wahr und läßt den Zug in den Streckenabschnitt ein, in dem der Nahgüterzug entgegenfährt.

Der Fahrdienstleiter von Bad Blankenburg

Bild 127   Zusammenstoß zwischen Förtha und Dietrichsberg.
Foto: Sammlung E. Preuß

wird zu einer Freiheitsstrafe von fünf Jahren und (wegen der Trunkenheit im Dienst) zum vollen Schadenersatz verurteilt.

Am 6. Oktober 1982 stoßen zwischen Förtha und Dietrichsberg zwei Güterzüge zusammen. Die beiden Fahrdienstleiter hatten sich über den Zugverkehr informiert und – jeder für sich – aus diesem Gespräch abgeleitet, daß der in Förtha und der in Dietrichsberg abzulassende Zug von der anderen Zugmeldestelle angenommen worden sei.

Was vor dem Bezirksgericht Erfurt, das den Dietrichsberger Fahrdienstleiter zu einem Jahr Freiheitsstrafe und den von Förtha zu anderthalb Jahren Bewährungszeit bei einer Strafandrohung von acht Monaten Gefängnis verurteilte, nicht zur Sprache kam, weil strafrechtlich und vom Verschulden der Fahrdienstleiter her nicht relevant: Der Streckenblock konnte nicht bedient werden, weil jemand nicht beachtet hatte, daß das Stromnetz abgeschaltet war und sich die Batterien erschöpften.

Nach dem Zusammenstoß wurden die Zugnummern verändert, eine Maßnahme, die viele Bahnverwaltungen praktizierten, bevor der Fahrplan in Kraft gesetzt wird. Ähnlich klingende Zugnummern könnten zu Verwechslungen im Zugmeldeverfahren führen. Der Zusammenstoß nahe Dietrichsberg betraf die Züge 44 838 und 44 823.

Frontal stoßen am 11. September 1985 auf der portugiesischen Strecke Nelas–Mangualde zwei Züge zusammen, allerdings sind es

Bild 128
Zusammenstoß zweier Reisezüge zwischen Nelas und Mangualde.
Foto: ADN-ZB/EPA-Tele

Bild 129
Beim Zusammenstoß einer Lokomotivfahrt mit einem Doppelstockzug bei Eilsleben kamen 13 Personen ums Leben.
Foto: ADN-ZB/Schulz

Reisezüge, der Sonderzug 315 Porto–Paris und der Regionalzug Guarda–Coimbra. Durch den Anprall entzündet sich der Kraftstoff in der Diesellokomotive des Regionalzuges und setzt die ersten beiden Wagen des Sonderzuges in Brand. 47 Personen werden getötet und 142 verletzt.

Der Sonderzug sollte den Regionalzug in Nelas kreuzen, er hatte sieben Minuten Verspätung, weshalb sich die Fahrdienstleiter über die Kreuzungsverlegung verständigten. Zwar ist nicht bekannt geworden, welchen Inhalt diese Gespräche hatten, die Zeitungen berichteten von einem Mißverständnis darüber, welcher Zug abzulassen war. So erhielten schließlich beide Züge freie Fahrt auf die Strecke.

Einen Monat später, am 11. Oktober 1985, fordert ein Unfall zwischen Eilsleben und Marienborn 13 Todesopfer. Die Fahrdienstleiterin des Bahnhofs Eilsleben (Strecke Magdeburg–Marienborn) erteilt während des zeitweise eingleisigen Behelfsbetriebes der Stellwerkswärterin den Auftrag, das Ausfahrsignal für P 9476 auf »Fahrt« zu stellen, obwohl der Zug der vorgelegten Zugmeldestelle noch nicht vorausgemeldet und diese Vorausmeldung als Zeichen der Annahme des Zuges auch nicht wiederholt worden ist. Stattdessen nimmt die Fahrdienstleiterin eine Lokomotivfahrt aus der Gegenrichtung an (sie wiederholt also die Vorausmeldung der benachbarten Zugmeldestelle), ohne in diesem Moment

an den bereits erteilten Auftrag zum Auffahrtstellen des Ausfahrsignals für den Personenzug zu denken. Als sie diese Vorausmeldung abgeben will, hält ihr der Fahrdienstleiter des Bahnhofs Wefensleben entgegen: »Nein, warten!« Doch zu diesem Zeitpunkt fährt der Personenzug aus, er ist nicht mehr aufzuhalten und stößt an einer recht unübersichtlichen Stelle mit der allein fahrenden Lokomotive zusammen. Die Geschwindigkeiten betragen zu diesem Moment 80 bzw. 100 km/h.

Für diese Fehlhandlung wird die Fahrdienstleiterin vom Bezirksgericht Magdeburg zur Verantwortung gezogen. Es wird auf eine Freiheitsstrafe von vier Jahren erkannt. /57/

Zweifellos begünstigten das Zugmeldeverfahren und die Handhabung des Betriebsdienstes auf zweigleisiger Strecke im Regelfall das Versäumnis der Fahrdienstleiterin. Sie durfte in solchen Fällen das Ausfahrsignal auf »Fahrt« stellen lassen und *nach Abfahrt des Zuges* die Abmeldung abgeben. Der zeitweise eingleisige Behelfsbetrieb stellt dagegen die Abweichung von der Norm dar, zumal in einer Fahrtrichtung der Streckenblock zur Sicherung der Zugfahrten nicht bedient werden kann. In Auswertung des Eilslebener Unfalls führte die Deutsche Reichsbahn einen Behelfsblock für solche Fälle ein, damit auch bei Fahrten entgegen der gewöhnlichen Fahrtrichtung der Streckenblock bedient werden kann. Damit ist gesichert, daß sich im Streckenabschnitt immer nur ein Zug befindet.

6. Mit Augenschein

Unterlassene Fahrwegprüfung und andere Mängel in der Zusammenarbeit der Eisenbahner

Die Eisenbahner eines Bahnhofs, die ja ganz wesentlich für einen sicheren Zugverkehr zu sorgen haben, können außer beim Zugmeldedienst natürlich noch bei anderen Pflichten fehlerhaft handeln – zum Beispiel bei der Fahrwegprüfung.

Bei allen Bahnverwaltungen muß, bevor eine Zugfahrt in den Bahnhof oder aus dem Bahnhof zugelassen wird, geprüft werden, ob der Fahrweg von Hindernissen frei ist, ob die Weichen und Flankenschutzeinrichtungen richtig gestellt sind. In der Frühzeit der Eisenbahn verließ man sich allein auf das menschliche Auge. Mit der Zeit wurde die Technik dafür dienstbar gemacht. So kann man mit dem Fahrstraßenhebel im Stellwerk prüfen, ob die Weichen, Gleissperren und Flankenschutzeinrichtungen für die jeweils zuzulassende Zugfahrt richtig gestellt sind.

Damit der für den Fahrwegprüfbezirk zuständige Eisenbahner seinen Abschnitt auch gut sehen kann, erhielten die Stellwerke verglaste Kanzeln oder Brücken zum Hinaustreten. Wenn der Eisenbahner regelrecht gezwungen werden soll, »in die Gleise zu gehen«, um mit Augenschein an Ort und Stelle den Fahrweg zu prüfen, wurden Schlüsseltasten am jeweiligen Gleis angebracht. Sie sind als Zeichen der Fahrwegprüfung zu schließen. Bei unübersichtlichen Abschnitten hilft der elektrische Strom anzuzeigen, ob das Gleis von Fahrzeugen geräumt ist. Schließlich wird auf diese Weise durch die Technik der Gleisbildstellwerke, von Sonderfällen und den ersten Bauformen abgesehen, immer automatisch geprüft, ob die Gleis- und Weichenabschnitte frei sind. Am Gleisbildstelltisch kann das der Fahrdienstleiter erkennen: Bei »Rotausleuchtung« des symbolisch dargestellten Gleisabschnittes ist es überhaupt nicht möglich, eine Zugfahrt auf Signal zuzulassen. Erst mit der Gleisbildtechnik wurde es möglich, den Stellwerksdienst selbst bei großen Bahnhofsarealen an einen Ort zu konzentrieren.

Wo solche Technik fehlt – und sie fehlte in den ersten Jahrzehnten der Eisenbahnen überall – mußte die Fahrwegprüfung durch Augenschein förmlich in Fleisch und Blut übergehen, bevor einem Zug die Ein- und Ausfahrt freigegeben wurde. Gegen diese Pflicht wurde aber auch verstoßen.

Am 25. Dezember 1909 verkehrt von Zamrsk nach Uhersko (Strecke Kolin–Brünn der k. u. k. österreich-ungarischen Staatseisenbahnen) kurz nach 9 Uhr den Güterzug 1251. Ihm folgt Schnellzug 301, der in Uhersko den Güterzug überholen soll. Der Fahrdienstleiter läßt den Güterzug nach Gleis 2 einfahren, Zug 301 fährt durch. Zur gleichen Zeit kommt Schnellzug 302 aus Richtung Moravany.

Der Fahrdienstleiter vergißt den Güterzug, aber eben leider auch die Fahrwegprüfung, die ihn ja an den Train erinnert hätte, als er dem Zug 302 freie Fahrt gibt. Im dichten Nebel stoßen der Schnellzug und der Güterzug zusammen, 13 Menschen werden getötet, 60 schwer verletzt. Beide Lokomotiven, der Post- und drei Sitzwagen des Zuges 302 sind vernichtet, die Trümmer brennen. Nur der Fahrladeschaffner hat Glück im Unglück. Durch die abgerissene Schiebetür des Gepäckwagens wird er etwa sechs Meter weit in einen Strauch geschleudert, bleibt dort zunächst bewußtlos, aber unversehrt liegen.

Der Fahrdienstleiter wird zu sechs Monaten Gefängnis verurteilt und von der Staatseisenbahn fristlos entlassen. Die Fahrdienstleiter Österreich-Ungarns sammeln Geld für seine Familie. Später wird er doch wieder eingestellt.

Am 1. Oktober 1985 wird um 4.10 Uhr die Stille des schlafenden Städtchens Susz an der PKP-Strecke Warschau–Gdynia durch einen Knall gestört, wie ihn die Schallmauer durchbrechende Düsenflugzeuge verursachen.

Bild 130
Die Lokomotive 242 066 ...

Ein Augenzeuge, der zum Bahnhof fuhr, berichtet: »Im Licht eines sich schnell vergrößernden Feuerscheins sah ich einen Personenwagen auf einem brennenden Kesselwagen und einen zweiten auf einer zertrümmerten elektrischen Lokomotive. Ich erblickte Reisende, die in Panik durch die Fenster dieser Wagen auf die Gleise sprangen. Auf die gleiche Weise retteten sich die Passagiere des Liegewagens, der über zwei Kesselwagen auf die andere Seite des Güterzuges rollte. Barfuß, in Schlafanzügen und Nachthemden flüchteten sie vor dem Feuer. Die Reisenden halfen verletzten Mitreisenden, die beschädigten Wagen schnell zu verlassen. Bei dieser spontanen Rettungsaktion zeichneten sich die Soldaten durch Unternehmungsgeist und Mut aus. Matrosen liefen an den Stapelplätzen entlang und forderten die Reisenden auf, sich vom Zug zu entfernen. Warnend machten sie darauf aufmerksam, daß die Kesselwagen jeden Augenblick explodieren könnten.« /58/

Die anrückenden Feuerwehren werden dem Feuer, das sich auf dem Bahnhof ausbreitet, nicht gleich Herr. Es brennen der zertrümmerte Gepäckwagen, der Liegewagen, zwei Wagen der 2. Klasse und die Frontseite der zertrümmerten elektrischen Lokomotive. Die Flammen, durch das aus den Kesselwagen fließende Treiböl entfacht, lodern hoch empor. Erst gegen 7 Uhr erstickt der Löschschaum die letzten Flammen. Das ist das Ergebnis der Hilfe von 30 Einheiten Betriebsfeuerwehr, Freiwilliger und Gebietsfeuerwehr.

Bild 131 *... und die Lokomotive 250 106 stießen am 19. März 1986 mit etwa 80 km/h Geschwindigkeit auf dem Bahnhof Glauchau (Strecke Dresden–Werdau) zusammen. Die Lokomotivführer retteten sich in den Maschinenraum, der Lokomotivführer auf der Lokomotive 250 106 wurde vom Aufprall zurückgeschleudert. Beide beobachteten die Sekunden dauernde Verformung der Bestandteile der Führerstände; beide erlitten schwere Verletzungen. Ursache des Unfalls: Unterlassene Fahrwegprüfung durch einen Stellwerksmeister.*
Fotos: Reimer

Aus dem brennenden Gepäckwagen werden die verkohlten Leichen des Zugführers, seines als Zugschaffner mitfahrenden Sohnes und eines Reisenden geborgen, der im Gepäckwagen eine Fahrkarte kaufen wollte. Der Lokomotivführer auf der zerstörten elektri-

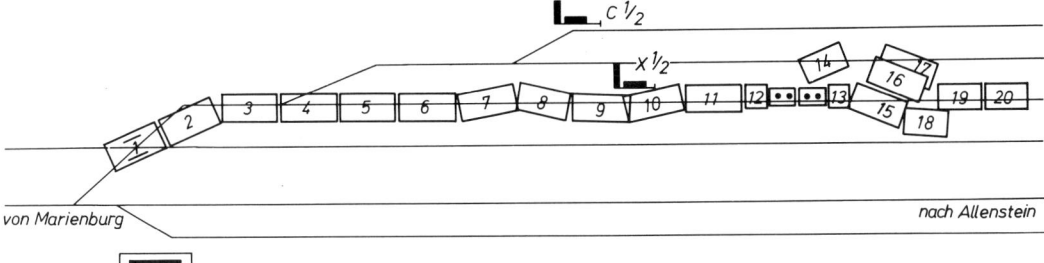

Stellwerk
Gwb

Bild 132 Schematische Darstellung der Unfallstelle in Göttkendorf am 8. September 1915 nach der Originalunfallskizze. Es bedeuten:

1   *Personenwagen 4. Klasse Kattowitz 1929, zwei Puffer verbogen*
2   *Personenwagen 3. Klasse Königsberg 1240, nicht beschädigt*
3   *Personenwagen 3. Klasse Stettin 2437, zwei Puffer verbogen*
4   *Personenwagen 2. Klasse, zwei Achsen entgleist, Puffer verbogen*
5   *Packwagen Königsberg 3163, zwei Achsen entgleist, zwei Puffer verbogen*
6   *Personenwagen 3. Klasse Stettin 2436, leicht beschädigt*
7   *Personenwagen 2. Klasse Münster, drei Achsen entgleist, beide Stirnwände mit Bremserhaus eingedrückt*
8   *Personenwagen 4. Klasse Stettin 3579, zwei Achsen entgleist, beide Stirnwände eingedrückt, Puffer verbogen*
9   *Personenwagen 3. Klasse Erfurt 1067, vordere Achse etwas angehoben, beide Stirnwände eingedrückt, Puffer verbogen*
10 *Personenwagen 3. Klasse Münster 1919, zwei Achsen entgleist, beide Stirnwände eingedrückt, Puffer verbogen*
11 *Personenwagen 4. Klasse Breslau 3136, hintere Achse 40 mm angehoben, beide Stirnwände mit Bremstürraum eingedrückt*
12 *Güterwagen Belge (Nord) 1809, leicht beschädigt*
L 1 *Lokomotive »P 8« Königsberg 1115, Drehgestell nach rechts entgleist, erheblich beschädigt*
L 2 *Lokomotive »P 6« Königsberg 2134, nicht entgleist, beschädigt.*
13 *Güterwagen Belge 40060, leicht beschädigt*
14 *Güterwagen Elsaß Lothringen 2077, leicht beschädigt*
15 *Güterwagen Magdeburg 60567, leicht beschädigt*
16 *Güterwagen Bromberg 28611, stark beschädigt*
17 *Güterwagen Belge 42496, mit einer Achse entgleist, nicht beschädigt*
18 *dieser und die weiteren Wagen nicht entgleist, nicht beschädigt*

schen Lokomotive EU 07-159 wird gesucht; er war mit einer Geschwindigkeit von 90 km/h auf den letzten Kesselwagen des Güterzugs gefahren. Unter den Trümmern findet sich sein Körper nicht. Schließlich wird er gefunden! Er sprang vor dem Zusammenstoß von der Lokomotive, erlitt schwere Verletzungen, an deren Folgen er noch im Rettungswagen stirbt. Gesucht wird auch der Fahrdienstleiter. Er hatte irrtümlich den Schnellzug auf das vom Kesselwagenzug besetzte Gleis eingelassen, die Fahrwegprüfung sogar ganz unterlassen. Er ist bestürzt, und der Leiter des Bahnhofs bestimmt, er solle auf seinem Platz bleiben. Als der Leiter in den Dienstraum zurückkehrt, ist er verschwunden. Erst um 22 Uhr stellt er sich der Miliz. Wie das Ermittlungsverfahren ergibt, stand er im Dienst unter Alkoholeinfluß.

Am 7. Dezember 1915 wird auf dem Bahnhof Göttkendorf (Strecke Allenstein–Marienburg) die Weiche 5 a/b durch eine doppelte Kreuzungsweiche ersetzt, aber nicht an das Stellwerk »Gwb« angeschlossen. An Stellwerksmonteuren herrscht zu dieser Zeit gerade in den Eisenbahndirektionsbezirken Bromberg und Königsberg empfindlicher Mangel, denn man braucht jeden Mann, um die in Frontnähe zerstörten Bahnhöfe so herzurichten, daß Zugverkehr und Nachschub wieder einigermaßen gesichert sind. Deshalb müssen die Eisenbahner in Göttkendorf mit dem Provisorium der Sicherungseinrichtungen auskommen. Dabei hat der Stellwerksmeister dem Fahrdienstleiter vor dem Zulassen jeder Zugfahrt die Stellung genannter Weiche zu melden, und dann erst darf er — ohne irgendeine Abhängigkeit zwischen Signal und Weichen — das Einfahrsignal auf Fahrt stellen.

So geschieht es auch am 8. Februar, als der P 784 Einfahrt erhält. Dieser Zug fährt mit 67 Minuten Verspätung, was den Stellwerksmeister zu der Annahme ermuntert, der auf Gleis 4 stehende Militär-Leerzug 70 023 werde noch vor Einfahrt des P 784 in Richtung Mohrungen abfahren, und stellt den Fahrweg dafür her. Als der Fahrdienstleiter fragt: »Liegen die Weichen für Zug 784 richtig?«, bestätigt dies der Wärter. Der Fahrdienstleiter beauftragt danach den Wärter, das Einfahrsignal auf Fahrt zu stellen. P 784 soll auf Gleis 3 fahren. Der Personenzug stößt daraufhin mit dem im Gleis 4 stehenden Militärzug zusammen. Zwei Lokomotiven, sechs Personen-, ein Gepäck- und zehn Güterwagen werden stark beschädigt, sechs Eisenbahner verletzt.

Das Jahr 1915 war für die östlichen Direktionen der preußischen Eisenbahn überhaupt ein unfallträchtiges Jahr, und es besteht unzweifelhaft ein Zusammenhang zwischen diesen Ereignissen und dem alles andere als normalen Betriebsdienst angesichts der nahen Front und der im Kriege gewachsenen Transportaufgaben der Eisenbahn. Bei den Angriffsoperationen in Ostpreußen, so der Winterschlacht vom Februar 1915 in den Masuren, wurden die Eisenbahnanlagen arg in Mitleidenschaft gezogen.

Auch die Einfahrsignale des Bahnhofs Grabowen waren zerstört, so daß der Bahnhof gegen die freie Strecke ungedeckt blieb. Dennoch mußte, auf stetes Drängen des Feldeisenbahnchefs Ost, der Bahnhof in Betrieb genommen werden. Die Signale 6 b – Haltscheibe –, die als Ersatz der Einfahrsignale den Bahnhof hätten decken können, waren bei Räumung des Bahnhofs weggebracht worden.

Bei Wiederaufnahme des Betriebes erläßt das Betriebsamt Angerburg am 23. Februar 1915 eine Dienstordnung, durch die die Sicherung der Bahnhöfe an der Strecke Angerburg–Goldau vorgeschrieben wird. Diese Dienstordnung gelangt erst am 26. Februar nach Grabowen. Bis dahin handhaben der Dienstvorsteher und die Fahrdienstleiter den Betriebsdienst so gut es eben geht.
Es geht nicht gut.
Ein Militärzug fährt am 25. Februar 1915 mit einem Bataillon der Landwehr-Fuß-Artillerie um 11.20 Uhr nach Gleis 2 ein. Die Weiterfahrt verzögert sich, da der nächste Kreu-

zungsbahnhof Goldap von Militärzügen besetzt ist. Um 11.55 Uhr schickt Goldap den Leerzug 1688 nach Grabowen; hier soll er 12.45 Uhr ankommen. Der Lokomotivführer benötigt einen »Kreuzungsbefehl«, da Goldap planmäßige Kreuzungsstation ist, die Kreuzung aber nun nach Grabowen verlegt wird. Doch er ist ohne diesen Befehl abgefahren und fährt ziemlich flott. Der Zug trifft bereits 12.30 Uhr, also 15 Minuten früher als vorgesehen, in Grabowen ein. Hier hält ihn kein Haltsignal auf, und so stößt er im Gleis 2 mit dem wartenden Zug zusammen. Zwei Lokomotiven werden zertrümmert, mehr als 30 Personen verletzt.

Der Fahrdienstleiter wird befragt, was er nach der Abmeldung des Leerzuges getan habe. – »Ich glaube (!), den Aushilfsweichenwärter beauftragt zu haben, die Weiche nach Gleis 3 umzustellen.« Der Wärter bestreitet diesen Auftrag.

Die schließlich durch den Krieg verursachte immense Überforderung des zivilen Bereichs läßt sich spätestens 1918 auch an den Eisenbahnunfällen ablesen, von denen hier nur einige genannt werden sollen.

Am 18. August 1918 meldet Staatsminister von Breitenbach dem Kaiser:
»Euer Majestät habe ich von einem schweren Eisenbahnunfall ehrfurchtsvoll Meldung zu machen, auf der zweigleisigen Strecke Remagen–Dümpelfeld der Ahrtalbahn war ein Militärurlauberzug aus noch nicht bekannter Ursache liegengeblieben. Infolge dessen mußte gestern nachmittag zwischen den Stationen Hoenningen und Dümpelfeld an Stelle des zweigleisigen eingleisiger Betrieb stattfinden. Durch falsche Massnahmen des Fahrdienstleiters in Dümpelfeld wurden eben auf diesem Gleise in der einen Richtung ein Personenzug und in der anderen Richtung ein von Elsenborg nach Coblenz fahrender Militärzug abgelassen. Beide Züge stiessen unterwegs zusammen, wobei durch Entzündung von Munition und Minen 8 Wagen verbrannten. Bisher sind 14 Tote ermittelt; 13 Personen werden vermisst, 33 Personen sind schwer und 40 leicht verletzt. Hilfe war schnell zur Stelle. Ein Ministerial Kommissar ist sofort nach der Unfallstelle gesandt.«
Obwohl dem Fahrdienstleiter in Dümpelfeld der Personenzug von Remagen abgemeldet

ist, läßt er den vom Truppenübungsplatz Elsenborg kommenden Rekrutentransportzug durchfahren, in dem das Ersatzbataillon der Regimenter 25 und 68 sitzt. Der Zug fährt handgebremst. Im Gefälle, in einem unübersichtlichen Gleisbogen vor Hönningen stoßen die Züge mit voller Wucht zusammen. Acht Wagen bilden ein unübersehbares Chaos, das noch dazu brennt. Handgranaten und Granatwerfer-Munition explodieren. Soldaten und Zivilpersonen sind zur Stelle, um zu retten, was zu retten ist. Trotzdem zählt man 26 Tote, 31 Schwerverletzte (von denen drei im Krankenhaus sterben) und 30 Leichtverletzte.

Angesichts der sich von Tag zu Tag weiter verschlechternden Verhältnisse und der daraus erwachsenden Kriegsmüdigkeit sieht der Chef des Geheimen Zivilkabinetts Gefahr, wenn solche Unfälle noch an die Öffentlichkeit gelangen. Deshalb beauftragt er den Minister von Breitenbach, den Hinterbliebenen der Getöteten und den Verletzten »die Teilnahme seiner Majestät einzeln auszusprechen«. Die Presse in Berlin erhielt keine Information, in der Provinzpresse durfte der Unfall nur »in geringem Umfang« erwähnt werden.

Die während des ersten Weltkrieges verhängte Nachrichtensperre war im Deutschen Reich einige Male gelockert worden, zum Beispiel im Falle Zantoch I und II, aber nur dann, wenn »von der anderen Seite Veröffentlichungen gebracht wurden«, also wenn sich der Feind des Unfallberichts als Mittel der psychologischen Kriegsführung bediente. Das führte mitunter dazu, daß der Kaiser, den man seit Kriegsbeginn über Eisenbahnunfälle nicht mehr informierte, ab und zu aus den Zeitungen von ihnen erfuhr. Und da sich »S. M.« für alles interessierte, erhielt der Minister der öffentlichen Arbeiten dann folgendes Schriftstück: »... geruhten S. M. den Chef des Geheimen Zivilkabinetts von Berg nicht nur darauf hinzuweisen, daß es an der Zeit sei, von der Gasbeleuchtung zur elektrischen Beleuchtung überzugehen, damit die Unfälle durch die Gasexplosionen nicht so folgenschwer und opferreich gestaltet werden, zugleich bemerkten S. M., daß von Allerhöchst Ihrer Teilnahme und der Anordnung, den Hinterbliebenen und Verletzten des Unfalls ... in der Presse keine Notiz genommen sei, so daß Allerhöchst dieselben nachträglich nachsucht, auf die Zweckmäßigkeit einer solchen Kund-

gebung, auch militärischerseits, aufmerksam gemacht worden seien ...«

Von Breitenbach, der Minister der öffentlichen Arbeiten, wandte alle Mühe auf, um dem Kaiser eine solche Kundgebung, und sei es nur eine Zeitungsnotiz, auszureden. Der Krieg, dazu noch die vielen Eisenbahnunfälle – der Kaiser hatte bei der Bevölkerung jeden Kredit verloren. Aber das war schon 1917.

Aus dem Ausland erfuhr der Leser so gut wie nichts von Eisenbahnunfällen, obwohl die Eisenbahnen in Italien, Frankreich und in Großbritannien unter den obwaltenden Umständen von ihnen ebensowenig verschont blieben wie die preußischen oder sächsischen. Die schwersten Eisenbahnunfälle ereigneten sich gerade während des ersten Weltkrieges!

Der 22. Mai 1915 gilt als der schwärzeste Tag in der Geschichte der britischen Eisenbahnen:

Wie oft beginnt die Kette der zum Unfall führenden Unzulänglichkeiten mit Zugverspätungen und dadurch veränderter Reihenfolge der Züge! Der Schlafwagen-Expreß London–Euston–Edinburgh–Aberdeen und der Schlafwagen-Expreß nach Glasgow kamen fast immer mit 20 bis 30 Minuten Verspätung. Der folgende Lokalzug Carlisle–Beattock wurde dann meist bis Kirkpatrick vorgeschickt, wo ihn die beiden Expreßzüge überholten. Mitunter wurde die Station Quintinshill für diese Überholungen genutzt. So geschah es auch an diesem Tag.

Im Überholungsgleis Nord-Süd ist der Kohlenleerzug eingefahren, der der britischen Flotte im Stützpunkt Scapa Flow walisische Kohlen gebracht hatte. Im Süd-Nord-Überholungsgleis steht der Güterzug Carlisle–Glasgow, und nun kommt der Lokalzug nach Beattock, mit ihm auf dem Führerstand der Lokomotive der Stellwerksmeister Tinsley. Der abzulösende Wärter setzt den Lokalzug auf das durchgehende Hauptgleis der Nord-Süd-Richtung um, da die beiden verspäteten Expreßzüge zu erwarten sind; der Lokalzug steht jetzt unter dem Stellwerk, bequem für den ablösenden Tinsley. Er begibt sich auf das Stellwerk, begleitet vom Lokomotivheizer Hutchinson. In Großbritannien ist zu dieser Zeit vorgeschrieben, daß der Heizer sich von den Deckungsmaßnahmen des auf dem Hauptgleis abgestellten Zuges zu überzeugen und diese Sicherungsmaßnahmen im Zugmeldebuch zu bestätigen hat. In diesem Fall müßten am Hebel der Signale Hilfssperren angebracht sein, die verhindern, daß ein Zug auf jenes Gleis Einfahrt erhält

Die Vorgesetzten der Wärter sollen jedoch nicht erfahren, daß die Stellwerksmeister von Gretna Green auf der Lokomotive mitfahren und sich nicht exakt 6 Uhr, sondern im »fliegenden Wechsel«, praktisch auf der Stellwerkstreppe, ablösen, wenn der Lokalzug erst in Kirkpatrick von den Expreßzügen überholt wird. Um dies zu verschleiern, trägt der Abzulösende von 6 Uhr an alle Zugmeldungen nicht in das Zugmeldebuch ein, sondern auf einen Zettel, und der Ablöser übernimmt diese Zettelnotizen, um sie mit seiner Handschrift im Zugmeldebuch nachträglich einzuschreiben. An diesem Tag quittiert Heizer Hutchinson blanko im Zugmeldebuch etwas, was gar nicht geschehen ist: die Sicherung seines Zuges.

Meakin, der abzulösende Wärter, liest die Zeitung, die ihm Tinsley mitbrachte. Tinsley holt nun die Einträge im Zugmeldebuch nach, die auf dem Zettel stehen.

Hutchinson geht zur Lokomotive zurück, der erste Expreßzug wird von Gretna Junction abgemeldet, Tinsley stellt das Einfahr- und das Ausfahrsignal auf Fahrt. Der Expreßzug rast durch den Bahnhof.

Um 6.42 Uhr fragt der Fahrdienstleiter in Kirkpatrick, ob Quintinshill einen Truppenzug aufnähme. Tinsley denkt in diesem Augenblick gar nicht mehr an den Lokalzug (daß Fahrzeuge, die in Höhe von Stellwerken stehen, vergessen werden, kommt ab und zu vor!) und stellt um 6.47 Uhr das Einfahrsignal auf Fahrt. Von Gretna Junction wird jetzt außerdem der zweite Expreßzug abgemeldet. Tinsley stellt auch für diesen Zug das Signal

Bild 134   Unfallrest vermutlich der Lokalzug-Lokomotive nach Beattock nach dem Zusammenstoß mit dem Truppentransportzug.
Foto: Sammlung E. Preuß

auf Fahrt und schreibt weiter im Zugmeldebuch. Hätter er doch wenigstens einmal aus dem Fenster gesehen!

Der Truppenzug von Larbert Station bringt etwa 500 Soldaten und Offiziere nach dem Süden, die für die Schlacht in den Dardanellen eingeschifft werden sollen. Er besteht aus zwei Lokomotiven und 15 alten zwei- und dreiachsigen hölzernen Personenwagen mit Gasbeleuchtung.

Der Heizer Hutchinson sitzt auf seiner Lokomotive des Lokalzuges und schaut nach vorn. Mit Schrecken gewahrt er das auf Fahrt stehende Einfahrsignal und den auf ihn zukommenden Zug. Er ruft seinen Lokomotivführer, beide springen vom Führerstand und suchen hinter den Wagen des benachbarten Leerwagenzuges Schutz.

Obwohl der Lokomotivführer des mit einer Geschwindigkeit von 110 km/h fahrenden Truppenzuges den Lokalzug in seinem Gleis sieht und bremst, kann er den Zusammenstoß nicht verhindern. Der Lokalzug wird durch die Wucht des Aufpralls 30 m zurück-, der

Bild 133   Prinzipskizze zum Unfall in Quintinshill.
Zeichnung: E. Preuß

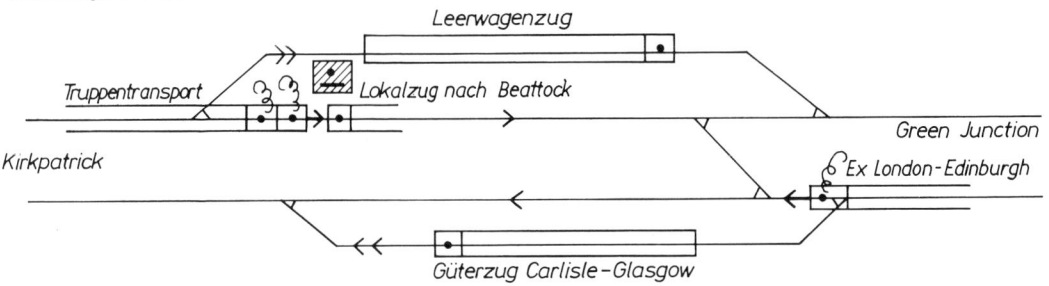

200 m lange Truppenzug auf 60 m zusammengedrückt. Die erste Lokomotive des Truppenzuges stürzt um und belegt ihr Gleis und das, auf dem der Expreßzug zu erwarten ist. Der Tender der Lokalzug-Lokomotive stürzt ebenfalls auf das Nachbargleis; die Wagen des Truppenzuges schieben sich über die umgestürzte Lokomotive und liegen quer auf den beiden durchgehenden Hauptgleisen.

Um das Stellwerk häuft sich ein Trümmerberg, die Wärter sind schockiert, und auch hier kommen sie nicht auf das Naheliegende in solcher Situation, das für den Expreß London–Glasgow auf Fahrt stehende Einfahrsignal »einzuschlagen«, also auf »Halt« zu legen. Das Lokomotivpersonal des Leerwagenzuges und der Schaffner des Lokalzuges rennen dem Expreß entgegen. Zu spät. Der Zug rast in den Trümmerhaufen und tötet noch die, die sich aus den Trümmern des Truppenzuges retten. Jetzt beginnen, wahrscheinlich durch das Gas der Beleuchtung des Truppenzuges entzündet, die Trümmer zu brennen, sogar die Wagen des Leerzuges, und an Wasser zum Löschen fehlt es in Quintinshill!

Der Fahrdienstleiter in Gretna Junction fragt nach dem Truppenzug. Erst jetzt erwacht Tinsley aus seinem Schock und berichtet vom Unglück. Die Rettungsmaßnahmen laufen an. Vergessen wird dabei, die Feuerwehr zu alarmieren; sie trifft erst nach 10 Uhr am Katastrophenort ein und muß zunächst 800 m Schlauch zum Fluß Sarke legen. Indessen wütet das Feuer in den Trümmern, das erst 24 Stunden nach dem Eintritt der Katastrophe erstickt wird.

Am Abend des 22. Mai wird ein Appell auf freiem Felde angesetzt, und jetzt stellt man fest: 227 Menschen, darunter sieben aus dem Schlafwagenzug, sind getötet worden, 246 schwer verletzt.

Im September 1915 weist der Hohe Gerichtshof in Edinburgh den Angeklagten Tinsley, Meakin und Hutchinson neun Pflichtverletzungen nach. Wären die Expreßzüge pünktlich gefahren, nie wäre der schludrige Dienst in Quintinshill an das Licht der Öffentlichkeit gelangt. Tinsley erhielt eine Freiheitsstrafe von drei Jahren, Meakin von 18 Monaten, beide wurden nach einem Jahr aus dem Gefängnis entlassen und als Lampenwärter in Carlisle beschäftigt.

In diesem Zusammenhang sei noch ein Unfall aus dem ersten Weltkrieg geschildert, der

Bild 135   Trauerfeier für die 227 Toten der Quintinshiller Katastrophe.
Foto: Sammlung E. Preuß

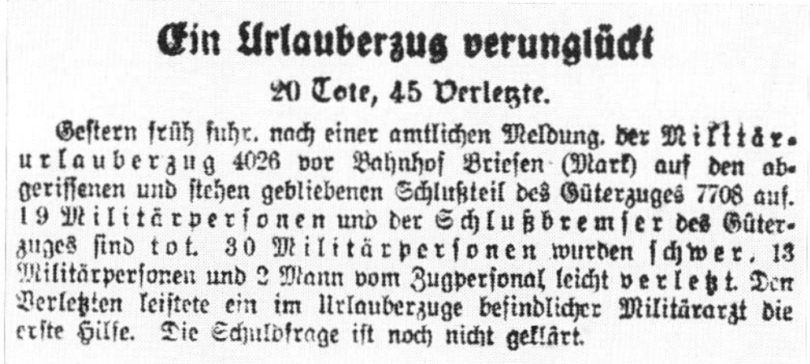

Ein Urlauberzug verunglückt
20 Tote, 45 Verletzte.

Gestern früh fuhr, nach einer amtlichen Meldung, der Militärurlauberzug 4026 vor Bahnhof Briesen (Mark) auf den abgerissenen und stehen gebliebenen Schlußteil des Güterzuges 7708 auf. 19 Militärpersonen und der Schlußbremser des Güterzuges sind tot. 30 Militärpersonen wurden schwer, 13 Militärpersonen und 2 Mann vom Zugpersonal leicht verletzt. Den Verletzten leistete ein im Urlauberzuge befindlicher Militärarzt die erste Hilfe. Die Schuldfrage ist noch nicht geklärt.

Bild 136   Ausschnitt aus dem »Berliner Tageblatt« vom 2. November 1918.

sich nahe Berlin ereignete: Sechs Tage vor den Waffenstillstands-Verhandlungen im Wald von Compiegne fahren kriegsmüde Soldaten, dem »Tod fürs Vaterland« in Rußland entronnen und den Rückzug hinter sich, wenige Kilometer vor der Reichshauptstadt doch noch in den Tod.

Über dieses schwere Eisenbahnunglück berichteten die Zeitungen ausführlich, beispielsweise die »Vossische Zeitung« am 2. November 1918:

»Heute vormittag 3 Uhr 50 Minuten fuhr der Militärurlauberzug vor Bahnhof Briesen (Mark) auf den abgerissenen und stehengebliebenen Schlußteil des Güterzuges 7708 auf. 19 Militärpersonen und der Schlußbremser des Güterzuges sind tot, 30 Militärpersonen schwer, 13 Militärpersonen und zwei Mann von Zugpersonal leicht verletzt ... Die Schuldfrage ist noch nicht geklärt.«

Augenzeugen kommen zu Wort, Berichte der Sonderkorrespondeten vom Rettungswerk fehlen nicht – das Interessse der Zeitungen, ihre Leser ausführlich zu informieren, ließ sich nicht mehr unterdrücken.

Der Bahnhof Briesen liegt an der Strecke Berlin–Frankfurt (Oder). Seinerzeit befand

Schweres Eisenbahnunglück bei Briesen

Ein Urlauberzug auf einen Güterzug aufgefahren.

Berlin, 1. November. (Amtlich.)

Heute vormittag 3 Uhr 50 Minuten fuhr der Militärurlauberzug 4026 vor Bahnhof Briesen (Mark) auf den abgerissenen und stehengebliebenen Schlußteil des Güterzuges 7708 auf. 19 Militärpersonen und der Schlußbremser des Güterzuges sind tot, 30 Militärpersonen schwer, 13 Militärpersonen und 2 Mann vom Zugpersonal leicht verletzt. Den Verletzten leistete ein im Urlauberzug befindlicher Militärarzt die erste Hilfe. Die Schuldfrage ist noch nicht geklärt.

✳ Frankfurt a. O., 1. November.

Vom Briesener Verschiebebahnhof war nachts gegen 3 Uhr ein Güterzug nach Berlin abgefahren. Etwa bei Briesen trennte sich durch Reißen der Kuppelung ein Teil vom Güterzug ab und rollte die Strecke in Teil nach dem Bahnhof Frankfurt zurück. Auf diesen abgetrennten Teil fuhr der Militärurlauberzug 4026, der um 3.17 nachts den Frankfurter Bahnhof verlassen hatte, auf. Der Zusammenstoß war so stark, daß die Maschine, der Packwagen und mehrere Personenwagen des Militärurlauberzuges schwer beschädigt wurden. Die Strecke war nachts und am heutigen Vormittag völlig gesperrt. Die Züge von und nach Berlin wurden über Freienwalde geleitet. Gegen Mittag wurde wieder zum Verkehr auf der durchgehenden Strecke nach Berlin eröffnet. Infolge des Eisenbahnunglückes blieben hier alle Berliner Zeitungen aus.

Bericht eines Augenzeugen.

Ueber das Unglück wird uns von einem Augenzeugen folgendes berichtet: Kurz vor dem Zusammenstoß wurde ein starkes Bremsen des Zuges bemerkbar. Ich befand mich im Personenwagen. Da der Wagen umgefallen war, konnte ich nicht zur Tür hinaus, sondern kletterte durch das Fenster. Mein Wagen befand sich in schräger Lage nach der Böschung zu, die 20 Meter tief ist. Der vorderste Personenwagen war in den Gepäckwagen durch den Zusammenstoß hineingeschoben. Ein jämmerliches Klagen und Schreien war bemerkbar. Bei der Dunkelheit konnte man nicht gleich die Lage übersehen. Vor der Lokomotive standen die Wagen vom Güterzug, von dem zwei Wagen zertrümmert sind. Der Bremser des Güterzuges ist tot. Er konnte erst nach einigen Stunden aufgefunden werden. Nachdem der erste Schreck vorüber war, beteiligten sich viele Soldaten eifrig an den Rettungsarbeiten. Ich selbst war bei der Sanitätshilfeleistung mit tätig und stellte dabei an den Verwundeten viele Beinbrüche fest.

Nachdem allen Verwundeten die erste Hilfe geleistet worden war, trafen Hilfszüge aus Frankfurt und Berlin ein. Die Toten und Verwundeten waren zumeist in den vordersten Wagen. Die Toten wurden in der Kirche zu Briesen aufgebahrt, die Verletzten teils nach Frankfurt, teils nach Berlin gebracht. Unter den Verunglückten befindet sich ein Sergeant Wilhelm Sandow aus Charlottenburg. Die Namen der übrigen sind noch nicht festgestellt.

Bild 137   Unfallbericht aus der »Vossischen Zeitung« vom 2. November 1918; auch der Bericht eines Augenzeugen, wie damals üblich, fehlte nicht.

sich der Fahrdienstleiter im Empfangsgebäude, das Umstellen der Weichen besorgten Handweichenwärter, ihr Dienstraum befand sich zu ebener Erde gegenüber dem Empfangsgebäude (»W. B. I«), östlich davon (»W. B. II«) und in der Nähe der Ausfahrsignale in Richtung Jakobsdorf (–Frankfurt Oder) gelegen.

Für eine zweigleisige Strecke mit dichtem Zugverkehr, erst recht belastet durch die Militärtransporte, erweisen sich diese Einrichtungen als primitiv, zumal in Briesen öfter Züge in die Überholungsgleise 3 oder 4 fahren, wozu der Handweichenwärter bei jeder Ein- und Ausfahrt 225 m Weg zurücklegen muß. Da diese Wege viel Zeit beanspruchen, kommen die abzulenkenden Züge oft vor dem Einfahrsignal zum Halten.

Die Zentralisierung der Weichenbedienung war längst fällig, und vor allem benötigte der Wärter Sicht auf die Gleise und den Weichenbezirk. Ein vor seiner Bude vorbeifahrender Güterzug nahm ihm die Sicht.

Der umfassende Umbau des Bahnhofs, der einen Mittelbahnsteig bringen, den Überweg in Bahnhofsmitte beseitigen, die Handweichen an ein Stellwerk anschließen sowie ein neues Überholungsgleis schaffen sollte, welches die Güterzüge der Richtung Berlin–Frankfurt ohne Kreuzung der Hauptgleise der Gegenrichtung erreichen können, war bereits vor dem ersten Weltkrieg geplant. (Wenigstens wurde nach dem Unfall angeordnet, die Züge bereits von Pillgram nach Briesen abzumelden, um das Halten vor dem Einfahrsignal zu vermeiden.)

Am Unfalltag kommt gegen 3.40 Uhr der 108 Achsen starke Nahgüterzug 7708 vor dem Einfahrsignal zum Halten, weil der Wärter im Handweichenbezirk II vier Weichen umstellen und verriegeln muß. Warum hat sich das ver-

Bild 138   Lageskizze zu den Bahnhöfen Briesen und Jakobsdorf, Zustand 1918.
Quelle: StA Merseburg

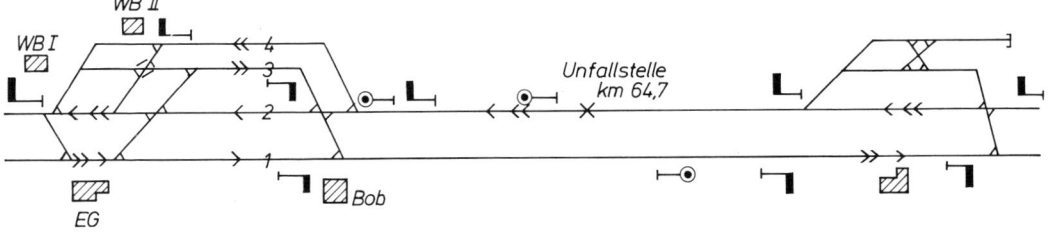

WB II
WB I
Unfallstelle
km 64,7
EG
Bob
Briesen (Mark)
Jakobsdorf

zögert, und weshalb muß der Nahgüterzug anhalten? – Zug 7708 soll von Jakobsdorf bis Briesen 13 Minuten fahren, benötigt am 1. November aber nur 10 Minuten. Der Fahrdienstleiter in Briesen ersieht erst aus der Abmeldung, daß ein Nahgüterzug kommt, beauftragt über Fernsprecher den Wärter in Bude II zum Umstellen der Weichen, wofür vier Minuten Zeit benötigt werden. Der Zug fährt nach Gleis 4 ein; der Lokomotivführer bemerkt nicht, daß ein Teil seines Zuges (82 Achsen) abgerissen ist und auf der Strecke steht, denn die selbsttätig wirkenden Druckluftbremsen sind noch nicht bei allen Güterzügen eingeführt worden. Der Schlußbremser ist offenbar auf seinem Sitz eingeschlafen und

bekommt gar nicht mit, daß der vordere Zugteil weiterfährt.

Verhält sich der Wärter vom Endstellwerk »Bob« (Hilfsweichenwärter Franz Biedny) pflichtgemäß, darf er das Einfahrsignal nicht auf »Halt« stellen und muß dem Fahrdienstleiter melden, daß der Zug ohne Schlußsignal eingefahren ist. Doch dicht vor seiner Bude fährt der Ferngüterzug 7665 nach Frankfurt (Oder) vorüber, und so glaubt (!) der Wärter, durch den dichten Nebel einen roten Lichtschein in der Richtung des Zugschlusses gesehen zu haben und schlägt bedenkenlos das Einfahrsignal ein, bedient das Endfeld des Streckenblocks, wodurch er die Strecke von Jakobsdorf für den Verkehr freigibt.

Bild 139
Das Bahnhofsgebäude von Briesen (Mark), Zustand 1986.
Foto: E. Preuß

Bild 140
Nachempfunden 1986: Hier stand der Weichenwärter, als der Güterzug Berlin–Breslau vorbeifuhr. Er konnte den einfahrenden Zugteil aus Richtung Frankfurt (Oder) nicht sehen.
Foto: E. Preuß

Dort wird sofort dem Militärzug 4026 Durchfahrt gegeben, der Lokomotivführer sieht im Nebel viel zu spät die Schlußsignale, so daß er mit dem vor Briesen stehenden Zugrest zusammenstößt.

Durch den Aufprall reißt abermals ein Teil des Zuges ab, in dem sich nur eine besetzte Bremse befindet, der im Gefälle 1:280 mit großer Geschwindigkeit in den Bahnhof Briesen rollt und von Rangierern mit Hemmschuhen aufgehalten werden kann.

Obwohl die Eisenbahndirektion Posen davon überzeugt ist, daß der Hilfsweichenwärter Biedny die Schuld an diesem Unfall trägt, wird er vom Gericht freigesprochen.

Wurden bisher Fälle mangelhafter Zusammenarbeit und oberflächlicher Arbeitsweise im ersten Weltkrieg beschrieben, könnte leicht der Eindruck entstehen, derartige Unfallursachen gäbe es in Friedenszeiten nicht. Weit gefehlt! Denn auch unter »normalen« Bedingungen werden mitunter vorgeschriebene Wortlaute nicht beachtet, Vorschriften umgangen oder gar nicht erst zur Kenntnis genommen. Derartige Ignoranz gegenüber dem Regelwerk der Eisenbahn führte auch zu dem Unfall im Cochemer Tunnel am 27. Dezember 1913.

Dieser Tunnel, auch unter der Bezeichnung Kaiser-Wilhelm-Tunnel bekannt, zählt mit 4203 m Länge zu den längsten deutschen Eisenbahntunneln /59/. Er wurde von 1871 bis 1877 für die strategisch wichtige Strecke Koblenz—Trier gebaut, führte sie doch bis Metz im Elsaß, das mit Lothringen zum 1871 neu gegründeten Deutschen Reich gehörte. Der Tunnel durchschnitt den 25 km langen »Moselkrampen« und ersparte der Bahn die sonst notwendige Anpassung an die Moselwindungen, hatte aber den schmerzlichen Nachteil, daß er sich nie richtig entlüften ließ. Der rege Güterverkehr, der den Austausch zwischen dem lothringischen und dem rheinisch-westfälischen Industriegebiet vermittelte, führte zur ständigen Verqualmung der Tunnelröhre. Die Gase und die Feuchtigkeit ließen die Schienen ungewöhnlich schnell rosten und brechen.

Beim morgendlichen Streckengang entdeckt Rottenführer Krämer im Gleis Cochem—Eller zwei Schienenbrüche. Er legt Notlaschenverbände an und beabsichtigt, die

Bild 141   Blick aus dem Cochemer Tunnel, allerdings zu einer Zeit, da elektrisch gefahren wird. Foto: Rossberg

schadhaften Schienen in der Nacht vom 27. zum 28. Dezember auszuwechseln. Der Bahnmeister erfährt von dem Vorhaben nichts. In der Regel beginnt nach der Durchfahrt des D 124 eine zweistündige Pause. Am 27. Dezember ruft Krämer gegen 21.30 Uhr vom Tunnelfernsprecher den Bahnhof Eller, um sich über die Zuglage zu erkundigen. Er erfährt, daß dem Schnellzug 124 der Güterzug 6480 folgt.

Fahrdienstleiter Kaster sagt: »Vorläufig dürfen Sie die Schiene nicht auswechseln. Wenden Sie sich an Cochem, da ich für das Gleis Cochem—Eller nicht zuständig bin!«

Krämer ruft Cochem. Dort meldet sich der Fahrdienstleiter Heinz.

Krämer: »Kommt noch was nach dem Schnellzug 124?«

Heinz: »Nein.«

Krämer: »Kann nach dem Schnellzug das Gleis gesperrt werden?«

Heinz: »Ja.« Heinz hat aber den Güterzug auf seinem Bahnhof, der hier vom Schnellzug überholt wird!

Krämer geht zur Rotte und wartet die Vorbeifahrt des Schnellzuges ab. Daraufhin läßt er mit den Arbeiten beginnen, und erst danach schickt er den Rottenarbeiter Schleifenbaum weg, damit er drei Knallkapseln auslege. In Cochem fällt Heinz jetzt ein, daß der

Güterzug noch wartet. Er versucht, Krämer am Tunnelfernsprecher zu erreichen. Vergeblich. Krämer ist ja bereits bei der Rotte und hört die Klingelzeichen nicht.

Die Rufe werden aber in Eller gehört. Der Fahrdienstleiter Kaster schaltet sich ein.
Kaster: »Was ist denn los?«
Heinz: »Ich habe Krämer erlaubt, nach D 124 mit der Arbeit zu beginnen; hier steht aber 6480, der sollte noch raus. Krämer müßte mit der Gleisauswechselung warten, er meldet sich aber nicht!«
Kaster: »Ich hab' doch dem Krämer verboten, vor dem 6480 das Gleis zu unterbrechen. Sie können ruhig den 6480 rausschicken.«

Was Kaster dem Heinz gegenüber nicht erwähnt, ist der Umstand, daß er Krämer aufforderte, sich wegen der Gleissperrung an ihn zu wenden. Heinz ist nun der Meinung, man habe sich einwandfrei verständigt, und läßt den Zug 6480 abfahren.

Wo die Knallkapseln auszulegen sind, weiß der Rottenarbeiter Schleifenbaum nicht. Als er den Güterzug hört, legt er sie schnell auf die Schiene, etwa 450 m von der späteren Unfallstelle entfernt, wie er sagt.

Da die Knallkapseln nicht weit genug von

der Baustelle liegen, andere Haltesignale fehlen und der Tunnel noch vom Qualm des D 124 gefüllt ist, so daß der Lokomotivführer kaum etwas erkennen kann, bringt dieser den Zug nicht vor der Gleisunterbrechung zum Halten. Zug- und Vorspannlokomotive entgleisen, neigen sich nach rechts und versperren beide Gleise. Jetzt kommt der Güterzug 6577 entgegen und fährt in den Trümmerhaufen. Zwei Schaffner des Zuges 6577 und dessen Lokomotivführer werden getötet und der Rottenführer Krämer leicht verletzt.

Vor der Strafkammer in Koblenz stehen der Bahnhofsvorsteher von Eller Kaster, der Rottenführer Krämer und der den Fahrdienstleiter Heinz beaufsichtigende Eisenbahnpraktikant Klinge. Kaster wird freigesprochen, Krämer zu zwei Wochen, Klinge zu zwei Monaten Gefängnis verurteilt.

Mangelhafte Absprachen führen am 25. Februar 1956 auch zum Zusammenstoß des Dg 7137 mit dem D 94 auf dem Bahnhof Bornitz (Strecke Dresden–Leipzig). 43 Menschen sterben, 55 werden schwer verletzt.

Dort beauftragt der Dienstvorsteher den Weichenwärter, er möge den Lokomotivführer des Güterzuges zum Vorziehen an den vorgesehenen Halteplatz veranlassen, ohne sich der Zustimmung des Fahrdienstleiters zu vergewissern, der hier über Rangierverbote während der Ein- und Durchfahrt eines Zuges zu wachen hat. Der Fahrdienstleiter gibt, nichtsahnend vom Auftrag des Dienstvorstehers, auf dem durchgehenden Hauptgleis die Durchfahrt für D 94 frei, und zu allem Unglück hält der Lokomotivführer des Güterzuges nicht am vorgesehenen Halteplatz an, sondern fährt dem mit Tempo 90 durchfahrenden Schnellzug in die Flanke.

Bild 142 Skizze der Baustelle.
a) So wurden die Knallkapseln ausgelegt.
b) Und so hätte die Baustelle vorschriftsmäßig signalisiert werden müssen.
c) Vorschriftsmäßige Deckung der Baustelle, wenn die Schienen plötzlich ausgewechselt werden mußten, die Zugmeldestellen nicht verständigt werden konnten und das Aufstellen des Signals 5 nicht möglich war.
Zeichnung: E. Preuß

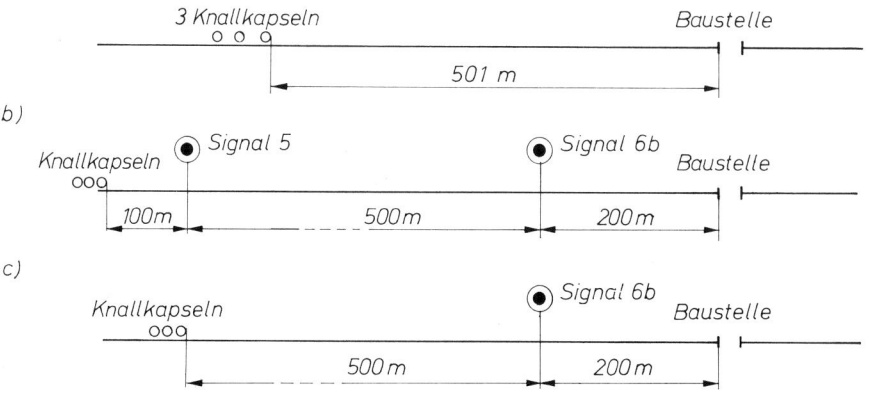

Bild 143   Am 3. Juli 1895 stießen in Tabor (österreichische Staatseisenbahnen, heute Strecke Praha–Česke Ve-
lenice der ČSD) die gleichzeitig abfahrenden Züge 211 Wien–Prag und 2125 Tabor–Pisek in einem Verbin-
dungsgleis zusammen. 13 Menschen wurden leicht, vier schwer verletzt.
Foto: Sammlung E. Preuß

Bild 144
Lokomotive 52 5728 fuhr in-
folge falscher Weichenstel-
lung in Mücheln den Ab-
hang hinunter. (1968)
Foto: Sammlung Reimer

Verhindert werden können solche Unfälle, wenn Flankenschutzeinrichtungen eingebaut werden, zum Beispiel sogenannte Schutzwei- chen, die an den Bahnhofsköpfen die Durch- fahrten ermöglichen, ohne daß Rangierfahr- ten im Nachbargleis des durchfahrenden Zuges eingestellt werden müssen. Flankenfahrten sind somit ausgeschlossen.

Der Eingriff in die Sicherungsanlagen, die eigens zum Schutz der Zugfahrten geschaffen wurden und die Handlungen der Betriebseisenbahner kontrollieren, kommt höchst selten vor. Eingegriffen wird dann überhaupt nur wegen eines scheinbaren Zeitvorteils, mit dem Ziel, den Betriebsablauf zu »beschleunigen«. Um dem von vornherein entgegenzuwirken, ist die Sicherungstechnik im Laufe der Zeit durch zusätzliche Maßnahmen entsprechend vervollkommnet worden. So ist bei der Deutschen Reichsbahn das vorzeitige Auslösen der Streckentastensperre mit Hilfe einer Hilfsvorrichtung nicht mehr möglich (siehe Zantoch I), zum anderen sitzt die durch derartige Manipulation heraufbeschworene Gefahr tief im Bewußtsein der Eisenbahner.

Aber solche Eingriffe kommen vor.

Am 1. Dezember 1979 tritt der Fahrdienstleiter des Bahnhofs Korntal (DB-Strecke Stuttgart–Calw) um 13.44 Uhr den Dienst an. Sogleich wird ihm ein Bedarfsgüterzug angeboten, den der Fahrdienstleiter bald nicht mehr zur Kenntnis nimmt. Er vergißt ihn. Denn er verläßt um 13.50 Uhr das Stellwerk, um für seinen PKW, den er im Halteverbot abstellte, einen Parkplatz zu suchen. Um 13.52 Uhr ertönt im Stellwerk das Läutesignal; der Fahrdienstleiter ist zu dieser Zeit noch mit seinem Auto beschäftigt und als er das Stellwerk betritt, erkundigt er sich nicht nach der momentanen Betriebslage. Indessen kommt der Güterzug vor dem Einfahrsignal von Korntal zum Halten.

Durch den Streckenblock zeigt das rückgelegene Hauptsignal ebenfalls »Halt«, und die folgende S-Bahn wird nicht in den Blockabschnitt eingelassen. Jetzt klingelt im Stellwerk der Wecker vom Signalfernsprecher, der Fahrdienstleiter weiß dadurch, daß ihn jemand vom Signalfernsprecher aus ruft. Spontan denkt er an die S-Bahn und glaubt, der S-Bahn-Triebwagenführer wolle seinem Ärger Luft machen, daß er zum Halten gekommen ist. Es ist aber der Lokomotivführer des Güterzuges, der sich nach dem Grund des Haltens erkundigen möchte. Bevor der Fahrdienstleiter mit ihm spricht und dadurch Gewißheit hat, wer vom Signalfernsprecher aus ruft, greift der Fahrdienstleiter in die Sicherungsanlage ein. Er betätigt die Grundstel-

lungstaste der Achszählanlage. (Die Achszählanlage prüft, ob der Streckenabschnitt von Fahrzeugen geräumt ist; die Grundstellungstaste bringt die Anlage auf »Null«, also geräumte Strecke!). Somit zeigt nun das rückgelegene Hauptsignal »Fahrt frei«. Der Fahrdienstleiter stellt jetzt auch das Einfahrsignal auf Fahrt, die S-Bahn fährt weiter und stößt bei einer Geschwindigkeit von 63 km/h auf den anfahrenden Güterzug. Zwei S-Bahn-Fahrgäste werden tödlich, 20 schwer, zum Teil lebensgefährlich, verletzt.

Die V. Große Strafkammer des Stuttgarter Landgerichts verurteilt den Fahrdienstleiter zu einer Freiheitsstrafe von einem Jahr ohne Bewährung; der Staatsanwalt hatte ein Jahr mit Bewährung, die Verteidigung Freispruch beantragt. Das Gericht geht bei seiner Strafzumessung davon aus, daß der Fahrdienstleiter und nicht die Technik versagte, daß er die Dienstvorschriften ohne besondere Veranlassung mißachtete.

Normalerweise dürfte sich kein Eisenbahner des Sicherungswesens drängen lassen, in die Sicherungstechnik einzugreifen, wenn er nicht die Störung als solche erkennt. Es treffen dann die Forderung, die (vermeintliche) Störung zu beseitigen, und der Eifer, das ordnungsgemäße Wirken der Sicherungsanlage wieder herzustellen, zusammen, und das unter dem Druck, den Zugbetrieb nicht weiter aufzuhalten. – Herrschaft der Minute!

Im November 1969 wird für die Strecke Oschatz–Riesa der zweigleisige Betrieb eingerichtet und wird deren Elektrifizierung vorbereitet. Am 25. November 1969, um 13.18 Uhr, fährt auf dem Bahnhof Oschatz, über Gleis 1, aus Richtung Dahlen der Dg 88 786 durch. Nachdem der Zug die Zugeinwirkungsstelle g befuhr, fällt durch die elektrische Flügelkupplung der Flügel des Ausfahrsignals G selbsttätig in die Haltstellung. Danach legt der Wärter des Stellwerks 2 den Signalhebel in die Haltstellung, löst die Fahrstraße auf und legt den Fahrstraßenhebel g zurück. Das Befehlsempfangsfeld zu blocken, vergißt er. Auch der Fahrdienstleiter bemerkt das nicht.

Um 13.42 Uhr kommt der nächste Zug, der Dg 53 653, ebenfalls von Dahlen und wieder nach Gleis 1. Der Zug soll in Oschatz mit D 208 kreuzen.

Zwischen Bornitz (b Riesa) und Oschatz besteht zeitweise einaleisiger Behelfsbetrieb,

Bild 145   Am 23. November 1985 stießen auf der Strecke Neubrandenburg–Friedland zwei Züge zusammen. Drei Menschen kamen ums Leben, 19 wurden verletzt. Der Zugführer des Übergabezuges Neubrandenburg–Ausweichanschlußstelle Trollenhagen war ohne Fahrplan abgefahren und verließ sich darauf, der Fahrdienstleiter werde von Neubrandenburg dem Zugleiter in Friedland die Zuglaufmeldungen geben. Der Neubrandenburger Fahrdienstleiter aber nahm an, der Zugführer werde sich in der Ausweichanschlußstelle Industriegelände einschließen und unterließ die Zuglaufmeldung. – Der Zugführer wurde zu einer Freiheitsstrafe von drei Jahren verurteilt. Foto: ADN-ZB/Bartocha

und so können die Signale aus Richtung Bornitz nicht bedient werden. In Oschatz müssen die Züge auf Hilfsfahrstraße (Fahrstraßenhebel der Gegenrichtung wird umgelegt und mechanisch, aber nicht blockelektrisch gesichert) und auf Ersatzsignal einfahren. Als der Wärter des Stellwerks 2 durch einen Wecker aufgefordert wird, den Fahrweg aus Richtung Bornitz nach Gleis 3 zu sichern, bemerkt er das entblockte Befehlsempfangsfeld g. Er

meint, der Fahrdienstleiter mahne ihn, die Ausfahrt des Dg 53 653 herzustellen. Er legt den Fahrstraßenhebel g um und die Fahrstraße blockelektrisch fest. Daß er das Ausfahrsignal G nicht in die Fahrtstellung bringen kann, verhindert die Wiederholungssperre.

Deren Aufgabe ist es, die Rückgabe eines blockelektrischen Befehls zu erzwingen; hier also das Blocken des Befehlsempfangsfeldes. Sie erzwingt, daß der Wärter das Signal nur einmal auf »Fahrt« stellen kann, wenn der Fahrdienstleiter dazu auch nur einmal den blockelektrischen Befehl gab. Der Wärter des Stellwerks 2 meldet sich kurz am Fernsprecher, über den er vom Fahrdienstleiter beauftragt werden sollte, die Hilfsfahrstraße für D 208 nach Gleis 3 herzustellen. Er wartet gar nicht ab, was ihm der Fahrdienstleiter sagen will, sondern ruft: »Moment, hier hängt etwas!« und legt den Hörer auf.

Auf seinem Stellwerk arbeiten Signalwerker, und die fordert der Wärter auf, sofort die Störung – wie er meint – zu beseitigen. Jetzt ruft der Fahrdienstleiter wieder, der Wärter fällt ihm abermals ins Wort: »Es klemmt! Es geht gleich los!« Mehrmals fordert der Wärter die Signalwerker auf, endlich die Störung zu beheben. Einer von ihnen überzeugt sich, daß sicherungstechnisch die Voraussetzungen für die Fahrt auf Signal G gegeben sind, lediglich verhindert die Wiederholungssperre die Signalbedienung. Der Wärter drängt, und so mag der Auftrag, das Signal G auf Fahrt zu stellen, richtig sein. Der Signalwerker beseitigt die »Störung«, der Wärter stellt das Ausfahrsignal auf Fahrt, Dg 53 653 fährt ab, was der Fahrdienstleiter bemerkt. Verschiedene Maßnahmen, den Zug aufzuhalten, bleiben erfolglos. Am Einfahrsignal M stoßen die Züge zusammen, die Lokomotive des D 208 entgleist, kein Personenschaden.

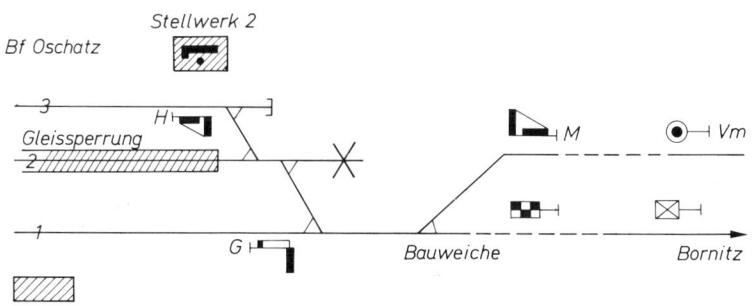

Bild 146   Skizze zum Zusammenstoß bei Oschatz. Zeichnung: E. Preuß

Man möchte es nicht glauben, aber selbst an die Mißachtung mitunter als lästig empfundener Dienstvorschriften kann man sich gewöhnen – solange es nicht zu einem Unfall kommt. Da wird Vorgeschriebenes höchst unvollkommen oder gar nicht ausgeführt, weil man sich der heraufziehenden Gefahr in keiner Weise mehr bewußt wird.

Der Zusammenstoß bei Weferlingen (Strecke Haldensleben–Weferlingen Zuckerfabrik) am 25. Februar 1969 bietet hierfür ein lehrreiches Beispiel.

Dort bemerkt der Triebwagenführer des T 1680 im Dunkeln und in einem Gleisbogen erst in acht Meter Entfernung, daß ein offener Güterwagen im Gleis steht. Er betätigt reaktionsschnell die Schnellbremse, springt zur Seite, um dem Anprall nicht ausgesetzt zu sein. Die Reisenden durch einen Schrei der Zugführerin gewarnt, klammern sich fest, werden dann doch von den Sitzen geschleudert, obwohl der Triebwagen nur bei 10 bis 15 km/h Geschwindigkeit mit dem Güterwagen zusammenstößt. Der Wagen bohrt sich regelrecht in den Triebwagen und läßt ihn entgleisen.

Wie konnte ein Güterwagen unbemerkt auf dem Streckengleis stehenbleiben?

Auf dem Bahnhof Weferlingen Zuckerfabrik wird zum Schluß des N 9177 ein leerer O-Wagen beigestellt, der drei Tage zuvor entgleist war. Der Wagenmeister untersuchte und verfügte ihn zur Wagenwerkstatt Oebisfelde. Vorgeschrieben wird, ihn als sogenannten Schlußläufer zu behandeln. Beim Zusammenstellen des Zuges hängt der Zugführer die Kupplung lediglich ein, zieht sie jedoch nicht an, die Kupplungsspindel bleibt vollständig aufgedreht. Die Bremse ist ausgeschaltet, und der Zugführer nimmt diesen Umstand hin.

N 9177 fährt 31 Minuten vor der planmäßigen Zeit in Weferlingen Zuckerfabrik ab. Er soll planmäßig in Behnsdorf den Triebwagen 1680 kreuzen. Weil der Nahgüterzug aber vor der Fahrplanzeit verkehrt, verlegt der Zugleiter in Haldensleben (die Strecke wird nach den Vorschriften des sogenannten vereinfachten Nebenbahndienstes betrieben) die Kreuzung nach Bodendorf. Lokomotiv- und Zugführer erhalten dafür einen Befehl N, der bestimmt, daß der N 9177 als erster Zug nach Gleis 3 einzufahren hat.

Nach etwa 700 m Fahrt entgleist, als der Lokomotivführer wegen einer Geschwindigkeitsbeschränkung bremst und die nachfolgenden Wagen etwas staucht, der O-Wagen, wird etwa drei Kilometer mitgeschleift, entkuppelt sich und bleibt schräg zur Gleisachse stehen.

Nun löst der Lokomotivführer die Bremsen, aber der Druck in der Hauptluftleitung steigt nicht an, so daß der Zug etwa 200 m hinter dem entgleisten Wagen zum Halten kommt.

Lokomotivheizer und Zugführer erfahren von der Unregelmäßigkeit; der Lokomotivführer begibt sich an den Zugschluß und stellt fest, daß das Luftabsperrventil geöffnet ist und der Luftschlauch herunterhängt! Er schließt den Absperrhahn, hängt den Bremsschlauch ein. Ob der Wagen überhaupt ein Schlußsignal führt, darauf achtet er nicht ... Die Ursache dieser Unregelmäßigkeit wird nicht ergründet, statt dessen die Fahrt fortgesetzt.

Auf dem Bahnhof Behnsdorf werden an der Spitze zwei Wagen zugesetzt. In die vereinfachte Bremsprobe ist der letzte Wagen einzubeziehen – Gelegenheit, noch einmal auf das Schlußsignal zu sehen. Doch die Bremsprobe unterbleibt. Jetzt ist N 9177 fast anderthalb Stunden vor Plan. In Bodendorf hält er vor der Spitzenweiche, der Zugführer steigt ab, schließt die Weiche auf, stellt sie um und läßt den Zug vorbeifahren. Wieder achtet er nicht

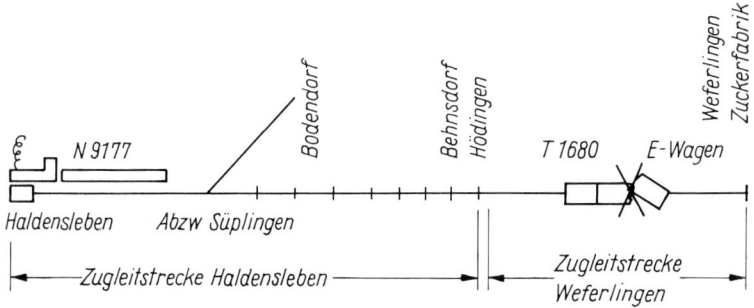

Bild 147 Skizze zum Zusammenstoß bei Weferlingen.
Zeichnung: E. Preuß

auf das Schlußsignal. Nun trifft der Zugleiter in Haldensleben eine Entscheidung, die ebenfalls gegen die Vorschriften verstößt und sich als nicht gutzumachender Fehler erweist. Er läßt beim T 1680 die in Hödingen vorgeschriebene Zuglaufmeldung entfallen und enthebt sich der Möglichkeit, den Zug anzuhalten, falls er bis dahin vom Fehlen des letzten Wagens etwas erfahren sollte.

Der Nahgüterzug fährt nach Haldensleben weiter. Endlich – der Fahrdienstleiter der Abzweigstelle Süplingen bemerkt, daß das Schlußsignal fehlt, und meldet es dem Haldenslebener Zugleiter. Weiter geschieht nichts. Um 19.35 Uhr trifft der Zug in Haldensleben ein, wo auch der Wärter des einen Schrankenpostens dem Zugleiter meldet, daß N 9177 ohne Schlußsignal ist.

Aber dem Zugleiter fällt immer noch nicht ein, was das bedeuten könnte. Während der Zug am Bahnsteig entlangfährt, ruft der Lokomotivführer dem Zugleiter zu, daß er vor Hödingen anhalten mußte, weil die Luft aus der Hauptluftleitung entwich. Jetzt beobachtet auch der Zugleiter den Zug und stellt als Dritter das fehlende Schlußsignal fest. Er ruft den Zugführer an den Fernsprecher und fragt ihn, ob er bei der Kreuzung in Bodendorf das Schlußsignal gesehen habe. Der Zugführer: »Ich habe nicht darauf geachtet!« Obgleich der Zugleiter damit rechnen muß, daß ein Zugteil irgenwo auf der Strecke blieb, läßt er den Zug Üa 16 693 abfahren. Er läßt nicht einmal anhand des Wagenzettels feststellen, ob der Nahgüterzug in Haldensleben vollständig eingefahren ist!

Zu der Zeit, als beim T 1680 die Zuglaufmeldung in Hödingen abzugeben ist, auf die aber der Zugleiter verzichtete, weiß er, daß beim N 9177 das Schlußsignal fehlt. Bei vorschriftsmäßiger Arbeit hätte er die Weiterfahrt des Triebwagens verhindern können. Jetzt war der Triebwagenzug nicht mehr aufzuhalten …

Die Folgen sind, wie schon geschrieben, glücklicherweise nicht katastrophal.

Der Hergang offenbart aber menschliche Unzulänglichkeiten: Sorglosigkeit, Bequemlichkeit und Überheblichkeit gegenüber den Dienstvorschriften. Die Folgen werden dann meist vom Zufall bestimmt.

In Leipzig Hbf kam es am 15. Mai 1960 ebenfalls zu einer Kette verletzter Pflichten, das Ende ist weitaus tragischer. Eigentlich beginnt die Leipziger Katastrophe mit einer erschöpften Überwachungsbatterie. In den Stellwerksräumen befindet sich jeweils eine Überwachungstafel, auf der man den Zustand der Stromversorgungsanlage ablesen kann. Das wird auf Stellwerk »W 7« unterlassen, und so fällt niemanden auf, daß die Kapazität der Überwachungsbatterie nachläßt, bis sie schließlich erschöpft ist. Die Ursache ist eine durchgebrannte Sicherung am 34-Volt-Gleichrichter, so daß der vom Stellwerk verbrauchte Überwachungsstrom durch den fehlenden Pufferungsvorgang des Netzgleichrichters nicht mehr ergänzt werden kann.

Die dadurch ausgelösten Störungen treten erstmals am Tag vor der Katastrophe auf, indem beispielsweise eine Fahrstraße sich nicht auflöst.

Am 15. Mai nun, um 20.22 Uhr, fährt Sg 5556 Stralsund–Leipzig über die Weichen 263, 262, 261, 260 nach Gleis 12 in den Hauptbahnhof.

Um 20.28 Uhr fährt P 466 planmäßig ab und wird über Gleis 11 in Richtung Halle geleitet. Am Signal K 11 erhält er »Halt«. Der Weichenwärter auf Stellwerk »W 7« stellt nach Eingang des blockelektrischen Auftrags vom Stellwerk »B 3«, nachdem also das Befehlsempfangsfeld auf Stellwerk »W 7« entblockt wird, den Fahrweg ein. Noch steht dieser nach Gleis 12, in das der Sg 5556 einfuhr. Der Weichenwärter stellt die Weichen 270, 269 und 261 um. Als er den Hebel der Weiche 268 a/b umstellen will, zeigt die Weichenüberwachung keine Farbscheibe, und der Wecker als Zeichen einer Störung ertönt.

Der Wärter versucht mehrmals, die Weichen umzustellen in der Hoffnung, dadurch lasse sich die Störung beseitigen. Wie wir bereits wissen, lag sie indes an der erschöpften Batterie. Durch Augenschein stellt der Wärter aber fest, daß die Weichenzungen und das Weichensignal seinen Hebelbewegungen folgen. Dem auf dem Stellwerk außerdem im Dienst befindlichen Signalwärter dauert es zu lange, bis die Fahrstraße festgelegt werden kann. Er erwägt, den P 466 auf Befehl A am »Halt« zeigenden Signal K 11 vorbeifahren zu lassen, und schlägt das dem Fahrdienstleiter auf Stellwerk »B 3« vor. Dieser stimmt zu und

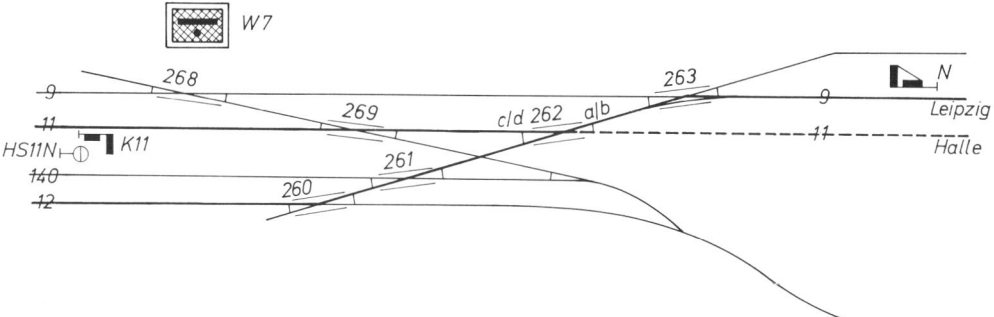

Bild 148   Gleisskizze zum Zusammenstoß in Leipzig Hbf. Die gestrichelte Linie zeigt die erwartete Fahrt des Personenzuges nach Halle, die stark gezogene Linie die Fahrstraße für den Eilzug Halberstadt–Bad Schandau im Gleis Halle–Leipzig.

Zeichnung: E. Preuß

läßt sich die Sicherung des Fahrwegs bestätigen. Obwohl der Fahrweg *nicht* gesichert ist – dazu muß der Fahrstraßensignalhebel in die Hilfsstellung (um 38° umgelegt) gebracht werden –, bestätigt der Signalwärter die Fahrwegsicherung. Der Fahrdienstleiter stimmt zu, daß wegen der Störung an der Weiche

268 a/b der Befehl Ab zur Vorbeifahrt am »Halt« zeigenden Signal K 11 ausgefertigt wird.

Der entscheidende Fehler ist, daß der Signalwärter glaubt, der Fahrstraßensignalhebel lasse sich wegen dieser Störung nicht umlegen. Das ist schon deshalb unmöglich, weil

Bild 149   Aufnahme vom 23. Mai 1940, als das Stellwerk »W O« in Leipzig Hbf abgerissen wurde und das neue Stellwerk »B 3« bereits in Betrieb war. Von diesem Befehlsstellwerk wurden nach dem Unfall 1960 der Fahrdienstleiter und der Unterstützer zu Freiheitsstrafen verurteilt, weil sie davon ausgehen mußten, daß der Fahrweg für P 466 gar nicht gesichert ist und trotzdem der Befehlsausfertigung zustimmten.

Foto: Rbd Halle

Bild 150
Die zerstörte Lokomotive
E 17 123 des Eilzuges Halberstadt–Bad Schandau im
Reichsbahnausbesserungswerk Dessau.
Foto: Mehnert

die Weichen 163 c/d und 262 a/b noch nicht umgestellt wurden. Daran denkt jetzt niemand auf Stellwerk »W 7«. Der Lokomotivführer erhält den Befehl und setzt seine Fahrt fort. Da die Weiche 262 a/b falsch steht, gelangt er in das Einfahrgleis der Strecke Halle–Leipzig, fährt die Weiche 262 c/d auf und bemerkt nicht die Fehlleitung ...!

Die erkennt zuerst der Signalwärter auf »W 7«. Statt den Unfallruf abzugeben, damit andere Eisenbahner die Gefahr erkennen und den Zug anhalten, ruft er den Fahrdienstleiter auf »B 3« und den Weichenwärter auf »R 9«. Sie können auch nicht helfen.

Von Halle kommt E 237 Halberstadt–Bad Schandau, mit dem der Personenzug zusammenstößt.

54 Reisende und die beiden Lokomotivführer lassen ihr Leben, 106 Menschen werden schwer und 240 leicht verletzt. Die Lokomotiven E 17 123 (E 237), E 44 053 (P 466), der Gepäckwagen des P 466 und die jeweils folgenden Personenwagen erhalten Totalschaden, weitere sechs Reisezugwagen werden stark beschädigt. Der Materialschaden beläuft sich auf über anderthalb Millionen Mark.

Vom Bezirksgericht Leipzig wird am 22. August 1960 das Urteil verkündet. Der Signalwärter wird zu 15 Jahren, der Weichenwärter zu 12 Jahren, der Fahrdienstleiter von »B 3« zu 10 Jahren und dessen Unterstützer zu 8 Jahren Zuchthaus verurteilt. Das Gericht folgt dem Antrag des Staatsanwaltes und bejaht den *bedingten Vorsatz* der Angeklagten in Verbindung mit fahrlässiger Tötung und fahrlässiger Körperverletzung. »Der Vorsatz liegt in der dauernden Verletzung der Dienstvorschriften, auch im widerrechtlichen Anlegen gebrauchter Siegel«, hatte der Staatsanwalt im Plädoyer erklärt.

Zweifellos wurden im Zusammenhang mit der Unfalluntersuchung weitere Fehler der Angeklagten, eine Vielzahl von Versäumnissen und Schlendrian im Betriebsdienst aufgedeckt. Aber den Angeklagten zu unterstellen, sie hätten die Katastrophe vorsätzlich herbeigeführt, das ging am Verständnis vieler Eisenbahner – und nicht allein dieser – vorbei.

»Nicht nur die fehlerhafte Annahme des Vorsatzes hinsichtlich der Transportgefährdung rief das Unverständnis der Eisenbahner hervor, die mit der Entscheidung zum Kampf gegen die Schlamperei mobilisiert werden sollten. Die Unklarheiten des Bezirksgerichts über die Fragen der Kausalität haben zum Nichtverstehen der Entscheidung ebenfalls beigetragen«, schrieb später Herbert Klar, Oberrichter am Obersten Gericht der DDR. /60/

Gerade der Nachweis der Kausalität von Pflichtverletzung und Folgen des Unfalls ist eine schwierige Angelegenheit, wenn es darum geht, die Schuldfrage zu klären. Es ist ebenso unzulässig, alle Fehler und Unterlassungen zu erfassen und sie als zum Unfall führend zu bezeichnen.

Das Oberste Gericht der DDR gab der Beru-

Bilder 151 und 152
Zerstörte Wagen des Perso-
nenzuges Leipzig–Halle.
Fotos: Leyer

fung statt und ersetzte am 16. Dezember 1960 das drastische Leipziger Urteil durch folgendes:
Wegen fahrlässiger Transportgefährdung in Tateinheit mit fahrlässiger Tötung und fahrlässiger Körperverletzung werden der Signalwärter und der Weichenwärter zu je fünf Jahren Gefängnis, der Fahrdienstleiter und dessen Unterstützer zu drei bzw. zwei Jahren Gefängnis verurteilt.

Quellen und Anmerkungen

/1/ Paragraph 2 der Dienstvorschrit zur Verhütung und Bekämpfung von Bahnbetriebsunfällen und anderen Ereignissen der DR, gültig vom 1. Mai 1976 an

/2/ Nach: la vie du rail, Paris, vom 30. Januar 1986

/3/ Eisenbahn-Betriebsunfälle und ihre Verhütung, BLOSS, A. – Berlin, 1926. S. 4

/4/ Frankfurter Rundschau, Frankfurt am Main, vom 17. April 1978

/5/ Volksstimme Österreich, Wien, vom 18. April 1978

/6/ Tageblatt, Berlin, vom 16. Juli 1913

/7/ Vossische Zeitung, Berlin, vom 17. Juli 1913

/8/ Die Eisenbahn in Wort und Bild/CZYGAN, F. – Nordhausen, o. J. – S. 1289

/9/ StA Merseburg, Rep E Nummer 449, Blatt 118

/10/ Eisenbahnpraxis, Berlin, 3/1979. – S. 135–148

/11/ Verkehrsmedizin und ihre Grenzgebiete, Berlin, 1/1984. – S. 1 f.

/12/ Glasers Annalen, Berlin, vom 1. Juni 1903. – S. 209

/13/ Unser Brandschutz, Berlin, 9/1967. – S. 26

/14/ Fahrt frei, Berlin, 28/1967

/15/ Der Bahnhof Genthin gehörte damals zum RBD-Bezirk Berlin.

/16/ Die Reichsbahn, Berlin, 1939. – S. 1035

/17/ Deutsche Allgemeine Zeitung, Berlin, vom 23. Dezember 1939

/18/ modelleisenbahner, Berlin, 1982. – S. 12 ff. – Die Theorie der Kohlenmonoxidvergiftung des Lokomotivführers ist nicht haltbar

/19/ Paragraph 52, Absatz 1, der Fahrdienstvorschriften der DR

/20/ Paragraph 49 der Fahrdienstvorschriften der DR

/21/ StA Magdeburg Rep C 29, Bl. 57

/22/ StA Magdeburg Rep C 29, Bl. 28

/23/ StA Magdeburg Rep C 29, Bl. 134

/24/ Verstoß gegen Paragraph 51 der Fahrdienstvorschriften der DRG vom 1. September 1933

/25/ Das Ehrenbuch der Feldeisenbahner. – Traunstein, 1930. – S. 62

/26/ Klarheit/BARBUSSE, H. – Berlin, 1929

/27/ StA Dresden, Nummer 13135, S. 28 f.

/28/ Auf die Zweifel der Staatsanwaltschaft am Gutachten des Prof. Köllner wurde ein weiterer Gutachter bemüht.

/29/ Die Schule des Lokomotivführers II. Abteilung
Der Fahrdienst/BROSIUS und KOCH. – Wiesbaden, 1899. – S. 319

/30/ festgestellt am 3. Februar 1986 zwischen Ludwigsfelde und Trebbin (Strecke Berlin–Halle)

/31/ Verkehrstechnische Woche, Berlin, vom 10. Oktober 1908. – S. 25

/32/ StA Merseburg, Rep 93 E 2.2.1., Blatt 4

/33/ Tag, Berlin, vom 2. April 1910

/34/ Am 3. September 1882 ereignete sich im badischen Hugstetten ein Eisenbahnunfall, der 64 Menschenleben forderte und 225 Reisende verletzte. Der Lokomotivführer überschritt auf mangelhaftem

160

Oberbau und bei zu geringer Bremsbesetzung des Zuges die zugelassene Geschwindigkeit von 50 km/h, so daß ein mit 1200 Reisenden besetzter Ausflugszug entgleiste.

/35/ Neue Zürcher Zeitung, Zürich, vom 25. Juli 1982

/36/ Die Bundesbahn, Darmstadt, 4/1983

/37/ Eisenbahnpraxis, Berlin, 1/1987

/38/ Gudok, Moskau, vom 25. November 1986

/39/ Leipziger Neueste Nachrichten, Leipzig, vom 10. März 1931

/40/ Allgemeine Thüringer Landeszeitung, Weimar, vom 27. Dezember 1935

/41/ Fahrt frei. – Berlin, 1965

/42/ Berliner Tageblatt, Berlin, vom 16. März 1912

/43/ Hamburger Nachrichten, Hamburg, vom 25. März 1913

/44/ Zeitung des Vereins Deutscher Eisenbahn-Verwaltungen. – Berlin, 1926. – S. 137 ff.

/45/ Die Reichsbahn. – Berlin, 1925. – S. 19

/46/ Zeitung des Vereins Deutscher Eisenbahn-Verwaltungen. – Berlin, 1926. – S. 592

/47/ Verkehrstechnische Woche, Berlin, 1905. – S. 194

/48/ Die Reichsbahn. – Berlin 1929. – S. 888 f.

/49/ Organ für die Fortschritte des Eisenbahnwesens. – Berlin, 1934. – S. 58

/50/ Eisenbahn-Katastrophen in Deutschland/RITZAU, H. J. – Landsberg, 1979. – S. 118

/51/ Paragraph 26, Absatz 41, 42, in Verbindung mit Paragraph 50, Absatz 8 a, der Fahrdienstvorschriften der DB

/52/ Bei dieser Gelegenheit/POLGAR, A. – Berlin, 1930. – S. 69 ff.

/53/ Die Lokomotive, Wien, 8/1918

/54/ Denkschrift über die im Reichsbahn-Gebiet vorgekommenen Unfälle, deren Ursachen und Folgen sowie die in Aussicht genommenen Maßnahmen zur stärkeren Unfallverhütung, vorgelegt im Reichstag 1924/1925 vom Reichsverkehrsministerium

/55/ Paragraph 58, Absatz 1, 3, 4, 6 der preußischen Fahrdienstvorschriften von 1907

/56/ StA Merseburg, Rep 93 E, Nummer 1384, Blatt 119

/57/ Fahrt frei, Berlin, 3/1986

/58/ Sygnaly, – Warschau, 42/1985

/59/ Inzwischen ist der Landrückentunnel südlich von Fulda mit 10 780 Meter Länge der längste Eisenbahntunnel in der Bundesrepublik Deutschland

/60/ Neue Justiz. – Berlin, 1961. – S. 193

/61/ Archiv des Ministeriums für Verkehrswesen, Nummer 5292

/62/ Produktivkräfte in Deutschland 1870 bis 1917/18. – Berlin, 1985. – S. 260 ff.

/63/ Schienenfahrzeuge, Berlin

/64/ Die Deutschen Eisenbahnen 1910 bis 1920/ Herausgegeben vom Reichsverkehrsministerium. – Berlin, 1923. – S. 334–335

/65/ Statistische Angaben über die Deutsche Reichsbahn, Auszug Betriebsunfälle 1920–1943. – Nachdruck. – Pürgen, 1975

/66/ Katastrophen auf Schienen/ SCHNEIDER, A.; MASE, A. – Zürich, 1968

/67/ Der Spiegel. – Berlin, 8. März 1976

/68/ Heeresbericht/ KÖPPEN, E. – Berlin, 1981 – S. 11 Im ersten Weltkreig verloren von 1914–1918 1 808 545 Deutsche ihr Leben; man stelle diese Zahl den bei Eisenbahnunfällen Getöteten gegenüber!

/69/ Der erste Weltkrieg/ OTTO, H.; SCHMIEDEL, K. – Berlin, 1977

Verzeichnis der Eisenbahnunfälle

nach Unfallorten geordnet

Verzeichnis der Eisenbahnunfälle
chronologisch geordnet

Abkürzungsverzeichnis

ADN-ZB	Allgemeiner Deutscher Nach-richtendienst-Zentralbild	Lz	Lokomotivzug
		M	Militärzug
BW, Bw	Bahnbetriebswerk	MÁV	Magyar Államvasutak/Ungari-sche Staatseisenbahnen
B	Bedarfszug, Befehlsstellwerk		
BR	British Railways/Britische Ei-senbahnen	N	Nahgüterzug
		ÖBB	Österreichische Bundesbah-nen
ČSD	Československe Statni Drahy/Tschechoslowakische Eisen-bahnen		
		O-Wagen	offener Güterwagen
		P	Personenzug
D	Schnellzug	PKi	Kinderpersonenzug
DB	Deutsche Bundesbahn	PLM	Paris-Lyon-Mediterranne/Pa-ris-Lyon-Mittelmeer-Bahn
Dg	Durchgangsgüterzug		
DR	Deutsche Reichsbahn (nach 1945)	Rbd	Reichsbahndirektion
		SBB	Schweizerische Bundesbah-nen
DRG	Deutsche Reichsbahn-Gesell-schaft (1920–1945)		
		SF	Sonderzug für Fronturlauber
Dst	Dienstgüterzug	SFR	Sonderreisezug für Fronturlau-ber
E	Eilzug		
ED	Eisenbahndirektion	Sg	Schnellgüterzug
Eg	Eilgüterzug	SNCF	Societé Nationale des Che-mins de fer Francais/Nationale Gesellschaft der französischen Eisenbahnen
EG	Empfangsgebäude		
Ex	Expreßzug		
Gag	Ganzzug		
Gmp	Güterzug mit Personenbeför-derung	StA	Staatsarchiv
		T	Triebwagen
Kp	Kurzpersonenzug	Tp	Triebwagenzug zur Personen-beförderung
KPEV	Königliche Preußische Eisen-bahn-Verwaltung		
		V	Verletzte
K. Sächs. Sts. E. B.	Königlich Sächsische Staatsei-senbahnen	W	Wärterstellwerk, Wehrmachts-zug
Leig	(kurzer) Güterzug mit Stück-gutbeförderung	ZBDR	Zentrale Bildstelle der Deut-schen Reichsbahn
LPG	Landwirtschaftliche Produk-tionsgenossenschaft	ZStA	Zentrales Staatsarchiv

Verzeichnis der Orte
mit unterschiedlichen Schreibweisen

čs = tschechisch oder slowakisch
p · = polnisch
r   = russisch

Allenstein	Olsztyn p.
Angerburg	Węgorzewo p.
Berent	Kościerzyna p.
Bentschen	Zbąszyn p.
Bergenthal	Gorowo p.
Bischdorf	Barczewo p.
Breslau	Wrocław p.
Bromberg	Bydgoszcz p.
Bunzlau	Bolesławiec p.
Chemnitz	Karl-Marx-Stadt
Cosel	Kozlel p.
Czymochen	Cmochy p.
Danzig	Gdańsk p.
Dirschau	Tczew p.
Eydtkuhnen	Tschernyscheskoje r.
Galkau	Galkowek p.
Gnesen	Gniezno p.
Göttkendorf	Gutkow p.
Grabowen	Grabowa p.
Gurkow	Gorki Noteckie p.
Hohensalza	Inowrocław p.
Insterburg	Černa'chovsk r.
Kohlfurt	Węgliniec p.
Königsberg	Kaliningrad r.
Konitz	Chojnice p.
Korschen	Korsze p.
Kostomlat	Kostomlaty nad Labem čs.
Kreuz	Krzyż p.
Küstrin	Kostrzyn p.
Landsberg	Gorzów p.
Lauenburg	Lebork p.
Lettberg	Lednogora p.
Liegnitz	Legnica p.
Lowitsch	Łowicz p.
Pyck	Ełk p.
Mohrungen	Morag p.
Maggrabowa	Olecko p.
Marienburg	Małbork p.
Miechow	Mjechow p.
München-Gladbach	Mönchengladbach
Nakel	Nakło p.
Nieborow	Bełchow p.
Niklasdorf	Mikulovice čs.
Oppeln	Opole p.
Ortelsburg	Zzczyton p.
Polnisch Neukirch	Połska Cerekiewo p.
Posen	Poznań p.
Pottangow	Potegowo p.
Pudewitz	Pobiedziska p.
Reppen	Rzepin p.
Sagan	Żagań p.
Schneidemühl	Piła p.
Schönsee	Kowalewo p.
Stolp	Słupsk p.
Stresow	Strzyzyno Słupskie p.
Teuplitz	Tuplice p.
Thorn	Toruń p.
Weißenburg	Fałkowo p.
Wildau	Pierzyska p.
Wileitzken	Wieliczki Oleckie p.
Zantoch	Santok p.